可控刚度桩筏基础理论、关键技术及工程应用

周　峰　朱　锐　万志辉　著

U0177869

中国建筑工业出版社

图书在版编目（CIP）数据

可控刚度桩筏基础理论、关键技术及工程应用/周
峰，朱锐，万志辉著. —北京：中国建筑工业出版社，
2023.8（2024.5重印）
ISBN 978-7-112-28987-5

Ⅰ.①可… Ⅱ.①周… ②朱… ③万… Ⅲ.①桩筏基
础-研究 Ⅳ.①TU473.1

中国国家版本馆 CIP 数据核字（2023）第 143082 号

责任编辑：张　健　石枫华　王雨滢
责任校对：姜小莲

可控刚度桩筏基础理论、关键技术及工程应用

周　峰　朱　锐　万志辉　著

*

中国建筑工业出版社出版、发行（北京海淀三里河路9号）
各地新华书店、建筑书店经销
霸州市顺浩图文科技发展有限公司制版
建工社（河北）印刷有限公司印刷

*

开本：787毫米×1092毫米　1/16　印张：13¾　插页：8　字数：359千字
2023年8月第一版　2024年5月第二次印刷
定价：**70.00**元
ISBN 978-7-112-28987-5
（41696）

前　言

可控刚度桩筏基础概念的提出，最早是为了解决福建地区花岗岩残积土球状风化孤石导致桩基无法施工的工程难题，迄今为止已超过 20 余年的时间。经过 20 余年不断的研究完善及工程实践，可控刚度桩筏基础已经发展成为高层建筑基础设计中调节、优化桩基支承刚度大小与分布的有效手段，从而实现桩与桩以及桩与土的变形协调，可有效解决大支承刚度桩的桩土共同作用、变刚度调平设计、城市更新中的新旧桩协同工作以及超复杂地质条件造成的高层建筑桩基混合支承等常规方法难以解决或代价较大的工程难题。

2016 年受到多位专家和同行的鼓励，笔者把多年研究形成的可控刚度桩筏基础设计方法、自主研制的刚度调节装置（原称为变形调节装置）、桩顶专用构造与施工工艺以及典型工程案例等内容汇集成册，出版了《可控刚度桩筏基础设计理论及应用研究》一书，并有幸邀请到我国著名土木与岩土工程专家、共同作用问题研究领域的开创者赵锡宏教授为书作序。该书出版以来，很多设计及施工单位的相关从业人员通过阅读此书对可控刚度桩筏基础有了全面的认识和了解，对其推广应用起到了积极的促进作用。

2016 年至今，笔者主编的工业和信息化部行业标准《刚度可控式桩筏基础设计规范》HG/T 20710—2017、中国工程建设标准化协会标准《可控刚度桩筏基础技术规程》T/CECS 1038—2022 以及福建省地方标准《福建省可控刚度桩筏基础技术标准》DBJ/T 13-242—2021 与湖北省地方标准《可控协同桩筏基础技术规程》DB42/T 1801—2022 陆续发布实施，为可控刚度桩筏基础的实施与应用提供了依据和保障。据不完全统计，可控刚度桩筏基础已经在福建、贵州、广东以及广西等多个省份进行了工程实践，覆盖了全部应用领域，应用的高层建筑超过 400 余栋，总建筑面积约 1200 万 m^2，建筑物最大高度 155m，直接经济效益近 10 亿元。

众所周知，在桩基础设计计算时，虽然会分别对桩基承载力和变形进行验算，但实际上分别计算的这两个量是高度耦合的，改变其中一个，另一个会随之发生改变。设计人员在进行较常规或简单的桩基设计时可能并不会感到不便，但是在进行针对复杂工况或特殊要求的桩基设计时，上述问题便会凸显，给设计人员带来很多的羁绊。近年来，笔者及课题组对可控刚度桩筏基础的理论基础进行了进一步的凝练与提升，指出其最大的理论创新是分离了桩基础承载力与变形之间的耦合关系，使设计人员在进行桩基础设计时，只需要单独验算承载力，变形交给刚度调节装置来调节即可，减少了很多纠结。这也从根本上阐明了可控刚度桩筏基础的创新性、先进性和实用性。

笔者及课题组又在以下方面开展了研究：①开展了半主动式刚度调节装置的研发与试验，形成了刚度调节装置的系列产品；②开展了岩土工程鲁棒性设计理论研究，包括摩擦型复合桩基与端承型复合桩基鲁棒性设计方法、基于被动式和主动式刚度调节装置的可控刚度桩筏基础鲁棒性设计方法等；③进行了桩顶空腔注浆模型试验，明晰了桩顶空腔后期

3

封闭效果；④设计了刚度调节装置应用于预制桩时的桩顶构造并明确了相应的施工要求；⑤开展了大底盘高层建筑变刚度调平设计和复杂地质混合支承桩筏基础协同工作的现场实践。上述研究成果连同原书稿内容并经重新梳理后，以基础理论、装置研发、设计方法、构造与施工、物理模拟、数值模拟以及工程案例的逻辑关系，形成了本书的全部内容。经多位专家建议，将书名变更为《可控刚度桩筏基础理论、关键技术及工程应用》。

感谢林树枝、陈振建、彭伙水、王旭东、郭天祥、赖艳芳等专家学者近20年来给予本项目研究持续的指导与帮助。感谢中国工程院院士、陆军工程大学王明洋教授，全国勘察设计大师、中国建筑设计研究院任庆英正高级工程师，东南大学刘松玉教授，中国建筑科学研究院高文生教授、朱春明正高级工程师，南京水利科学研究院蔡正银教授，河海大学高玉峰教授，武汉大学郑俊杰教授，中国建筑西南勘察设计研究院康景文正高级工程师，贵州大学黄质宏教授，北京市建筑设计研究院孙宏伟教授，中国中元国际工程有限公司张同亿正高级工程师，深圳地铁集团黄力平正高级工程师等众多专家对本项目深入研究给予的建议与指导。感谢课题组刘壮志、张峰、濮仕坤、张晨、蒋超、屈伟等研究生为本项目研究做出的努力与贡献。

本书相关研究工作得到了国家自然科学基金（51008159、51278244、51778287）的资助。

谨以此书告慰我国杰出的岩土工程专家、土与结构相互作用理论的开拓者与实践者、先师宰金珉教授。先师20年前针对桩土共同作用方面的很多设想在项目研究中实现，这些开创性成果在本书中进行了论述和总结，让人倍感钦佩，也更增添了学生对先师的思念之情。

没有一项技术能"包打天下"，同样，可控刚度桩筏基础技术也只有在最适用的领域才能产生最大的效益，恳请各位专家同行一起探索其更多的应用场景并进一步完善其应用技术。书中疏误不当之处，也请专家读者不吝批评指正。

谨识於
南京工业大学　江浦校区
2022年10月

目　　录

第1章 绪 论

1.1 前言

随着我国基础建设的大力推进,桩基础这一古老的基础形式得到前所未有的广泛应用和发展[1-2]。作为桩基础主要应用形式之一的桩筏基础,近年来同样发展迅速,桩筏基础[3-4],顾名思义是指桩与承台共同承受上部结构荷载的基础形式,具有基础整体性好、抗弯刚度大、适应性广且便于实现桩土共同作用、充分利用地基土承载力等优点。

桩筏基础受力性状通常由其整体刚度的大小和分布决定,而整体刚度又由上部结构刚度、筏板刚度和桩基支承刚度共同组成。利用现有技术手段通过改变结构形式、调整上部结构刚度和改变筏板厚度来调整筏板刚度的方法效率均不高且造价昂贵,通过改变桩长、桩径及桩距等方法调整桩基支承刚度又受上部结构形式和地质条件限制而较难实施,因此如何经济有效地对桩筏基础整体刚度进行干预调节,从而实现对桩筏基础整体受力性状的控制与优化成为亟需解决的实际难题。

桩基支承刚度虽由承载力和变形综合决定,但实际上这两个看似独立的变量却高度耦合,人为干预其中一个,另一个必然随之变化,这使得人为精确干预桩基支承刚度非常困难。从分离桩基承载力与变形耦合关系的角度出发,笔者与课题组创造性地提出在桩顶设置专门的刚度调节装置(系列专利产品),人为精确干预桩基支承刚度,继而调节、优化整个桩筏基础支承刚度的大小和分布,经济有效地实现了桩与桩、桩与土之间的变形协调(图1.1),开创了桩筏基础主动控制理论。为方便产业化推广应用,这种具备主动控制理论中的支承刚度可人为精确干预且可控可调特点的桩筏基础称为可控刚度桩筏基础[5-6]。

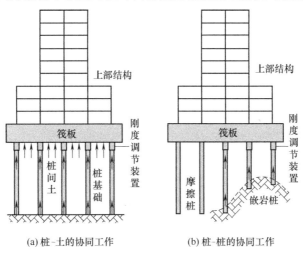

(a) 桩-土的协同工作　　　　(b) 桩-桩的协同工作

图 1.1　可控刚度桩筏基础主动控制示意及应用方向

1

2003 年首次提出可控刚度桩筏基础（桩筏基础主动控制）概念至今，从理论创新到工程实践，从技术构思到推广应用，均逐渐完善，已形成成套的设计理论与计算方法。迄今为止，可控刚度桩筏基础已在全国进行了近两百栋高层与超高层建筑的工程实践，建筑物最大高度 155m，总建筑面积近 500 万 m^2，直接经济效益超过 5 亿元。上述项目的成功实施，证明了可控刚度桩筏基础可有效解决大支承刚度桩桩土共同作用、大底盘高层建筑变刚度调平设计、废旧桩基再生利用、复杂地质条件下建设高层建筑等常规桩筏基础无法解决或者代价较大的工程难题。

可控刚度桩筏基础设计理论及相关技术创新成果经过国内多位知名院士领衔的专家组鉴定，成果达到"国际领先水平"，填补了国内桩筏基础主动控制理论及方法的技术空白，提高了我国高层建筑及超高层建筑基础设计计算水平，促进了土木工程领域地基基础设计理论的变革与发展。

1.2 桩筏基础桩土共同作用的实现方法

桩筏基础设计中，创造条件对地基土的承载潜力进行合理挖掘与充分利用，不仅能大幅降低工程造价，还可减少桩基础的设置给城市地下空间开发利用带来的不利影响，上述考虑桩土共同作用的设计思想得到了工程界和学术界的一致认同。

如何实现桩土共同作用是桩基理论研究的核心问题之一[7-8]，其问题的本质就是如何充分利用桩和地基土的承载力，使两种力学性质完全不同的材料能够同时承担上部结构荷载，且变形控制在允许的范围之内。桩属于低压缩脆性材料，其自身材料变形相对较小，其材料极限承载力对应的应变约为 0.1%，事实上，桩基极限承载力通常小于桩身材料的破坏强度，因而桩身的压缩应变要比 0.1%还小。地基土属于高压缩柔性材料，其自身容易被压缩，地基土极限承载力所对应的应变约为 1%～10%。两者对应的应变相差 1～2个数量级，因而在相同荷载水平的作用下，两者势必会产生显著的变形差，因此，要实现桩土共同作用，则必须要消除这个变形差，保证桩土的变形协调。

纵观现有的共同作用理论与方法，虽然实现桩土共同作用的角度各不相同，但无一例外均是遵循上述桩土变形协调的原则，具体来说又可分为以下三类。

1.2.1 补偿位移法

在桩基础受荷前桩土的初始相对位移保持相同，在受荷过程中产生的桩土变形差则在后期通过给桩施加附加变形来补偿，这类方法统称为补偿位移法。补偿位移法中，常见的如复合桩基（也称为沉降控制复合桩基[9-10]），通过桩向下"刺入"来补偿变形差，保证桩土的变形协调。由于桩需要向下"刺入"，该方法只适用于摩擦桩（或者端承作用较小的端承摩擦桩）。另外，常说的刚性桩复合地基也是通过向上或向下的"刺入"变形来消除桩土变形差的，因此也属于补偿位移法的范畴。

1. 复合桩基

复合桩基设计中，通过人为减少桩数，令单桩工作荷载接近或达到单桩的极限承载力，如图 1.2 所示。此时可以认为复合桩基中各桩的工作状态由弹性支承转为完全塑性的支承。塑性支承桩始终可承担单桩极限承载力所对应的荷载，任何新的荷载增量，它都不再参与分配。由于进入塑性状态，塑性支承桩不再提供任何新的支承刚度，即沉降状态仅由桩间土的抗变形能力来控制，且任何一点外力的支持，都将阻止桩的下沉。因此，塑性支承桩在沉降发展上具有高度自适应性和可协调性，从而保证了桩土的变形协调[11-12]。

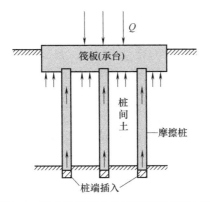

图1.2　复合桩基桩土共同作用的实现过程

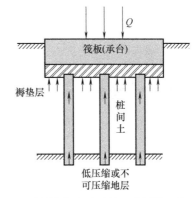

图1.3　刚性桩复合地基桩土共同作用实现过程

2. 刚性桩复合地基

刚性桩复合地基中，由于褥垫层的设置，基础荷载通过褥垫层作用在桩和桩间土上，桩的模量远比土的模量大，桩顶沉降变小于桩间土的沉降变形，桩顶的垫层材料不断向桩间土蠕动补充，造成桩顶向上"刺入"褥垫层中。对于摩擦型基桩，无论桩端落在一般土层还是较硬土层上，由于双向"刺入"变形（桩顶向上"刺入"和桩端向下"刺入"），均可保证桩间土始终参与工作[13-14]。桩顶设置褥垫层的刚性桩复合地基桩土共同作用的实现过程如图1.3所示。

由褥垫层作用机理可以看出，褥垫层厚度过小，桩间土的承载能力不能充分发挥。当褥垫层厚度很大时，桩土应力比接近于1，荷载主要由桩间土承担，复合地基中桩的设置失去意义，褥垫层太厚还会提高基础造价，也会加大地基土荷载作用，而且建筑物的变形也大。目前，褥垫层材料一般选用碎石、级配砂石、粗砂、中砂，褥垫层厚度一般取10～30cm，需指出的是，褥垫层的"刺入"量有限，参考文献［15］中的模型试验显示：正常荷载作用下，30cm厚的细砂褥垫层，小直径桩桩顶"刺入"量仅有15mm左右，大直径桩会更小。因此，对于端承型基桩，如需较大程度发挥地基土的承载力，设置褥垫层的刚性桩复合地基尚难完全保证桩土的共同作用。

1.2.2　刚度调整法

在桩基础受荷前桩土的初始相对位移保持相同，在受荷过程中，通过一定的措施调整桩基的支承刚度，使其与地基土的支承刚度相匹配，这样，在整个受荷过程中，桩、土的变形始终保持协调，当桩、土承担相应设计荷载后，桩基又恢复到其实际支承刚度，这种方法可称为刚度调整法。目前，典型的刚度调整法如笔者等提出的可控刚度桩筏基础[16-18]，通过在桩顶安装专门的刚度调节装置，使该装置的支承刚度与单桩的支承刚度竖向串联，串联后的复合支承刚度与土体支承刚度近似匹配，因此，可控刚度桩筏基础在受荷前后乃至受荷过程中，桩土的变形均是协调的。

根据可控刚度桩筏基础的作用机理，在筏板和端承型桩（或摩擦作用较小的摩擦端承桩）桩顶之间设置刚度调节装置，该装置优化与调节桩基支承刚度，保证整个受荷过程中桩土变形始终保持协调并共同承担上部结构荷载，这个过程也可以看作调节装置使得基桩在承担设计荷载的同时产生了必需的向上"刺入"变形，即使筏板相对于桩顶发生向下的位移，从而保证桩土的变形协调且桩间土的作用得到充分的发挥[19-20]。可控刚度桩筏基础桩土共同作用的实现过程如图 1.4 所示。

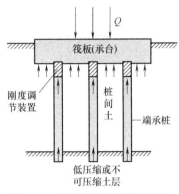

图 1.4 可控刚度桩筏基础桩土
共同作用实现过程

可控刚度桩筏基础通过人为设置刚度调节装置来实现桩土的变形协调，因此，地基和桩基承载力按规范建议的特征值取用即可，故从理论上讲，可控刚度桩筏基础对应用条件并无特殊要求。但是从工程应用的角度来讲，如果地基土承载力小于 100kPa，或天然地基满足率低于 0.2，对比于增加的桩顶刚度调节装置的费用，则使用可控刚度桩筏基础不具备经济上的优势。实际上，可控刚度桩筏基础尤其适用于那些地基土质较好，但不能完全满足上部荷载要求，或沉降过大，从而需要使用桩基且桩基支承刚度较大的情况，此时的设计思想体现出以地基土承载力为主，辅以部分桩基补偿承载这样的最优原则，可以取得巨大的经济效益和社会效益[21-23]。

1.2.3 预加位移法

所谓预加位移法，是指在桩基础受荷前使桩相对于土产生一定的位移，即两者初始位移不同，受荷过程中，由于支承刚度相差较大，两者的变形差逐渐减小，受荷结束后，桩土的变形刚好协调，从而实现桩土共同作用。目前比较典型的预加位移法有桩顶设置柔性材料或预留净空等方法。

（1）桩顶设置柔性材料的复合桩基。参考文献［24］曾提出一种在桩顶设置泡沫软垫（或其他柔性材料）的复合桩基设计方法来协调桩土的变形，从而保证在桩基沉降较小的情况下，实现桩土的共同作用。应用该方法的桩筏基础，上部结构荷载首先由地基土来承担，当地基土达到预定的变形后，桩基随即发生作用，并和地基土共同承担荷载。其桩土共同作用的实现过程如图 1.5 所示。

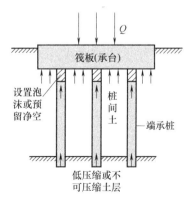

图 1.5 桩顶预留净空复合桩基桩
土共同作用的实现过程

上述方法的提出为在非软土地区的建筑中实现桩土共同作用提供了一种新的思路。但是在该方法中，泡沫软垫刚度很小，不能直接承受荷载，基桩在受荷初始阶段基本不受力，当地基土的变形达到泡沫软垫厚度时，基桩开始受力并由零迅速增加。在实际应用中，如泡沫软垫厚度过大，则可能导致设置的桩基无法发挥作用，只作为安全储备，容易造成浪费；如泡沫软垫厚度过小，则桩基有可能因为支承刚度过大（如端承桩等），造成筏板局部应力集中（"顶死"），留下一定的安全隐患。因此，上述方法应用的前提就是在设计桩基时，能准确地估算出既定荷载作用下地基的变形量（即预加位移量），这在目前沉降计算理论相对还不成熟的情况下，尚有一定的难度。

（2）预留净空的复合桩基。参考文献［25］中提出通过在桩顶预留净空的方法协调桩土的变形，进行了大量的试验和研究，并取得了许多有价值的成果。该方法中预留净空和设置泡沫软垫的作用基本相同[26]，沉降计算理论的相对不成熟仍然是制约其发展的一个重要因素。

1.3　桩筏基础变刚度调平设计

上部结构—基础—地基结构体系中，当基础出现差异沉降时，会在筏板中产生很大的内力。上部结构巨大的刚度能减少建筑物的不均匀沉降、改善筏板的受力状态，但不可避免地会在上部结构中产生较大的次应力，目前上部结构设计还无法完善地考虑次应力的存在对上部结构的影响，给建筑物带来了一定的安全隐患。可见，差异沉降是导致基础内力和上部结构次应力增大、板厚与配筋增加的根源所在。因此，考虑建筑物上部结构—基础（桩筏）—地基的共同作用下，保证建筑物筏板的差异沉降为零，是建筑物基础乃至上部结构保持最优状态的根本。

多年的共同作用理论研究表明[27-28]，不同的上部结构、基础（桩筏）与地基的刚度分布均会对建筑物的内力与变形产生影响。上部结构由于受到使用功能的制约，一般很难对其进行调整。筏板和其他形式的基础，虽可通过变化板厚、设置肋梁、缩小墙距（箱基）等来调整基础刚度分布，但是效果并不明显，且代价很大。因此，对地基与基础构成的支承体的支承刚度进行可控、合理的调整才是差异沉降控制设计最有效的方法。

目前，国内外有部分学者对控制建筑物的差异沉降等问题开展了一些研究。宰金珉[29-31]提出用不同刚度的垫层以及不同桩径、不同桩长的布桩方式来改善基础的工作性状，减少建筑物的沉降和不均匀沉降，特别是通过塑性支承桩尝试了零差异沉降控制的实际工程应用，效果显著；刘金砺[32]（2000）提出共同作用变刚度调平优化设计的概念与方法，通过基底局部加桩、减桩以及调整桩长等方法改变地基基础的刚度，由此减少建筑物的差异沉降；罗宏渊[33]、童衍蕃[34]提出在高层建筑的主裙楼采用不同刚度的垫层以解决建筑物沉降差的问题；C. J. Padfield 和 M. J. Sharrock[35]讨论了通过中心布桩可以缩小基础的沉降差；Fleming[36]等人建议，为了减少基础的差异沉降，可仅在柔性筏板的中心区域采用群桩；Randolph[37-39]亦通过模型试验探讨了不同布桩方式对筏板内力和变形的影响。另外，Hain 和 Lee[40]，Chow 和 Teh[41]，Clancy 和 Randolph[42]以及 Horikoshi 和 Randolph[43]通过数值计算，建立了以零差异沉降控制为目标的桩基设计指南：桩应分布于筏板中心 16%～25% 的区域，桩的总承载力应该设计为总外荷载的 40%～70%，具体与桩筏面积比和土的泊松比有关。桩基支承刚度分布的常规调整方式如图 1.6 所示。

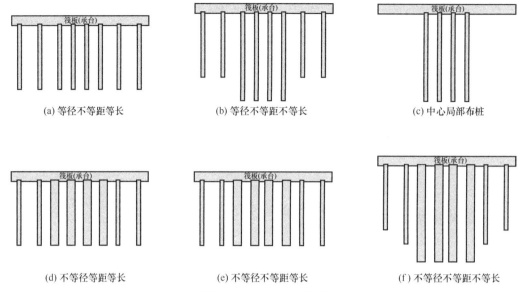

(a) 等径不等距等长   (b) 等径不等距不等长   (c) 中心局部布桩

(d) 不等径等距等长   (e) 不等径不等距等长   (f) 不等径不等距不等长

图 1.6 桩基支承刚度分布的常规调整方式

上述探索与研究本质上皆属于变刚度调平设计的范畴，目前已经取得了大量有价值的成果，但仍存在一定的局限性，如：不同桩径、不同桩长的布桩方式受上部结构形式和地质条件的影响，其应用范围受到相当大的限制；在高层建筑主、裙楼分别设置不同刚度垫层的方法亦有承载力确定、沉降计算、刚度定量控制等设计计算理论不完善、方法不成熟、施工难以控制的问题。

鉴于以上问题，如采用可控刚度桩筏基础，通过在桩顶设置刚度调节装置来对整个桩筏基础的支承刚度大小与分布按需要进行较精确的人为调控，则可达到建筑物零差异沉降的目标，另外，刚度调节装置不受任何地质条件和上部结构形式的束缚，具有广泛的适应性。可控刚度桩筏基础的变刚度调平方法如图 1.7 所示。

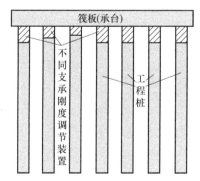

图 1.7 可控刚度桩筏基础变刚度调平设计示意图

1.4 土岩组合地基建设高层建筑

应该明确的是，本书上一节探讨的桩筏基础变刚度调平设计仅是减少建筑物差异沉降和降低结构内力的优化设计方法，出发点是降低工程造价和缩短建设工期。对于某些特殊或复杂地质条件，如土岩组合地基，桩筏基础的差异沉降控制方法可能直接决定建筑物建造的可行性和安全性。所谓土岩组合地基[44]，是指主要受力范围内出现土岩组合并存情况的建筑地基，其支承刚度分布极不均匀，极易出现差异沉降过大的问题，从而影响建筑物的安全，对荷载很大的高层建筑影响尤其明显。

影响建筑物安全的土岩组合地基大致可以分为以下几种情况[45]（图1.8）：①石灰岩地区常见的石芽地基；②由于基岩表面起伏不平导致覆盖土层厚薄极度不均匀的地基；③基岩崩坍沉积引起的土岩沿水平方向垂直分布的地基；④球状风化岩块与残积层混杂堆积的地基。

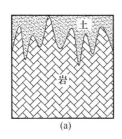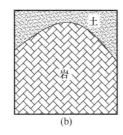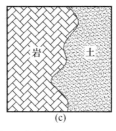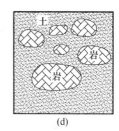

图1.8 土岩组合地基示意图

纵观国内外相关文献，目前处理土岩组合地基的方法主要是通过在刚度较大处设置褥垫层以尽可能消除土、岩并存形成的变形差。如潘青春[46] 介绍了一例通过在基岩出露部位设置300～500mm厚炉渣褥垫层的方法解决土岩组合地基上6层砌体结构的住宅楼差异沉降的问题，取得了成功。罗庆英[47] 指出土岩组合地基中由于岩石与土的变形模量差异较大使地基变形不均匀是地基设计中面临的主要问题，并系统介绍了用褥垫层法处理土岩组合地基的具体方法及注意事项。另外，罗宏渊[33]、童衍蕃[34] 提出在高层建筑裙楼基底设置泡沫软垫解决主裙楼沉降差的方法，也为处理土岩组合地基提供了有益的参考。

进一步分析发现，褥垫层法可协调岩基部分和土基部分的沉降差，且在工作时直接承担荷载，但由于褥垫层材料一般采用炉渣、中砂、粗砂、土夹石等，其变形大多在1cm左右[48]，尚不足以承担协调高层建筑，尤其是超高层建筑在土岩组合地基上形成的变形差的任务（现场实测和计算表明，该变形差通常达到3～5cm，甚至更大）。另外，褥垫层材料的构成以及具体的施工并无统一标准，导致褥垫层的最终调节变形能力离散性较大，最终结果可能与设计意图相差较大。常见的泡沫软垫，材料单一，性能稳定，虽可协调较大的变形差，但刚度过小，不能直接承担荷载，故仅用于调节比较明确的变形差，而土岩组合地基在不同荷载下的明确变形差以目前的技术手段尚较难给出。

研制成功的刚度调节装置具有"大载荷"（最大在10000kN以上）、"大变形"（3～10cm）的特点，为工厂化定制产品，性能稳定，具体性能根据设计要求确定，将其设置于桩、筏之间可以调节由于地质条件引起的基础不均匀沉降，从而实现在土岩组合地基上建造高层建筑的目的。目前使用刚度调节装置的可控刚度桩筏基础已经在厦门、龙岩以及贵阳等地多个土岩组合地基上的高层建筑中均取得了成功。刚度调节装置用于协调土岩组合地基上的高层建筑桩筏基础变形差示意如图1.9所示。

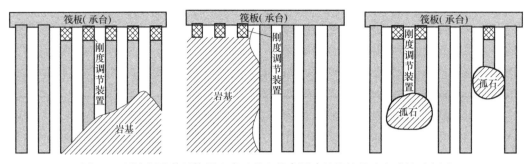

图 1.9 刚度调节装置协调土岩地基上的高层建筑桩筏基础变形差示意图

1.5 建筑物废弃桩基础的再生利用

随着经济的发展，城市规模不断扩大，城市建筑的更新速度也不断加快，为充分利用土地资源，往往会拆除老旧建筑物，建设更高、更大的新建筑。这种拆旧建新的做法，是当前城市改造的必然，拆除的旧建筑的基础对将在原址上新建的建筑来说，将产生相当大的影响：如旧建筑物的基础为天然地基或浅基础，则对新建筑物的影响较小；如旧建筑物的基础为深基础（如桩基础等），则对新建筑物的影响巨大。

目前，建筑物废弃桩基的处理方案大致可分为两种：

（1）完全废除旧桩基础，重新设计桩基础。

对完全废除的桩基础，在旧桩位不影响新桩施工的前提下，可将桩顶截去 500～1000mm，桩孔回填砂石，以削弱旧桩基础的支承刚度对新建建筑的影响。当新、旧桩位置冲突时，就必须将旧桩清除，目前常用的清除方法有拔除法[49-50]（如静拔法、桩周取土减摩振拔法、套钻或套冲成孔减摩吊拔法及振动沉管加水力切割拔桩法）和全回转清桩法[51]。拔除法，尤其是直接拔除法对周边环境影响较大，通常只适用于较短的桩，较长的桩容易形成断桩；对于体积较大、深度大的难以避开的障碍物可以采取全回转清桩法，全回转清桩法对周边影响不大，对于深层的障碍物有较好的效果，适用于周边环境保护要求较高的部位，但采用全回转清桩法费用相对较大。

（2）在条件允许的前提下，全部或部分利用旧桩基础，不足部分补打新桩。

目前，国内外对旧桩进行利用的典型方法有：①史佩栋[52]介绍了伊拉克某电厂工程中，降低桩基的荷载设计值，使新、旧桩在 700kN 荷载水平下，桩顶沉降差不小于 1～2mm，实现了旧桩的利用；②郭培红[53]在某 6 层综合楼设计中采取了加大新桩刚度和增大筏板厚度的方法对位于建筑物中心位置的旧桩进行了利用；③谭宇胜等[54]介绍了广东某 18 层小高层建筑中将旧的嵌岩端承桩接桩到新的桩顶标高后直接进行利用。

上述工程实例第①、②种方法中，旧桩利用均是在上部结构荷载不是很大的多层建筑中，而且第①种方法牺牲了桩基的部分承载潜能，第②种方法额外增加了新桩数量和基础的厚度，均造成了一定的浪费。第③种方法直接利用旧桩，但是其前提是新、旧桩均为嵌岩端承桩，基本不存在沉降差的问题。对于高层建筑中摩擦型旧桩的再利用（该情况实际很具代表性），目前国内外文献还鲜有报道。

为了能够实现在高层建筑中对摩擦型旧桩的再利用,可通过在桩顶设置刚度调节装置来协调新、旧桩的支承刚度差,从而消除建筑物在两种不同类型的基础上出现差异沉降的可能性,其构思如图1.10所示。

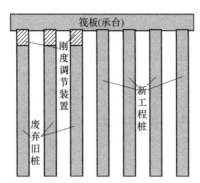

图1.10　刚度调节装置用于建筑物废弃桩基的再生利用

1.6　主要研究内容

综上所述,本书在创造性提出桩基支承刚度依据实际需求可控可调设想的基础上,主要开展以下工作:

1. 桩筏基础整体工作机理及简化分析方法

桩筏基础是高层建筑的主要基础形式,本书梳理并详细叙述了桩筏基础的整体工作机理,明晰了高层建筑桩筏基础的工作性状,提出了高层建筑桩筏基础的简化分析方法,编制了具有自主知识产权的有限元计算程序,在此基础上,通过算例分析说明所提整体分析方法的合理性,为桩筏基础的应用与发展提供了理论基础。

2. 系列桩顶刚度调节装置的开发与研制

提出了被动式刚度调节装置、主动式刚度调节装置和半主动式刚度调节装置的概念。首先自主研制了结构简单、质量可靠、刚度值可自由设定的被动式刚度调节装置,通过系列承载性能试验探究其工程适用性;在此基础上,分别进一步研制可在工作时多次动态调节支承刚度的主动式刚度调节装置、可在工作时一次调节支承刚度的半主动式刚度调节装置,通过系列静动态性能试验探索主动式刚度调节装置和半主动式刚度调节装置在实际工程中的应用前景,为其推广应用提供了科学依据。

3. 可控刚度桩筏基础设计方法及鲁棒性设计理论

将可控刚度桩筏基础从理论构思推动至工程实践,就必须进行相关设计计算的探索与研究,一套成熟的设计计算方法需要在其他研究成果逐渐明确的情况下不断修正与完善。在此背景下,提出了可控刚度桩筏基础设计方法,明确了桩基竖向承载力、桩基数量、桩基沉降、桩基安全度和刚度调节装置的计算过程;依据岩土工程鲁棒性设计概念,建立了单桩以及桩筏基础鲁棒性设计理论,分别提出了基于被动式刚度调节装置和主动式刚度调节装置的可控刚度桩筏基础鲁棒性设计方法。

4. 可控刚度桩筏基础连接构造及施工工艺

与天然地基以及常规桩基相比,上部结构—筏板—刚度调节装置—桩—土共同作用的过程更为复杂。在此背景下，提出了专用于可控刚度桩筏基础的连接构造，分别研制了可调式钢筋连接器和桩顶抗剪装置，详细叙述了刚度调节装置的安装流程，形成了可控刚度桩筏基础施工工艺，明确了桩顶空腔后期封闭效果及其影响因素，介绍了可控刚度桩筏基础的检测、监测和验收标准。

5. 可控刚度桩筏基础工作性状室内模型试验研究

模型试验可真实地反映可控刚度桩筏基础在各应用领域的工作性状，故开展模型试验研究往往是无法被其他研究方法和手段所代替的。鉴于此，拟通过室内模型试验分别研究刚度调节装置在单桩承台、端承型桩筏基础、摩擦型桩筏基础以及混合支承桩筏基础中的应用，在此基础上，对主动式刚度调节装置开展探索性试验，以期观测到在常规荷载，尤其是极限荷载作用下许多现场测试无法得到的试验结果，从而明晰整个桩筏基础的工作机理。

6. 可控刚度桩筏基础工作性状数值模拟研究

在理论分析、室内试验的基础上，建立桩基支承刚度可人为调节的共同作用数值分析模型。首先，系统分析可控刚度桩筏基础的工作性状，重点探索可控刚度桩筏基础在以上各领域应用的可行性和有效性；随后，以典型工程为模拟对象，分析上部结构荷载作用下可控刚度桩筏基础的作用机理和荷载传递规律，明晰可控刚度桩筏基础的实际应用效果。

7. 可控刚度桩筏基础的工程实践及测试分析

可控刚度桩筏基础技术可解决大支承刚度桩的桩土共同作用、大底盘建筑或建筑群的变刚度调平、复杂地质条件下建设高层建筑等常规技术难以解决的工程难题，而工程应用是检验可控刚度桩筏基础技术先进性的有效手段。通过典型工程项目的现场联合测试，辅以有限元软件的精细化模拟，系统研究可控刚度桩筏基础在实际工程中的性能演化规律，研究成果对可控刚度桩筏基础设计理论的发展和完善具有重要意义。

第2章 桩筏基础整体工作机理及简化分析方法

为进一步明晰桩筏基础工作性状，本章拟详细叙述桩筏基础的整体工作机理，提出相应的简化分析方法，旨在为桩筏基础的应用与发展提供理论基础。

2.1 地基承载力计算与相关指标确定方法

地基承载力取值的确定是可控刚度桩筏基础设计理论的重要组成部分，尤其是可控刚度桩筏基础应用于地基土能承担大部分上部荷载的端承桩复合桩基时，地基土承载力的取值直接关系到桩筏基础设计的成败。目前，确定地基土承载力的方法大致有理论公式法、室内试验法以及原位测试法。这些方法在线性的范围内确定地基土承载力的大小时，均存在一定的保守倾向[1-2]，造成不同程度的浪费。因此，如何考虑桩土体系客观存在的非线性特征，在安全可靠的前提下，合理而充分地确定地基土承载力，是可控刚度桩筏基础理论体系中首先必须解决的问题。

2.1.1 地基承载力弹塑性解答的合理利用

大量的室内试验结果、现场试验结果表明[3]，地基变形的特征一般可分为三个阶段：第一为线性变形阶段，第二为弹塑性阶段，第三为极限阶段。第一阶段过渡到第二阶段时作用于地基表面的压力称为临塑压力，以 p_{cr} 表示，第二阶段过渡到第三阶段时的压力或丧失稳定时的压力称为极限平衡压力，以 p_u 表示，第二阶段的压力称为弹塑性压力，以 p_{ep} 表示。

常用的公式法计算地基土承载力，$p_{1/4}$ 或 p 类似 $p_{1/4}$ 公式曾占据重要的地位[4-5]，$p_{1/4}$ 公式认为，基础底面下边缘处产生的塑性变形区深度不超过基础宽度的 1/4 时，可以用线性变形理论计算沉降，本质上是将弹性应力代入塑性条件，求解弹塑性解，文献[3] 认为该方法有很大的局限性：在计算时仅考虑了塑性深度的开展，而没有考虑塑性角的开展，即使有可能研究塑性角的开展，该方法也显然夸大了塑性角。在工程实践中，用该方法计算的极限压力 p_u 比用塑性理论计算的 p_u 小得多。

对于平面变形问题，假定基础作用于地基上的压力 p 在基础宽度 b 内均布，基础底面以上埋深 h 的土重用 $q = \gamma_0 h$ 表示，地基为具有容重 γ 的黏性土（内聚力 $c \neq 0$，内摩擦角 $\varphi \neq 0$）。计算时，将上述土体分为 0°和 1°两种情况，进行叠加。其中：0°为 $q \neq 0$，$\gamma = 0$，$\varphi \neq 0$，$c \neq 0$（有埋深、无容重的黏性土）；1°为 $q = 0$，$\gamma \neq 0$，$\varphi \neq 0$，$c = 0$（无埋深、有容重的理想松散土）。

1. 地基的临塑压力 p_{cr}

(1) $q \neq 0$，$\gamma = 0$，$\varphi \neq 0$，$c \neq 0$（有埋深、无容重的黏性土）

0°情况下的临塑压力 $p_{cr}(0°)$ 为：

$$p_{cr}(0°) = \left(\frac{\pi}{\cot\varphi - \dfrac{\pi}{2} + \varphi} + 1 \right) q + \frac{\pi\cot\varphi}{\cot\varphi - \dfrac{\pi}{2} + \varphi} c = B_{cr}\gamma_0 h + D_{cr}c \tag{2.1}$$

式中：$B_{cr} = \dfrac{\pi}{\cot\varphi - \dfrac{\pi}{2} + \varphi} + 1$，$D_{cr} = (B_{cr} - 1)\cot\varphi$。

显然，当 $p < B_{cr}q + D_{cr}c$，则地基处于线性状态；当 $p = B_{cr}q + D_{cr}c$，则地基处于临塑状态；当 $p > B_{cr}q + D_{cr}c$，则地基出现塑性状态。此处，p 为作用于地基上的压力。

(2) $q = 0$，$\gamma \neq 0$，$\varphi \neq 0$，$c = 0$（无埋深、有容重的理想松散土）

1°情况的塑性最大深度 X_{max} 为：

$$X_{max} = \frac{p_1}{\pi\gamma}\left(\cot\varphi - \frac{\pi}{2} + \varphi \right) \tag{2.2}$$

由此得到：

$$p_1 = \frac{\pi\gamma}{\cot\varphi - \dfrac{\pi}{2} + \varphi} X_{max} = A\gamma X_{max} \tag{2.3}$$

式中：$A = \dfrac{\pi}{\cot\varphi - \dfrac{\pi}{2} + \varphi}$。

式 (2.3) 中，如果 $X_{max} = 0$，p_1 则是 1°情况下的临塑压力 $p_{cr}(1°)$：

$$p_{cr}(1°) = 0 \tag{2.4}$$

如 $p > 0$，则地基出现弹塑性或塑性状态。此处的 p 同样为作用于地基上的压力。

(3) 0°情况和 1°情况叠加的解 p_{cr}

由 (1)、(2) 可知，求解 p_{cr} 可用 0°情况和 1°情况的解之和代替，因此：

$$p_{cr} = p_{cr}(0°) + p_{cr}(1°) = B_{cr}\gamma_0 h + D_{cr}c \tag{2.5}$$

式 (2.5) 中，B_{cr} 和 D_{cr} 可按表 2.1 取用。

B_{cr} 和 D_{cr} 的取用值　　　　　　　　　　　　　　　　表 2.1

$\varphi°$	0	2	4	6	8	10	12	14	16	18	20	22	24	26	28	30	32	34	36	38	40
B_{cr}	1.0	1.1	1.2	1.4	1.6	1.7	1.9	2.2	2.4	2.7	3.1	3.4	3.9	4.4	4.9	5.7	6.3	7.2	8.2	9.4	10.9
D_{cr}	3.1	3.3	3.5	3.7	3.9	4.2	4.4	4.7	5.0	5.3	5.7	6.0	6.5	6.9	7.4	8.0	8.6	9.2	9.9	10.8	11.7

2. 地基的极限平衡压力 p_u

0°情况下的极限平衡压力 $p_u(0°)$ 为：

$$p_u(0°) = \frac{1 + \sin\varphi}{1 - \sin\varphi} e^{\pi\tan\varphi} q + \left(\frac{1 + \sin\varphi}{1 - \sin\varphi} e^{\pi\tan\varphi} - 1 \right) c = B_u\gamma_0 h + D_u c \tag{2.6}$$

式中：$B_u = \dfrac{1 + \sin\varphi}{1 - \sin\varphi} e^{\pi\tan\varphi}$；$D_u = (B_u - 1)\cot\varphi$。

1°情况下根据计算假定的不同，可分为假定滑裂面的解和有压密核存在的解。因此，叠加的极限平衡压力 p_u 可分别由式（2.7）和式（2.8）表示。

$$p_u = A'_u \gamma b + B_u \gamma_0 h + D_u c \tag{2.7}$$

$$p_u = A''_u \gamma b + B_u \gamma_0 h + D_u c \tag{2.8}$$

文献 [3] 指出，对于砂土地基或内摩擦角 φ 较大的土，应用式（2.8）比较合适，对于内摩擦角 φ 较小的黏性土地基，应用式（2.7）比较合适。式（2.7）和式（2.8）中的 A'_u、A''_u、B_u 以及 D_u 可按表2.2取用。

A'_u、A''_u、B_u 和 D_u 的取用值　　　　　　　　　　　　表2.2

$\varphi°$	0	2	4	6	8	10	12	14	16	18	20	22	24	26	28	30	32	34	36	38	40
A'_u	0	0.04	0.1	0.2	0.3	0.4	0.5	0.7	0.9	1.3	1.7	2.3	3.0	4.1	5.4	7.3	9.9	13.8	18.9	27.1	38.2
A''_u	0	0.1	0.2	0.3	0.4	0.6	0.9	1.3	1.7	2.3	3.1	4.2	5.7	7.7	10.2	14.3	19.5	27.3	37.3	54.7	77.8
B_u	1.0	1.2	1.4	1.7	2.1	2.5	2.9	3.7	4.3	5.3	6.4	7.8	9.6	11.8	14.7	18.1	23.2	29.4	37.7	48.9	64.2
D_u	5.1	5.6	6.2	6.8	7.5	8.4	9.3	11.4	11.6	13.1	14.8	16.9	19.3	22.2	25.8	30.1	35.5	42.2	50.6	61.3	75.3

3. 地基的弹塑性压力 p_{ep}

弹塑性压力 p_{ep} 的上限是临塑压力 p_{cr}，下限是极限平衡压力 p_u，因此，在中心荷载作用下，半无限土体在平面变形条件下的临塑、弹塑性、极限平衡时的压力可用一个公式表示，即为：

1°情况为假定滑移面的解：

$$p_{ep} = A'_{ep} \gamma b + B_{ep} \gamma_0 h + D_{ep} c \tag{2.9}$$

1°情况为有压密核存在的解：

$$p_{ep} = A''_{ep} \gamma b + B_{ep} \gamma_0 h + D_{ep} c \tag{2.10}$$

式中，$B_{ep} = f_1(\varphi, \theta_1)$；$D_{ep} = (B_{ep} - 1)\cot\varphi$；$A'_{ep} = f_2\left(\varphi, \dfrac{4y}{b}\right)$；$A''_{ep} = f_3\left(\varphi, \dfrac{2y}{b}\right)$。

当 $\theta = -\varphi$，$r = 0$ 时，为临塑压力；当 $\theta_1 = \mu$，$r = \dfrac{b}{4\cos\left(\dfrac{\pi}{4} + \dfrac{\varphi}{2}\right)}$，$r = \dfrac{b}{2\cos\varphi}$ 时，为极限平衡压力；当 $-\varphi < \theta_1 < \mu$，$0 < r < \dfrac{b}{4\cos\left(\dfrac{\pi}{4} + \dfrac{\varphi}{2}\right)}$，$\dfrac{b}{2\cos\varphi}$ 时，为弹塑性压力。

4. 地基强度 p_λ 计算公式的合理利用

从地基强度的角度来看，地基强度的危险度是我们关心的。如果以地基塑性范围开展程度来衡量地基的危险度，则我们可以通过弹塑性压力计算公式，按塑性开展范围计算出地基对应该塑性开展范围时的强度。

以 λ 表示地基塑性范围开展的程度，见式（2.11）、式（2.12），具体如图2.1所示。图中，∠AoB 为极限平衡状态时的塑性开展角；∠aob 为图示荷载下的塑性开展角，θ_1、θ_2 为该塑性开展角的塑性范围；与 ox 成 φ 角最先达到塑性条件。

令 $\alpha = \varphi + \theta_1$，$\Phi = \mu + \varphi$，则：

$$\lambda(0^\circ)=\frac{\alpha}{\Phi}=\frac{\varphi+\theta_1}{\mu+\varphi} \tag{2.11}$$

式（2.11）表示 0° 情况下塑性角开展的程度。

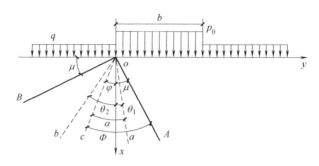

图 2.1　塑性范围开展度示意图

当 $\theta_1=-\varphi$，则 $\lambda(0^\circ)=0$；当 $\theta_1=\mu$，则 $\lambda(0^\circ)=1$。

$$\lambda(1^\circ)=\frac{4y}{b}\left(\frac{2y}{b}\right) \tag{2.12}$$

式（2.12）表示 1° 情况下塑性深度开展的程度（括号内外分别为假定滑移面的解和有压密核存在的解）。

综上，对于 $q=0$，$\gamma\neq0$，$\varphi\neq0$，$c\neq0$ 的地基，如 $\lambda=0$，则地基处于临塑状态，地基强度以 $p_{\lambda=0}$ 表示；$0<\lambda<1$，则地基处于弹塑性状态，地基强度以 $p_{0<\lambda<1}$ 表示；$\lambda=1$，则地基处于极限平衡状态，地基强度以 p_λ 表示。

这样，地基强度 p_λ 的一般公式为：

$$p_\lambda=A_\lambda\gamma b+B_\lambda\gamma_0 h+D_\lambda c \tag{2.13}$$

1° 情况为假定滑移面的解：

$$p_\lambda=A_\lambda'\gamma b+B_\lambda\gamma_0 h+D_\lambda c \tag{2.13a}$$

1° 情况为有压密核存在的解：

$$p_\lambda=A_\lambda''\gamma b+B_\lambda\gamma_0 h+D_\lambda c \tag{2.13b}$$

式（2.13）中，A_λ、B_λ、C_λ 是土的内摩擦角 φ 及危险度 λ 的函数，具体取值可参考文献 [3] 中的附录。对于 λ 的取值，文献 [3] 建议，对于高压缩性土可取 $0.2\sim0.4$；对中压缩性土可取 $0.3\sim0.6$；对于低压缩性土可取 $0.4\sim0.7$。

应指出的是，文献 [3] 给出的式（2.13），考虑针对不同土质条件下取用不同危险度 λ 的承载力取用值 p_λ，经沉降验算满足规范要求后，则为地基承载力—弹塑性解答的合理应用，值得注意的是，近年来，在部分地区，特别是广东东莞地区得到了较多的应用[6]，并且取得了良好的经济效果，在一定条件下，特别是对于中低压缩性土，实现了采用天然地基而不打桩建造高层建筑的多项实例。

2.1.2　按平板载荷试验确定地基土承载力的合理方法

1. 按平板载荷试验确定地基土承载力的常规方法

在确定地基承载力的试验方法中，平板静力载荷试验占据了重要的地位，很多地基规范都将其结果作为确定或校核地基承载力的依据。通常情况下，按规范建议的方法，通过平板载荷试验来确定地基承载力的时候，均是根据小尺寸载荷试验的荷载-沉降关系曲线（即 p-s 曲线），通过强度和变形两种控制标准来确定地基承载力的。

国家标准《建筑地基基础设计规范》GB 50007—2011（以下简称建筑地基规范）规定：地基承载力特征值可由载荷试验或其他原位测试、公式计算并结合工程实践经验等方法综合确定。用平板载荷试验来确定地基承载力时，可按如下情况确定：①取 p-s 曲线上比例界限所对应的荷载值 p_0 作为承载力特征值 f_{ak}；②当极限荷载 p_u 小于 $2p_0$ 时，取 $f_{ak} = p_u/2$；③在不能按以上两种要求确定时，当压板面积为 $0.25\sim0.50\text{m}^2$ 时，可取沉降板宽比 $s/b = 0.01\sim0.015$ 所对应的荷载值（b 为压板直径或边长），但其值不应大于最大加载量的一半。以上准则对砂土和黏性土均适用。

应该指出的是，情况①和②确定地基承载力特征值时，地基土均处于线弹性状态，情况③是以沉降板宽比 s/b 为控制因素的，在这种情况下，地基土处于弹-塑性状态。

2. 平板载荷试验的尺寸效应

根据载荷试验确定地基土承载力的常规方法值得商榷，尤其是当压板面积为 $0.25\sim0.50\text{m}^2$ 时，取沉降板宽比 $s/b = 0.01\sim0.015$ 所对应的荷载值作为地基土承载力显得过分保守。

冶金部勘察系统曾在太原进行的大小承压板对比试验[7]，如图 2.2 和表 2.3 所示。由此可以得出沉降量与承压板尺寸的近似关系：当基底压力相同，承压板宽度很小时，宽度减小，沉降量增加；当承压板的宽度超过一定值后，宽度的增大与沉降量的增加近似成正比；当宽度再增大时，沉降量即趋于

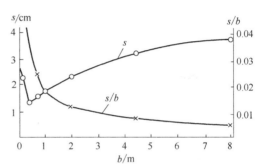

图 2.2　承压板宽度与沉降的关系

定值，不再随宽度的增大而增加。由 s/b-b 曲线可以看出，沉降板宽比 s/b 随着承压板宽度 b 的增大而减小，并逐渐趋向于零。

沉降与承压板（基础）宽度的关系　　　　　　　　　　　　　　　　　　表 2.3

序号	$b = \sqrt{F}$/cm	s/cm	s/b	说　　明
1	24.5	2.30	0.094	试验压力 $p = 1.6\text{kg/cm}^2$ （$p = 156.8\text{kPa}$）
2	70.7	1.55	0.022	
3	100.0	1.80	0.018	
4	200.0	2.30	0.011	
5	440（基础）	3.20	0.008	基础上压力为 1.6kg/cm^2 s 实测值已考虑施工期间的沉降
6	800（基础）	3.80	0.005	

铁科院亦曾在唐山市郊对四种天然砂土层进行了不同直径的圆形载荷板试验[8]，试验结果如表 2.4 所示。从中可以看出，如果取对应于 $0.02D$ 沉降值时的荷载进行比较，则它与试验用压板的尺寸间没有固定的关系。将沉降为 $0.02D$ 时的荷载与其极限荷载进

行比较，相应的安全系数的变化也很大。而用极限荷载作为比较的标准时，则可看出压板直径与承载力的增长间有明显的规律。图 2.3 所示为在压板埋深为零的条件下，四种砂层的极限荷载与压板尺寸的关系曲线。从中可以看出，当压板直径在 20～30cm 之间时，极限荷载为最低值；当压板直径大于该范围时，极限荷载随压板宽度的增大而以递减的速率增加；当压板直径小于该范围时，极限荷载随压板宽度的减小而增加。20 世纪 40 年代，欧洲在砂层上曾用不同直径的压板加载，观测压板沉降与板直径的关系，其结果[9] 如图 2.4 所示。同样可以看出，当荷载从 60kPa 增加到 100kPa 时，压板直径为 20～30cm 范围内的沉降最小。

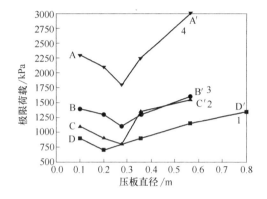

图 2.3　不同直径压板的极限荷载[8]

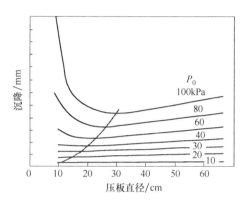

图 2.4　不同直径压板在均载下的沉降[9]

不同直径的载荷板试验结果　　　　　　　　　　表 2.4

土层	编号	压板直径/cm	压板埋深/m	允许荷载/kPa	极限荷载/kPa	安全系数
	1	10	0	220	900	4.1
	3	20	0	350	700	2.0
第一层	7	27.7	0	350	800	2.3
	9	35.7	0	410	900	2.2
	14	56.5	0	510	1150	2.3
	17	79.7	0	510	1350	2.5
	18	10	0	600	1400	2.3
	20	20	0	650	1300	2.0
第二层	22	27.7	0	620	1100	1.8
	23	35.7	0	700	1300	1.9
	26	56.5	0	600	1600	2.7
	27	10	0	480	1100	2.3
	29	20	0	380	900	2.4
第三层	30	27.7	0	460	800	1.7
	31	35.7	0	600	1350	2.3
	34	56.5	0	700	1550	2.2
	35	10	0	1000	2300	2.3
	36	20	0	1140	2100	1.8
第四层	37	27.7	0	880	1800	2.0
	38	35.7	0	1000	2250	2.3
	41	56.5	0	1280	3000	2.3

以上实例，无一例外地说明这样一个重要的事实：通过平板载荷试验确定地基土承载力时，应考虑载荷试验中压板的尺寸效应。正是基于上述原因，K. Terzaghi 和 R. B. Peck 曾建议，在砂土地基中，同一压强 p 下，基础沉降量与基础宽度的关系可用下式推算[10]：

$$\frac{s}{s_0}=\left(\frac{2B}{B+b}\right)^2 \tag{2.14}$$

《工程地质手册》也给出了推算沉降量的经验公式[7]。当建筑物基础宽度 2 倍深度范围内的土为均质时，可利用载荷试验沉降量推算建筑物的沉降量：

对砂土地基：

$$s=s_0\left(\frac{B}{b}\right)^2\left(\frac{b+30}{B+30}\right)^2 \tag{2.15a}$$

对黏性土地基：

$$s=s_0\frac{B}{b} \tag{2.15b}$$

式中，s、B 分别为基础的沉降与宽度，cm；s_0、b 分别为载荷试验的沉降与宽度，cm。

注意到以下事实：对于砂土，如果取 $b=0.305\text{m}$，则式（2.15a）与式（2.14）是等价的。两式可以得到相同的规律：在砂土地基中，基础沉降与宽度并不是线性的正比关系，而是随宽度的增大而非线性地增大，并逐渐趋向于收敛的。对于黏性土，由载荷试验的结果可以得到规律[11]：当基础宽度在 $50\sim200\text{cm}$ 之间、内摩擦角 φ 在 $25°$ 以内时，基础宽度的增大对黏性土的承载力特征值影响很小，即对于宽度不大于 3m 的条形基础，式（2.15b）的线性关系基本成立，但对于宽度较大的独立基础，特别是筏、箱基建筑，式（2.15b）是不正确的。

应该明确的是，无论是砂土还是黏性土，由于资金和设备的限制，超大型的载荷试验（例如 $B\geqslant10\text{m}$）一般都难以实现，因此对上述内容开展研究，目前还只能通过数值分析的方法。

2.1.3 平板载荷试验尺寸效应的数值分析

线性变形理论已经无法解释平板载荷试验中的尺寸效应，采用非线性方法分析地基承载力比线弹性分析更符合实际及试验结果[12]。由于涉及超大尺寸荷载试验，原位试验已无法完成，本书采用非线性平面有限元方法，对基础沉降与基础尺寸之间的关系进行初步的分析，并结合计算结果讨论各种不同土性参数对其的影响效果。

1. 砂性土地基上平板试验的数值分析

刚性圆形承压板置于地基表面，在半无限空间受力，土层为均匀土，性质相同。对砂性土，地基土的相关参数取值如表 2.5 所示。分别对直径 D 为 1m、2m、3m、5m、8m、10m、20m、30m 的承压板进行计算，由于是圆形承压板，因而属轴对称情况。

土体计算参数　　　　　　　表 2.5

土名	黏聚力 c/kPa	摩擦角 φ/°	割线模量 E_{50}^{ref}/MPa	泊松比 ν_{ur}	剪胀角 Ψ/°
砂性土	10	30	15	0.3	0
黏性土	20	15	5	0.35	

由计算结果发现以下规律：地基的塑性区一般发源于基底边缘；多种直径的载荷板临塑荷载 p_{cr} 近似相同，可以认为临塑荷载 p_{cr} 不受基础尺寸的影响；塑性区在基底边缘出现以后逐渐向深处发展，呈泡状，最终于对称轴线上交遇；基础尺寸的大小将影响塑性区的开展及交遇情况，基础尺寸越大，相同荷载作用下塑性区的开展深度与基础直径的比值越小，塑性区交遇所需的荷载则越大；基础中心下将形成一个弹性核，弹性核中间大、边缘小，为一个母线是弧形的圆锥体；塑性区开始交遇时的最大深度一般为 $0.8D \sim 0.9D$，按线弹性解为 $0.5D$，原因是此处没有考虑地基强度随深度增长。

表 2.6 所示为 8 种不同直径的承压板在不同大小荷载下的沉降量，图 2.5 所示为不同荷载水平下沉降直径比 s/D 与承压板直径的关系图。可以看出，利用数值计算得出的图 2.5 基本表现出与图 2.2 相似的变化规律，说明本书的分析方式是合理的。另外，从图中也可看出，s/D 不仅与直径相关，而且还和承压板所受的荷载水平有关，荷载越大，s/D 也越大。这说明 Terzaghi 和《工程地质手册》所提出的经验公式，即式（2.9）和式（2.10）的应用是有前提条件的，即公式的应用必须要考虑荷载水平。

承压板沉降与直径的关系（砂性土）　　　　　　　　　　　表 2.6

D/m	$p=100\mathrm{kPa}$		$p=200\mathrm{kPa}$		$p=300\mathrm{kPa}$	
	s/mm	$s/D(\times 10^{-3})$	s/mm	$s/D(\times 10^{-3})$	s/mm	$s/D(\times 10^{-3})$
1	9.99	9.99	26.44	26.44	51.33	51.33
2	17.23	8.62	42.02	21.01	74.64	37.32
3	23.29	7.76	54.29	18.09	94.32	31.44
5	34.17	6.83	77.30	15.46	127.11	25.422
8	47.01	5.88	102.76	12.845	163.93	20.49
10	54.61	5.46	117.88	11.788	187.66	18.766
20	84.66	4.23	176.79	8.839	274.37	13.718
30	108.97	3.63	224.56	7.483	345.67	11.522

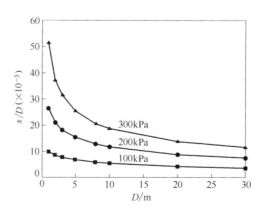

图 2.5　沉降直径比 s/D 与承压板直径的关系

2. 黏性土地基上平板试验的数值分析

依据表 2.5 中的计算参数，采取同样的方法对中、低压缩性的黏性土进行分析，结果分别如表 2.7 和图 2.6 所示。可以看出，s/D 不仅与直径相关，而且还和承压板所受的荷载水平有关，荷载越大，s/D 也越大。

沉降与承压板直径关系   表 2.7

D/m	$p=50\text{kPa}$		$p=75\text{kPa}$		$p=100\text{kPa}$		$p=125\text{kPa}$	
	s/mm	$s/D(\times 10^{-3})$	s/mm	$s/D(\times 10^{-3})$	s/mm	$s/D(\times 10^{-3})$	s/mm	$s/D(\times 10^{-3})$
1	17.57	17.57	29.34	29.34	43.22	43.22	59.88	59.88
2	28.69	14.35	47.84	23.92	69.40	34.7	95.36	47.68
3	37.35	12.45	61.99	20.663	89.85	29.95	121.02	40.34
5	53.96	10.79	88.93	17.786	128.39	25.678	172.77	34.554
8	71.97	9.00	117.58	14.6975	167.59	20.948	221.64	27.705
10	85.98	8.60	139.56	13.956	198.71	19.871	263.02	26.302
20	136.17	6.81	216.64	10.832	304.31	15.2155	402.34	20.117
30	177.80	5.93	280.05	9.335	392.72	13.090	514.45	17.148

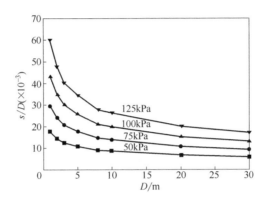

图 2.6 沉降比与承压板直径关系

3. 模量随深度增长地基上平板试验的数值分析

以上分析均假定地基为均匀土体，地基模量不随深度的变化而发生变化。应该指出的是，实际上地基土模量往往是随着深度的变化而发生改变的，当土性比较均匀时，更多地表现为随深度的增大呈线性增加。因此，本书仍根据砂性土的参数进行分析，不同的是地基土模量分别按每米深度增加 0.5MPa、0.7MPa 和 1MPa 来考虑。

图 2.7 是变模量地基与常模量地基中的沉降对比图。可以看出，考虑模量随深度的增大而增加，曲线的收敛速率变快，且每米深度的模量增量越大，收敛速率越快，曲线更显平缓，与图 2.2 所描述的实测结果也更为接近。对比图 2.7 中各级荷载下，变模量与常模量下荷载板的沉降值，可以发现，如取 $D=30\text{m}$ 的承压板，荷载水平 $p=300\text{kPa}$，则由于模量的变化（0.5MPa、0.75MPa、1MPa），沉降量分别减小 28%、33.6%、37.7%。

经验公式（2.14）中，s_0 以 $b=0.305\text{m}$ 的承压板的沉降为标准，则 s/s_0 的极限值接近 4。本书中，当 $\Delta E_{50}^{\text{ref}}=1000\text{kPa/m}$，$p=300\text{kPa}$ 时，$s_{D=30\text{m}}/s_{D=1\text{m}}$ 亦接近 4。虽然 s_0 的标准不一样，但已经比较接近了。这说明考虑地基土模量随深度的增加，才能更真实地反映地基土的实际受力情况，所估计的沉降量才能与实际更接近。事实上，对于均匀的低压缩性土，$\Delta E_{50}^{\text{ref}}=500\text{kPa}=0.5\text{MPa}$ 的情况是经常出现的。

另外必须指出的是，目前的室内土工试验均不能反映土体的上述特性，因此，提高对现场原位试验的重视程度已经显得越来越迫切。

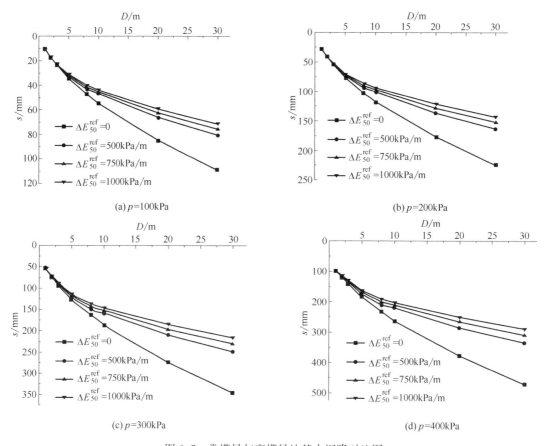

图 2.7　常模量与变模量地基中沉降对比图

2.1.4　考虑平板载荷试验尺寸效应时确定 s/b 取值的分析与建议

考虑基础沉降量与其尺寸间的非线性关系，K. Terzaghi 和 R. B. Peck，Bazaraa，《工程地质手册》等都给出了砂土地基上各自的经验公式。

令 $\eta = s_0/b$，则根据式（2.14）、式（2.15a）、式（2.15b），可分别推导出 η 值相应的计算式如下：

$$\eta = \frac{s_0}{b} = \frac{s}{4b}\left(1 + \frac{b}{B}\right)^2 \tag{2.16}$$

$$\eta = \frac{s_0}{b} = \frac{s}{6.25b}\left(1 + 1.5\frac{b}{B}\right)^2 \tag{2.17}$$

$$\eta = \frac{s_0}{b} = \frac{sb}{(b+30)^2}\left(1 + \frac{30}{B}\right)^2 \tag{2.18}$$

建筑地基规范规定，体形简单的高层建筑基础平均沉降量容许值是 $[s] \leqslant 200\text{mm}$。如将此变形的 40% 作为充分保证使用安全可靠的沉降控制要求，分别取承压板宽为 50cm、70cm、100cm，将容许最大沉降 $[s] = 200\text{cm}$ 和控制沉降 $0.4[s]$ 分别代入式（2.16）~式（2.18）中计算，可分别得到如下 η' 和 η 的结果，见表 2.8~表 2.10。

常见基础宽度对应的 η 值（据 Terzaghi 公式和 Peck 公式）　表 2.8

B/m	$\eta'(\eta=0.4\eta')$		
	$b=0.5\mathrm{m}$	$b=0.7\mathrm{m}$	$b=1\mathrm{m}$
10	0.110(0.044)	0.082(0.033)	0.061(0.024)
20	0.105(0.042)	0.077(0.031)	0.055(0.022)
30	0.103(0.041)	0.075(0.030)	0.053(0.021)
40	0.103(0.041)	0.074(0.030)	0.053(0.021)
50	0.102(0.041)	0.073(0.029)	0.052(0.021)

常见基础宽度对应的 η 值（据 Bazaraa 公式）　表 2.9

B/m	$\eta'(\eta=0.4\eta')$		
	$b=0.5\mathrm{m}$	$b=0.7\mathrm{m}$	$b=1\mathrm{m}$
10	0.074(0.030)	0.056(0.022)	0.042(0.017)
20	0.069(0.028)	0.051(0.020)	0.037(0.015)
30	0.067(0.027)	0.049(0.020)	0.035(0.014)
40	0.066(0.027)	0.048(0.019)	0.034(0.014)
50	0.066(0.027)	0.048(0.019)	0.034(0.014)

常见基础宽度对应的 η 值（据《工程地质手册》公式）　表 2.10

B/m	$\eta'(\eta=0.4\eta')$		
	$b=0.5\mathrm{m}$	$b=0.7\mathrm{m}$	$b=1\mathrm{m}$
10	0.166(0.066)	0.149(0.059)	0.126(0.050)
20	0.161(0.064)	0.144(0.058)	0.122(0.049)
30	0.159(0.064)	0.143(0.057)	0.121(0.048)
40	0.159(0.063)	0.142(0.057)	0.120(0.048)
50	0.158(0.063)	0.142(0.057)	0.120(0.048)

表 2.8～表 2.10 中 η' 值皆大于建筑地基规范中 $s/b=0.01\sim0.015$ 的规定，即便是为确保安全而按控制沉降 $0.4[s]$ 确定的 η 值，对于面积为 $0.25\sim0.50\mathrm{m}^2$ 的承压板，也比规范规定的要大。按控制沉降 $0.4[s]$ 确定的 η 值来确定地基承载力特征值，承载力特征值将得到显著提高。因此，按沉降控制要求，对于中、低压缩性地基土，可综合提出 s/b 的取值如下：当承压板面积为 $0.25\sim0.50\mathrm{m}^2$ 时，可取 $s/b=0.025\sim0.03$（面积大的取小值，面积小的取大值）所对应的荷载 f_η 作为地基土承载力特征值 f_{ak}；当承压板面积为 $1\mathrm{m}^2$ 时，可取 $s/b=0.02$，且不应大于最大加载量 p_{max}（p_{umax}）的一半，即 $f_\eta \leqslant 0.5p_{max}$。再按建筑地基规范验算 $s\leqslant[s]$。考虑到 s/b 关系中已涉及板宽，为偏于安全，按此确定的承载力特征值不再作宽度修正。

2.1.5　按强度控制的分析与建议

强度要求，即安全系数 $K=2$，是传统的观念，也是建筑地基规范的要求。因此，简单的做法是同时要求 $f_\eta \leqslant 0.5p_u$，本章讨论的情况为 $f_\eta \leqslant 0.5p_{umax}$。即使如此，往往也会出现 $\eta=s/b=0.02\sim0.03$ 的情况。就是说在满足强度要求的同时，仍常有机会考虑基础宽度与沉降的非线性关系，在按变形 $s<0.4[s]$ 的控制下，可适当提高 η 的取值和适当提高地基承载力利用值，如本书中工程实例。需指出的是，载荷试验给出的 p_{max} 值小

于实际建筑物的 p_u 理论值，这也是目前不可能进行足尺检验的极限值。所以，强度要求的条件可予以适当放宽，例如对于密实砂土、砾石和低压缩性第四纪黏土与未扰动的残积土，可考虑取用 $f_\eta \leqslant (0.6 \sim 0.65)p_{max}$，此时常有 $f_\eta \leqslant 0.5 p_u$ 得到满足。这一看法尚待积累经验和进一步讨论。

2.2　地基计算简化分析模型

2.2.1　文克尔地基模型

文克尔（Winkler，1867）模型是一种最简单的线弹性模型。它假定地基土界面上任一点处的沉降 $W(x,y)$ 与该点所承受压力的强度 $p(x,y)$ 成正比，而与其他点上的压力无关。其特征函数为最简单的线性显式：

$$p(x,y)=kW(x,y) \tag{2.19}$$

式中，k 为基床系数，kN/m^3 或 N/cm^3。

式（2.19）实际上是阿基米德浮力定律的一个简单推论。浮式结构是严格符合文克尔模型的。显然，力学性质与液体接近的地基，如抗剪强度极低的半流态淤泥土或地基土塑性区开展相对较大时，就比较符合文克尔假定。另外，厚度不超过基底短边之半的薄压缩层地基，因压力面积较大，剪应力较小，也与文克尔模型接近。

文克尔地基模型的缺点是显而易见的，它不能考虑地基土之间的相互影响，也不能考虑地基土的非线性，基床系数虽可直接通过原位试验得到，但由于基础尺寸效应与影响深度的影响，要得到较精确的结果，尚需进行合理的调整。文克尔地基模型的最大优点是形式简单，参数最少，使用方便（基床系数可直接由原位试验得到），虽然有一定的缺陷，目前仍然得到广泛的应用。

对于文克尔地基模型，地基柔度矩阵 $[\delta]$ 和刚度矩阵 $[K_s]$ 为对角阵，仅主对角线上有非零元素：

$$\delta_{ij}=\frac{1}{kF_i}, k_{ii}=kF_i \quad (i=1,2,\cdots,n) \tag{2.20}$$

式中，k 为基床系数；F_i 为与第 i 节点相对应的小矩形面积。

2.2.2　弹性半空间地基模型

能表征土介质连续性态的最常见模型就是起源于经典连续介质力学的弹性半空间模型。介质的性质由地基土的变形模量 E_0 和泊松比 μ_0 来表征。Boussinesq 首先给出了竖向集中力 P 作用于均匀各向同性弹性半空间表面时的应力与位移的解答。例如 P 作用于坐标原点，则表面任意点处的竖向位移为：

$$w(x,y)=\frac{1-\mu_0^2}{\pi E_0}\frac{P}{r} \tag{2.21}$$

式中，$r=\sqrt{x^2+y^2}$，当竖向分布荷载 $p(x,y)$ 作用于表面某区域 Ω 时，任意点处的表面沉降可沿 Ω 积分得到：

$$W(x,y)=\frac{1-\mu_0^2}{\pi E_0}\iint\limits_{\Omega}\frac{p(\xi,\eta)d\xi d\eta}{\sqrt{(x-\xi)^2+(y-\eta)^2}} \tag{2.22}$$

上述如式（2.22）的这类积分仅对少数特殊情况有封闭解。当 Ω 为矩形时，文献[13-14]中，经等积变换，给出了这类积分的近似封闭解，并具有足够的精度。文献[15]又进一步给出了便于柔度矩阵计算的公式。

采用弹性半空间假设，地基的变形不仅与该点的压力有关，而且与其他各点的受力有关，这比文克尔模型合理。但弹性半空间模型将地基视为弹性连续介质，并运用经典弹性力学方法建立土的应力-应变关系，由于实际的地基并非弹性连续介质，因此，该模型夸大了土体的应力、应变的扩散能力。如对于刚度较大的基础，在其边缘部分，地基土由于受压而进入塑性状态后，边缘反力不再增加，从而使基底压力重新分布，但在弹性半空间模型中没有考虑到这种情况，导致地基边缘反力的计算值比实际情况大许多，基础的变形和内力也均偏大。

大量分析计算与工程实践均表明，基础与地基相互作用性状基本上都介于文克尔地基模型与弹性半空间地基模型的计算结果之间。根据地基的力学特征和基础刚度的不同，或偏于接近文克尔地基模型或偏于接近弹性半空间地基模型。故也有学者称文克尔与弹性半空间地基模型基本反映了地基性状的两个极端状况。

2.2.3 非线性文克尔模型

在土的本构模型中，除了上述基本模型外，还有很多更精细的模型，如邓肯—张模型、修正剑桥模型以及南水模型等，毫无疑问，这些模型比文克尔模型更能真实地反映土体的受力性能和受力状态。但在工程实践中，上述模型由于计算较复杂、参数较多以及参数的合理取值等问题，使用时还面临着一定的困难。举例来说，在描述土的力学性质指标中，变形模量 E_0 值是公认的基本量，一般可根据载荷试验的 p-s 曲线测得[15]。然而，影响 E_0 值的因素至少有两点难以确定：一是地基土的 p-s 曲线表现出明显的非线性特征（图2.8）；二是侧向约束对土体力学性能的提高很大。

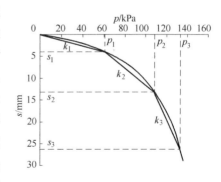

图 2.8 地基土的 p-s 曲线

因此，实测的变形模量 E_0 是地基土-载荷板系统中土体性能的一个综合性指标值，是土体抗压、抗剪、侧向约束性能的综合反映。若将这样的综合性指标应用到一个意义单一的理论体系中，就毫无疑问地会产生理论值与实测值的差别[16]。

对于文克尔地基模型来说，由载荷试验得出的基床系数实际上也已经考虑了各种因素的影响（甚至还包括载荷板尺寸内地基土的相互影响，推广到整个筏基，需作一定的修正），如再将其设为一个与基础板反力呈非线性关系的变量，而不是一个常量，反而可能会更符合实际。

文克尔弹性地基模型中，基底压力 p 与沉降 s 的关系可表示为：$p=ks$，即 $k=p/s$，k 为地基土的基床系数。从图 2.8 中可以看出，k 值是随沉降值 s 的变化而变化的，同时也是随着反力的变化而变化的。如果以定值 k 来模拟地基土，显然效果较差，故可通过分段弹性非线性的方式来逼近原曲线，而 k 与反力的非线性关系更符合非线性本构关系的要求。

数值计算中，文克尔弹性地基模型基底压力和位移可简单表示为：

$$[K_s]\{w\}^e = \{P\}^e \tag{2.23}$$

式中，$[K_s]$ 为地基土的刚度矩阵；$\{w\}^e$ 为结点位移；$\{P\}^e$ 为基底节点压力。

分段弹性非线性地基基底压力和位移则可以用下面三式来表示：

$$[K_{s1}]\{\delta\}^e = \{P\}^e (0 < \{\delta\}^e < s_1) \tag{2.24}$$

$$[K_{s2}]\{\delta\}^e = \{P\}^e - ([K_{s1}] - [K_{s2}])\{s_1\} \ (s_1 < \{\delta\}^e < s_2) \tag{2.25}$$

$$[K_{s3}]\{\delta\}^e = \{P\}^e - ([K_{s1}] - [K_{s2}])\{s_1\} - ([K_{s2}] - [K_{s3}])\{s_2\}(s_2 < \{\delta\}^e) \tag{2.26}$$

如果需要更高的精度，也可以通过若干段线性直线来拟合 p-s 曲线，则在相应的变形范围内，上式的一般表示式为：

$$[K_{sn}]\{\delta\}^e = \{P\}^e - ([K_{s1}] - [K_{s2}])\{s_1\} - ([K_{s2}] - [K_{s3}])\{s_2\} - \cdots$$
$$- ([K_{s(n-1)}] - [K_{sn}])\{s_{n-1}\} \tag{2.27}$$

非线性文克尔地基模型实际上是通过变基床系数来分段逼近荷载板的 p-s 曲线，与经典文克尔模型相比，根本区别就是基床系数 k 随地基土的反力呈分段线性改变。

2.2.4　广义文克尔模型——利夫金模型

文克尔地基模型的最大缺陷是没有考虑到土介质的连续性。很多学者对文克尔地基模型的缺陷作了很多的改进，其中主要方法有三种：第一种是在独立弹簧之间引入力学的相互作用以消除其不连续性。第二种是对弹簧连续介质引入简化位移和应力分布的某种假设。以上两种方法得到的改进模型都用两个弹性参数来表征，称为双参数模型。第三种方法是在文克尔模型的基础上，考虑基础范围以外的土体对基床系数和压力分布的影响，称为广义文克尔模型——利夫金模型，因利夫金模型需要三个参数，又称为三参数模型。

利夫金模型的主要工作是对文克尔模型的特征函数作了如下改进：

$$p(x,y) = k[1 + \beta e^{-\alpha(m-\xi)(1-\eta)}]W(x,y) \tag{2.28}$$

式中，k 为基床系数；α、β 为与地基土性质有关的无量纲参数；ξ、η 为界面上所考虑点的相对坐标：$\xi = x/l$，$\eta = y/b$；b、l 分别为矩形基础的半宽与半长，如图 2.9（a）所示；m 为矩形基础的长宽比：$m = l/b$。

利夫金模型需要三个参数 k、α、β，参数 k 表征了地基土的基本刚度，无量纲参数 α、β 则用来描述基础范围以外的土体对地基刚度和接触压力分布形式的影响。式（2.28）还可以如下形式表现：

$$p(x,y) = K(x,y)W(x,y) \tag{2.29}$$

式（2.29）和式（2.19）在形式上相同，仅 $K(x,y)$ 不是常数，故利夫金模型又被称为广义文克尔模型。将组合后的可变基床系数 $K(x,y)$ 记为：

$$K(x,y) = k\varphi(x,y) = k[1 + \beta e^{-\alpha(m-\xi)(1-\eta)}] \tag{2.30}$$

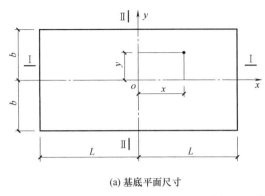

(a) 基底平面尺寸

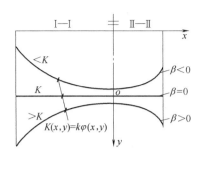

(b) 基床系数在平面上的变化形式

图 2.9 利夫金模型

注意 $\varphi(x,y)$ 的变化规律：当 $\beta>0$，$K(x,y)$ 在中心点有最小值 $k(1+\beta e^{-\alpha m})$，而在外围和边缘部分有较大值；当 $\beta=0$，$K(x,y)=k$；当 $\beta<0$，则 $K(x,y)$ 在中心点取最大值 $k(1+\beta e^{-\alpha m})$，在外围和边缘部分有较小值，如图 2.9（b）所示，即 $K(x,y)$ 在基底范围内是变数。此外，α 和 β 的不同取值可模拟的不同地基模型以及常规情况下 α 和 β 的合理取值如表 2.11 和表 2.12 所示，可供计算时参考。

		利夫金模型和其他模型的关系　　　　　　　　表 2.11
β	α	等价或相当的其他模型
0	任意	等价于文克尔模型
>0	非常大	相当于巴斯捷纳克模型
5.5	10	接近于弹性半空间模型
5.5	>10	接近于有限厚弹性压缩层模型

			参数 β 的推荐值（上限/下限）　　　表 2.12
	砂土（$\alpha=10$）	黏土（$\alpha=10$）	
紧密	1.0/0	坚硬	1.5/0.5
中密	0.5/−0.25	半坚硬	1.0/0
松散	0/−0.5	可塑	0.5/−0.5

2.2.5 非线性改进广义文克尔模型——改进利夫金模型

利夫金模型不仅可以考虑基础范围以外的土体对地基刚度的影响，还可以考虑基础底面的形状和尺寸对地基刚度的影响，但利夫金模型显然过分考虑了基础底面形状对基床系数的影响。从图 2.10 中就可以看出，等面积的矩形和正方形在其他参数取值均相同的情况下（$\alpha=10$、$\beta=1.5$，硬黏土条件下，下同），宽度尺寸变化 10%，OB 段的基床系数变化 100% 以上，如果取对应弹性半空间模型计算，OB 段的基床系数将变化 500% 以上，显然不合理。另外，由于需要考虑基础底面形状的影响，利夫金模型还导致了在矩形基础长短边方向上基床系数的极不对称，图 2.11 所示是矩形基础中基床系数分别沿长、短边（$L=10$m，$b=5$m）的变化趋势，可以看出，短边的变化率是长边的 2.5 倍，这和实际情况存在较大的差异。

需要说明的是，利夫金模型曲线呈倒抛物线形，故只对弹性问题模拟较好（图 2.9），

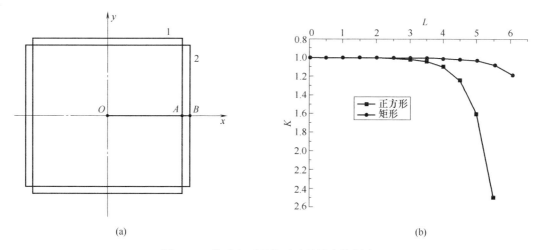

(a)　　　　　　　　　　　　　　(b)

图 2.10　基础底面形状对地基刚度的影响

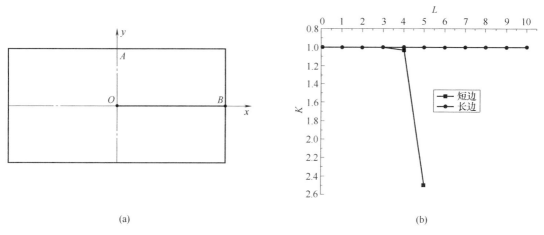

(a)　　　　　　　　　　　　　　(b)

图 2.11　矩形基础长、短边方向基床系数变化

而根据模型试验与大量实测资料进行分析，基底反力分布大致可分为如下三种类型：

（1）如果基底面积足够大，有一定的埋深，荷载不大，地基尚处于线性变形阶段，则基底反力图多为马鞍形，如图 2.12（a）所示，当地基土比较坚硬时，反力最大值的位置更接近于边缘。

（2）砂土地基上的小型基础，埋深较浅或荷载较大，邻近基础边缘的塑性区逐渐扩大，这部分地基土所卸载的荷载必然转移给基底中部的土体，导致中部基底反力增大，最后呈抛物线形，如图 2.12（b）所示。

（3）当荷载非常大，以致地基接近于整体破坏时，反力更加向中部集中而呈钟形，如图 2.12（c）所示；当其周围有非常大的地面堆载或相邻建筑的影响时，也可能出现钟形的反力分布。

因此，如果直接以利夫金模型对上述情况进行模拟分析，将和实际情况有较大的出入，从而导致结果的不可信。

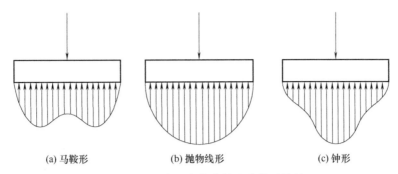

(a) 马鞍形   (b) 抛物线形   (c) 钟形

图 2.12 基底反力分布的几种典型情况

考虑到以上原因，本书提出将 $\varphi(x,y)$ 调整为如下形式：

$$\varphi(x,y)=A+B\cdot e^{C(\xi^2+\eta^2)}\cdot\cos\frac{\pi}{2}\xi\cdot\cos\frac{\pi}{2}\eta \tag{2.31}$$

式中，除 A、B、C 为待定系数外，其余符号意义同式（2.28），调整后的 $\varphi(x,y)$ 不仅保留了文克尔模型数学形式最简单的特点，还对图 2.12 中的几种情况均能较好地进行模拟，分别如图 2.13～图 2.16 所示。

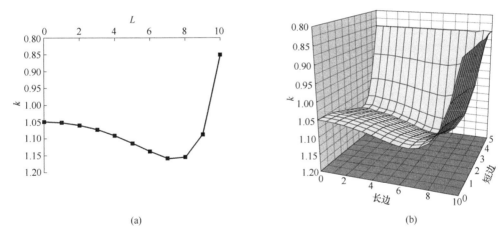

(a)   (b)

图 2.13 马鞍形分布（$A=0.85$、$B=0.2$、$C=2$）

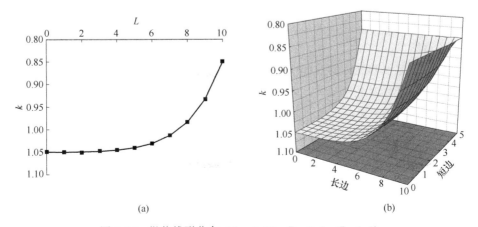

(a)   (b)

图 2.14 抛物线形分布（$A=0.85$、$B=0.2$、$C=1.2$）

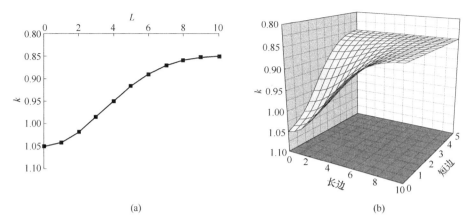

(a)　　　　　　　　　　　　(b)

图 2.15　钟形分布（$A=0.85$、$B=0.2$、$C=-3$）

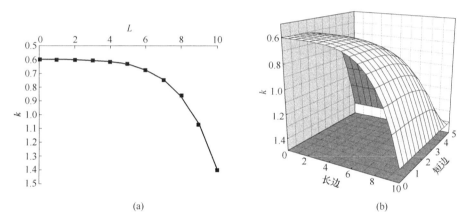

(a)　　　　　　　　　　　　(b)

图 2.16　弹性半空间分布形式（$A=1.4$、$B=-0.8$、$C=1.2$）

从图 2.13～图 2.16 中可以看出，式（2.31）中参数 C 为形状系数，没有明确的物理意义，而参数 A、B 则有明确的物理意义，A 表示经典文克尔地基模型中的基床系数在改进后模型中所占的比例，B 表示地基土之间的相互影响、荷载的大小以及基础尺寸等因素对改进后模型的基床系数的影响程度。可以认为，改进模型不仅可以考虑基础范围以外的土体对地基刚度的影响，还修正了利夫金模型存在的缺点，但在考虑基础底面形状的影响方面仍有所欠缺。

本章对基础宽度和沉降的非线性关系作了详细的探讨，此处基床系数的计算可按本书提出的改进公式进行修正，当然，太沙基也曾对基础底面形状对基床系数的影响提出更简单的考虑，认为对于矩形基础，当基础的长度 L 与宽度 b 的比值为 m 时，基床系数可按下式修正：

$$k'=k\frac{m+0.5}{1.5m} \tag{2.32}$$

式中，k 为按方形板试验确定的基床系数。

至此，利夫金模型可修正为如下形式：

$$p(x,y)=k'\left[A+B\cdot e^{C(\xi^2+\eta^2)}\cdot\cos\frac{\pi}{2}\xi\cdot\cos\frac{\pi}{2}\eta\right]W(x,y) \qquad (2.33)$$

式中，k' 为经过基础性状修正的基床系数，其余符号意义同前。

利夫金模型经过修正后，不但基本保留了原来可以考虑基础范围以外的土体对地基刚度的影响的特点，而且可以合理地考虑基础底面形状和尺寸对地基刚度的影响。

2.3　简化地基模型上筏板的分析

2.3.1　薄板的基本理论

1. 基本假设

两个平行面和垂直于这两个平行面的柱面或棱柱面所围成的物体称为板，如图 2.17 所示。这两个面称为板面，而这个柱面或棱柱面称为侧面或板边。两个板面之间的距离 t 称为板的厚度，而平分厚度 t 的平面称为板的中面。

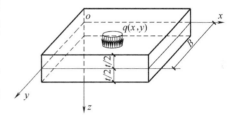

图 2.17　板的弯曲

板的理论分析中，克希霍夫（Kirchhoff）[18-19] 的薄板小挠度经典理论占有重要的地位。其主要假设如下：

（1）应力分量 τ_{zx}、τ_{zy} 和 σ_z 远小于其余三个应力分量，因而引起的变形可忽略不计（它们本身是维持平衡所必需的，不能不计）。由于 $\gamma_{zx}=0$，$\gamma_{zy}=0$，$\varepsilon_z=0$ 中面的法线在薄板弯曲时保持不伸缩，并且成为弹性曲面的法线，因而变形前垂直于中面的法线，变形后仍垂直于中面。

（2）垂直于中面方向的正应变，即形变分量 ε_z 极其微小，可以不计。因此，挠度方程 $W=W(x,y)$ 只是水平向坐标 x 和 y 的函数，与竖向坐标 z 无关，即在中面的任一根法线上，薄板全厚度内的所有点都具有相同的位移。

（3）薄板中面内的各点都没有平行于中面的位移，即中面内各点的水平向位移 U 和 V 均为零。

薄板小挠度理论的适用范围是半宽 B 与板厚 h 之比即 $B/h\geqslant10$，且最大挠度在 $h/15\sim h/10$ 以内，同时也不大于 $B/50$。当板厚超出上述范围时，横向剪力引起的变形不能忽略，薄板理论的第三条假设不能成立。由此，瑞斯纳（Reissner）[20] 提出了厚板理论，但较薄板理论要复杂得多，即使用有限元法求解亦相当困难。许多实例的对比分析表明，薄板与厚板两种理论的差异与板的宽厚比的平方 $(B/h)^2$ 成反比，并且随着 B/h 的增大，厚板理论的分析结果趋向于薄板理论。

在工程实践过程中，即使是高层建筑筏基，一般都满足 $B/h\geqslant10$ 的要求，最大扰度（差异沉降）也较小，可满足不大于 $B/50$ 的要求，因此，筏基应该属于薄板小挠度理论的适用范围。文献 [21] 通过实例计算指出，两种理论对竖向位移、转角和板中弯矩的误差均不超过 5%。另外，本书主要探讨自适应调节下零差异沉降控制的桩筏基础简化分析方法，筏板宽厚比与常规建筑相比将更大，而且差异沉降亦会很小，因此，就本书研究内容而言，薄板小挠度理论已能满足精度要求。厚板理论虽更加精确与合理，但用于本书分析时，难度较大，已无必要。因此，本书中关于筏板的计算分析仍以薄板小挠度理论为依据。

2. 基本方程

1）位移

根据假设（1）、假设（3）和几何方程，有：

$$w=w(x,y),u=-\frac{\partial w}{\partial x}z,v=-\frac{\partial w}{\partial y}z \tag{2.34}$$

2）应变

根据假设（1），薄板弯曲问题只考虑 ε_x、ε_y、γ_{xy} 三个分量。根据几何方程和式（2.34），应变可表示为：

$$\{\varepsilon\}=\begin{Bmatrix}\varepsilon_x\\\varepsilon_y\\\gamma_{xy}\end{Bmatrix}=\begin{Bmatrix}\frac{\partial u}{\partial x}\\\frac{\partial v}{\partial y}\\\frac{\partial u}{\partial y}+\frac{\partial v}{\partial x}\end{Bmatrix}=-z\begin{Bmatrix}\frac{\partial^2 w}{\partial x^2}\\\frac{\partial^2 w}{\partial y^2}\\2\frac{\partial^2 w}{\partial x\partial y}\end{Bmatrix} \tag{2.35}$$

这里，由于挠度 w 是微小的，弹性曲面在坐标方向的曲率及扭率可以近似地用挠度 w 表示为：

$$\chi_x=-\frac{\partial^2 w}{\partial x^2},\chi_y=-\frac{\partial^2 w}{\partial y^2},\chi_{xy}=-\frac{\partial^2 w}{\partial x\partial y} \tag{2.36}$$

因为曲率 χ_x、χ_y 和扭率 χ_{xy} 完全确定了薄板所有点的形变分量，所以三者称为薄板的形变分量。这样，式（2.35）可改写为：

$$\{\varepsilon\}=\{\varepsilon_x\quad\varepsilon_y\quad\gamma_{xy}\}^T=z\{\chi_x\quad\chi_y\quad\chi_{xy}\}^T,即\{\varepsilon\}=z\{\chi\} \tag{2.37}$$

即 $\{x\}=z(\chi)$。

3）应力

因为不计 σ_z 引起的形变，由物理方程有：

$$\varepsilon_x=\frac{1}{E}(\sigma_x-\mu\sigma_y),\varepsilon_y=\frac{1}{E}(\sigma_y-\mu\sigma_x),\gamma_{xy}=\frac{2(1+\mu)}{E}\tau_{xy} \tag{2.38}$$

求解式（2.38）：

$$\sigma_x=\frac{E}{1-\mu^2}(\varepsilon_x+\mu\varepsilon_y),\sigma_y=\frac{E}{1-\mu^2}(\varepsilon_y+\mu\varepsilon_x),\tau_{xy}=\frac{E}{2(1+\mu)}\gamma_{xy} \tag{2.39}$$

将式（2.35）代入式（2.39），并注意到式（2.37），得：

$$\{\sigma\}=\{\sigma_x\quad\sigma_y\quad\tau_{xy}\}^T=[D]\{\varepsilon\}=z[D]\{\chi\} \tag{2.40}$$

上式中：

$$[D]=\frac{E}{1-\mu^2}\begin{bmatrix}1&\mu&0\\\mu&1&0\\0&0&\frac{1-\mu}{2}\end{bmatrix} \tag{2.41}$$

4）内力矩

取 M_x、M_y、M_{xy} 表示板单位宽度上的内力矩，它们是 σ_x、σ_y、τ_{xy} 在板截面上的合力矩，并且：

$$\{M\}=\int_{-\frac{h}{2}}^{\frac{h}{2}}z\{\sigma\}\mathrm{d}z=\int_{-\frac{h}{2}}^{\frac{h}{2}}z^2[D]\{\chi\}\mathrm{d}z=\frac{h^3}{12}[D]\{\chi\}=[D_f]\{\chi\} \quad (2.42)$$

式中，$[D_f]$ 为薄板弯曲问题中的弹性矩阵：

$$[D_f]=\frac{h^3}{12}[D]=\frac{Eh^3}{12(1-\mu^2)}\begin{bmatrix}1 & \mu & 0 \\ \mu & 1 & 0 \\ 0 & 0 & \dfrac{1-\mu}{2}\end{bmatrix} \quad (2.43)$$

比较式（2.40）和式（2.42），可得用内力矩表示薄板应力的公式：

$$\{\sigma\}=\frac{12z}{h^3}\{M\} \quad (2.44)$$

2.3.2 非线性改进文克尔地基上板的有限元法与算例分析

1. 节点位移与节点力

根据薄板的基本假设，地基上板的弯曲中一点的位移分量应是挠度 w 及绕 x，y 轴的转角 θ_x，θ_y，即：

$$\{\delta_i\}=\{w_i \quad \theta_{xi} \quad \theta_{yi}\}^T \quad (2.45)$$

转角正方向按右手定则确定，按照转角的几何定义，上式可写为：

$$\{\delta_i\}=\{w_i \quad \theta_{xi} \quad \theta_{yi}\}^T=\{w_i \quad \left(\frac{\partial w}{\partial y}\right)_i \quad -\left(\frac{\partial w}{\partial x}\right)_i\}^T \quad (2.46)$$

矩形薄板单元有 4 个节点 i、j、m、n，整个单元的位移列阵为：

$$\{\delta\}_{12\times1}^e=[\delta_i^T \quad \delta_j^T \quad \delta_m^T \quad \delta_n^T]^T \quad (2.47)$$

其中，$\{\delta_i\}$ 如式（2.46）所示。

与之相对应的单元节点力为：

$$\{F\}_{12\times1}^e=[F_i^T \quad F_j^T \quad F_m^T \quad F_n^T]^T \quad (2.48)$$

式中，$\{F_i\}=\{F_{xi} \quad M_{xi} \quad M_{yi}\}^T$。

2. 位移模式

矩形薄板单元 4 个单元，12 个节点位移分量。仅取挠度为独立位移变量，其表达式应含有 12 个待定系数。根据选取位移函数的原则，取如下四次多项式：

$$w(x,y)=\alpha_1+\alpha_2 x+\alpha_3 y+\alpha_4 x^2+\alpha_5 xy+\alpha_6 y^2+\alpha_7 x^3+\alpha_8 x^2 y+$$
$$\alpha_9 xy^2+\alpha_{10}y^3+\alpha_{11}x^3 y+\alpha_{12}xy^3 \quad (2.49)$$

设边长为 $2a\times2b$ 的矩形单元（图 2.18），将节点坐标和节点位移代入上式，可解出 $\alpha_1\sim\alpha_{12}$，再代入该式并整理得：

$$w=[N]_{1\times12}\{\delta\}_{12\times1}^e \quad (2.50)$$

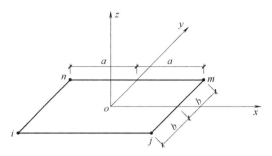

图 2.18　矩形单元示意图

式中：

$$[N]=[N_i \quad N_j \quad N_m \quad N_n] \tag{2.51}$$

其中，子矩阵：

$$[N]_i=[N_i \quad N_{xi} \quad N_{yi}] \tag{2.52}$$

并且：

$$\left. \begin{aligned} N_i &= \frac{1}{8}(1+\xi_i\xi)(1+\eta_i\eta)(2+\xi_i\xi+\eta_i\eta-\xi^2-\eta^2) \\ N_{xi} &= -\frac{1}{8}b\eta_i(1+\xi_i\xi)(1+\eta_i\eta)(1-\eta^2) \\ N_{yi} &= \frac{1}{8}a\xi_i(1+\xi_i\xi)(1+\eta_i\eta)(1-\xi^2) \end{aligned} \right\} (i,j,m,n) \tag{2.53}$$

其中：

$$\left. \begin{aligned} \xi &= \frac{x}{a} \quad \xi_i = \frac{x_i}{a} \\ \eta &= \frac{y}{b} \quad \eta_i = \frac{y_i}{b} \end{aligned} \right\} \tag{2.54}$$

3. 单元应变

将式（2.50）代入式（2.35），可以将单元应变表示为：

$$\{\varepsilon\}_{3\times1}=[B]_{3\times12}\{\delta\}_{12\times1}=[B_i \quad B_j \quad B_m \quad B_n]\{\delta\}^e \tag{2.55}$$

式中：

$$[B_i]_{3\times3}=-z\begin{Bmatrix} [N]_{i,xx} \\ [N]_{i,yy} \\ 2[N]_{i,xy} \end{Bmatrix}=-z\begin{Bmatrix} [N]_{i,\xi\xi}/a^2 \\ [N]_{i,\eta\eta}/b^2 \\ 2[N]_{i,\xi\eta}/ab \end{Bmatrix}(i,j,m,n) \tag{2.56}$$

将式（2.53）代入上式，得：

$$[B_i]_{3\times3}=\frac{z}{4ab}\begin{bmatrix} \frac{3b}{a}\xi_i\xi(1+\eta_i\eta) & 0 & b\xi_i(1+3\xi_i\xi)(1+\eta_i\eta) \\ \frac{3a}{b}\eta_i\eta(1+\xi_i\xi) & -a\eta_i(1+\xi_i\xi)(1+3\eta_i\eta) & 0 \\ \xi_i\eta_i(3\xi^2+3\eta^2-4) & -b\xi_i(3\eta^2+2\eta_i\eta-1) & a\eta_i(3\xi^2+2\xi_i\xi-1) \end{bmatrix}$$

$$(i,j,m,n) \tag{2.57}$$

这样，板的形变分量可写为：

$$\{\chi\}_{3\times1}=[B']_{3\times12}\{\delta\}^e_{12\times1}=[B'_i \quad B'_j \quad B'_m \quad B'_n]\{\delta\}^e \tag{2.58}$$

式中 $[B'_i]$ 为式（2.57）所示 $[B]$ 除掉 z 的结果。

4. 单元应力

根据式（2.40），可计算应力：

$$\{\sigma\}_{3\times1}=[D]_{3\times3}\{\varepsilon\}_{3\times1}=[D]_{3\times3}[B]_{3\times12}\{\delta\}^e_{12\times1} \tag{2.59}$$

引入应力矩阵：

$$[S]_{3\times12}=[S_i \quad S_j \quad S_m \quad S_n]=[D]_{3\times3}[B]_{3\times12} \tag{2.60}$$

则式（2.59）可写为：

$$\{\sigma\}=[S]\{\delta\}^e \tag{2.61}$$

5. 内力矩

由式（2.42）和式（2.58），可得单元内力矩和节点位移的关系：

$$\{M\}_{3\times1}=[D_f]_{3\times3}\{\chi\}_{3\times1}=[D_f]_{3\times3}[B']_{3\times12}\{\delta\}^e_{12\times1}=[S']_{3\times12}\{\delta\}^e_{12\times1} \tag{2.62}$$

将 $[S']$ 写成分块矩阵的形式：

$$[S']=[S'_i \quad S'_j \quad S'_m \quad S'_n] \tag{2.63}$$

式中：

$$[S'_i]_{3\times3}=\frac{Eh^3}{96(1-\mu^2)ab}$$

$$\begin{bmatrix} 6\dfrac{b}{a}\xi_0(1+\eta_0)+6\mu\dfrac{a}{b}\eta_0(1+\xi_0) & -2\mu a\eta_i(1+\xi_0)(1+3\eta_0) & 2b\xi_i(1+3\xi_0)(1+\eta_0) \\ 6\mu\dfrac{b}{a}\xi_0(1+\eta_0)+6\dfrac{a}{b}\eta_0(1+\xi_0) & -2a\eta_i(1+\xi_0)(1+3\eta_0) & 2\mu b\xi_i(1+3\xi_0)(1+\eta_0) \\ (1-\mu)\xi_i\eta_i(3\xi^2+3\eta^2-4) & -(1-\mu)b\xi_i(3\eta^2+2\eta_0-1) & (1-\mu)a\eta_i(3\xi^2+2\xi_0-1) \end{bmatrix}$$

$$(i,j,m,n) \tag{2.64}$$

其中，$\xi_0=\xi_i\xi$，$\eta_0=\eta_i\eta$。

6. 单元刚度矩阵

计算单元刚度矩阵的公式为：

$$[k]=\iiint_V [B]^T[D][B]\mathrm{d}x\mathrm{d}y\mathrm{d}z \tag{2.65}$$

式中，$[D]$ 为弹性矩阵，$[B]$ 为根据式（2.55）和式（2.57）用 ξ，η 表示的形式，因此：

$$[k]_{12\times12}=\int_{-\frac{h}{2}}^{\frac{h}{2}}\int_{-1}^{1}\int_{-1}^{1}[B]^T_{12\times3}[D]_{3\times3}[B]_{3\times12}ab\mathrm{d}\xi\mathrm{d}\eta\mathrm{d}z \tag{2.66}$$

将 $[k]$ 写成分块形式：

$$[k]_{12\times12}=\begin{array}{cccc} i & j & m & n \end{array} \\ \begin{bmatrix} k_{ii} & k_{ij} & k_{im} & k_{in} \\ k_{ji} & k_{jj} & k_{jm} & k_{jn} \\ k_{mi} & k_{mj} & k_{mm} & k_{mn} \\ k_{ni} & k_{nj} & k_{nm} & k_{nn} \end{bmatrix}\begin{array}{c} i \\ j \\ m \\ n \end{array} \tag{2.67}$$

式中，子矩阵 $[k_{rs}]$ 为 3×3 矩阵：

$$[k_{rs}]_{3 \times 3} = \begin{bmatrix} a_{11} & a_{12} & a_{13} \\ a_{21} & a_{22} & a_{23} \\ a_{31} & a_{32} & a_{33} \end{bmatrix} (r, s = i, j, m, n) \qquad (2.68)$$

根据积分结果，用节点坐标 ξ_r、ξ_s、η_r、η_s 所表示的上式中各元素的显式如下：

$$a_{11} = 3H \left[15 \left(\frac{b^2}{a^2} \overline{\xi_0} + \frac{a^2}{b^2} \overline{\eta_0} \right) + \left(14 - 4\mu + 5 \frac{b^2}{a^2} + 5 \frac{a^2}{b^2} \right) \overline{\xi_0} \, \overline{\eta_0} \right]$$

$$a_{12} = -3Hb \left[\left(2 + 3\mu + 5 \frac{a^2}{b^2} \right) \overline{\xi_0} \eta_i + 15 \frac{a^2}{b^2} \eta_i + 5\mu \overline{\xi_0} \eta_j \right]$$

$$a_{13} = 3Ha \left[\left(2 + 3\mu + 5 \frac{b^2}{a^2} \right) \xi_i \overline{\eta_0} + 15 \frac{b^2}{a^2} \xi_i + 5\mu \xi_j \overline{\eta_0} \right]$$

$$a_{21} = -3Hb \left[\left(2 + 3\mu + 5 \frac{a^2}{b^2} \right) \overline{\xi_0} \eta_j + 15 \frac{a^2}{b^2} \eta_j + 5\mu \overline{\xi_0} \eta_i \right]$$

$$a_{22} = Hb^2 \left[2(1 - \mu) \overline{\xi_0} (3 + 5\eta_0) + 5 \frac{a^2}{b^2} (3 + \overline{\xi_0})(3 + \overline{\eta_0}) \right]$$

$$a_{23} = -15H\mu ab (\xi_i + \xi_j)(\eta_i + \eta_j)$$

$$a_{31} = 3Ha \left[\left(2 + 3\mu + 5 \frac{b^2}{a^2} \right) \xi_j \overline{\eta_0} + 15 \frac{b^2}{a^2} \xi_j + 5\mu \xi_i \eta_0 \right]$$

$$a_{32} = -15H\mu ab (\xi_i + \xi_j)(\eta_i + \eta_j)$$

$$a_{33} = Ha^2 \left[2(1 - \mu) \overline{\eta_0} (3 + 5\overline{\xi_0}) + 5 \frac{b^2}{a^2} (3 + \overline{\xi_0})(3 + \overline{\eta_0}) \right]$$

式中：$H = \dfrac{D}{60ab}$，$\overline{\xi_0} = \xi_i \xi_j$，$\overline{\eta_0} = \eta_i \eta_j$。需要说明的是，$D$ 为薄板刚度，$D = \dfrac{Eh^3}{12(1 - \mu^2)}$。

7. 节点荷载

单元各节点的等效荷载为 $\{P\}^e = [P_i \quad P_j \quad P_m \quad P_n]^T$，如果板受到集中力作用，在划分单元时可将集中力作用点取为节点，将集中力作为节点力。如果板受到均布荷载 P 作用，那么等效节点力为：

$$\{P\}^e = \iint [N]^T p \, \mathrm{d}x \, \mathrm{d}y = \int_{-1}^{1} \int_{-1}^{1} [N]^T pab \, \mathrm{d}\xi \, \mathrm{d}\eta \qquad (2.69)$$

将式（2.51）~式（2.54）代入上式，并经过简单积分，得到：

$$\{P\}^e = pab \begin{bmatrix} \overset{i}{1} & \frac{b}{3} & -\frac{a}{3} & \vline & \overset{j}{1} & \frac{b}{3} & \frac{a}{3} & \vline & \overset{m}{1} & -\frac{b}{3} & \frac{a}{3} & \vline & \overset{n}{1} & -\frac{b}{3} & -\frac{a}{3} \end{bmatrix}$$

$$(2.70)$$

8. 边界条件

板的边界通常分为固支、简支和自由 3 种，如果节点处于自由边界，在有限元法计算中，不需要加任何约束条件；如果节点处于固支边界，则挠度 $w=0$，平行和垂直于边界的转角 $\theta_x=0$、$\theta_y=0$；如果节点处于简支边界，则挠度 $w=0$，平行于边界的转角 $\theta_x=0$（或 $\theta_y=0$）。

2.3.3 非线性改进广义文克尔地基上的板

将基础看作支撑于弹簧上的薄板，如图 2.19 所示，薄板用矩形单元离散，板的每个节点和弹簧相连。设在节点 i 上，弹簧的支撑刚度为 K_i，假定由它模拟均匀分布在面积 $a\times b$ 上的土的刚度。因此，$K_i=abk$，式中 k 为地基土的基床系数。

考虑到是改进广义文克尔地基上的板，这里的弹簧刚度 K_i 不为常数而呈分段线弹性，并且通过式（2.33）来考虑弹簧之间的相互影响。如此，改进文克尔地基上的板的共同作用方程可表达为：

$$([K]+[K_s])\{\delta\}^e=\{P\}^e \tag{2.71}$$

式中，$[K]$ 为筏板的刚度矩阵；$[K_s]$ 为地基土的刚度矩阵，边缘节点的刚度矩阵为中间节点的 $1/2$，角点的刚度矩阵为中间节点的 $1/4$，$\{\delta\}^e$ 为节点位移；$\{p\}^e$ 为节点荷载。其中，i 节点的刚度为：

$$K_{ii}=abk'\left[A+B\cdot e^{C(\xi^2+\eta^2)}\cdot\cos\frac{\pi}{2}\xi\cdot\cos\frac{\pi}{2}\eta\right]$$

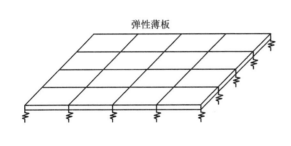

弹性薄板

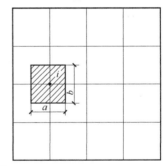

图 2.19 单元划分示意图

2.4 可控刚度桩筏基础的整体分析方法

2.4.1 筏板平衡方程

筏板与桩和地基土共同作用分析模式如图 2.20 所示，采用四节点平面壳体单元[22]模拟筏基。平面壳体单元是平面应力单元和薄板弯曲单元的组合单元，每一节点有 6 个自由度，单元总自由度为 24 个。反映节点位移和节点力关系的筏板总体平衡方程为：

$$[K_R]\cdot\{V_R\}=\{Q\}-\{P_P\}-\{P_S\} \tag{2.72}$$

式中，$[K_R]$ 为平面壳体单元集成的筏板总体刚度矩阵[23]；$\{V_R\}$ 为筏板的位移；$\{Q\}$ 为筏板受到的外荷载；$\{P_P\}$ 为桩顶反力；$\{P_S\}$ 为基底土反力。

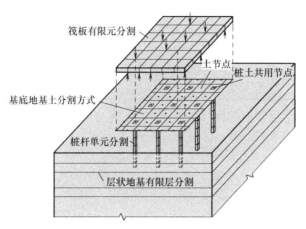

图 2.20　筏板与桩和地基土共同作用分析模式示意图

2.4.2　设置刚度调节装置的桩身平衡方程

设置刚度调节装置的桩基础的总体平衡方程可表示为：

$$[K_\mathrm{P}] \cdot \{V_\mathrm{P}\} = \{P_\mathrm{P}\} - \{F\} \tag{2.73a}$$

$$[K_\mathrm{P}]^{-1} = [K_\mathrm{A}]^{-1} + [K_\mathrm{Z}]^{-1} \tag{2.73b}$$

式中，$[K_\mathrm{P}]$ 为置于刚度调节装置和桩身的总体刚度矩阵；$[K_\mathrm{A}]$ 为刚度调节装置刚度矩阵；$[K_\mathrm{Z}]$ 为一维弹性杆单元刚度矩阵集成的桩身刚度矩阵[24]；$\{V_\mathrm{P}\}$ 为设置刚度调节装置的桩身总体位移；$\{F\}$ 为桩侧摩阻力和桩端阻力。

2.4.3　地基土非线性平衡方程

如用广义剪切位移法[25] 和有限层法[26] 模拟桩的非线性工作性状和桩周土的非线性位移场，则可得地基土支承体系平衡方程：

$$\begin{bmatrix} K^\mathrm{SS} & K^\mathrm{SP} \\ K^\mathrm{PS} & K^\mathrm{PP} \end{bmatrix} \begin{Bmatrix} W_\mathrm{R} \\ W_\mathrm{P} \end{Bmatrix} = \begin{Bmatrix} P_\mathrm{S} \\ F \end{Bmatrix} \tag{2.74}$$

式中，$[K_\mathrm{sep}] = \begin{bmatrix} K^\mathrm{SS} & K^\mathrm{SP} \\ K^\mathrm{PS} & K^\mathrm{PP} \end{bmatrix}$ 为地基土支承体系的弹塑性支承刚度矩阵，$[K_\mathrm{sep}] = [\delta_\mathrm{sep}]^{-1}$；其中 $[\delta_\mathrm{sep}] = \begin{bmatrix} \delta^\mathrm{SS} & \delta^\mathrm{SP} \\ \delta^\mathrm{PS} & \delta^\mathrm{PP} \end{bmatrix}$，为考虑桩与土非线性共同作用相互影响的柔度矩阵[25]；$\{W_\mathrm{R}\}$ 为筏板下地基土的位移，$\{W_\mathrm{P}\}$ 为桩侧土体的位移。

2.4.4　非线性共同作用整体分析方程

假设筏板与土处处接触，桩身位移等于桩侧土体的位移，即 $\{V_\mathrm{R}\} = \{W_\mathrm{R}\}$，$\{V_\mathrm{P}\} = \{W_\mathrm{P}\}$。引入静力平衡和变形协调条件，分别将式（2.72）中的 $[K_\mathrm{R}]$、式（2.73a）中的 $[K_\mathrm{R}]$ 和式（2.74）中的 $[K_\mathrm{sep}]$ 的阶数用零元素扩充到筏板节点自由度和桩节点自由度总和的阶数，由式（2.72）、式（2.73）和式（2.74）相加，可得到可控刚度桩筏基础非线性共同作用分析方程：

$$[K_R + K_{SP}] \cdot \begin{Bmatrix} V_R \\ V_P \end{Bmatrix} = \{Q\} \tag{2.75}$$

式中，$[K_{SP}]$ 为桩土支承体系的弹塑性刚度矩阵，$[K_{SP}] = [K_{sep} + K_P]$。

式（2.74）可写为可控刚度桩筏基础非线性共同作用增量形式分析方程：

$$[K_R + K_{SP}]_t \begin{Bmatrix} \Delta V_R \\ \Delta V_P \end{Bmatrix}_t = \{\Delta P\}_t \tag{2.76}$$

式中，$\{\Delta P\}_t$ 为第 t 级荷载增量；$\begin{Bmatrix} \Delta V_R \\ \Delta V_P \end{Bmatrix}_t$ 为相应的位移增量；$[K_{SP}]_t$ 则为与第 t 级荷载施加前土中应力水平相适应的桩土支承体系的弹塑性刚度矩阵，其非线性特征导致了可控刚度桩筏基础非线性共同作用的结果。

2.4.5 非线性共同作用简化分析思路

（1）土支承体系柔度矩阵中，分块矩阵 $[\delta_{PS}] = [\delta_{SP}]^T$，故只需计算分块矩阵 $[\delta_{SS}]$、$[\delta_{PP}]$ 和 $[\delta_{SP}]$。土节点的柔度矩阵各元素的计算取决于地基模型的选取，由于承台底土体直接支承的荷载较小，故可视为弹性体，取用文克尔地基时最简单，必要时可按反力大小改变接近承台底面土层的模量或通过限制反力大小来近似考虑地基土的非线性。反映桩与桩和桩与土相互影响的柔度矩阵 $[\delta_{PP}]$ 和 $[\delta_{SP}]$ 的计算比较复杂，应进一步合理简化。

（2）根据模型试验结果，对于大间距摩擦桩（包括端承作用很小的端承摩擦桩），假定可用三折线形式的单桩来反映群桩中单桩 p-s 曲线的非线性工作性态，桩顶荷载的特征控制点为 P_a、P_u 和 P_{max}，三个线性段的单桩刚度分别为 k_{z1}、k_{z2} 和 k_{z3}。

（3）根据现场测试结果，对于大桩距（一般大于或等于 $6d$）桩基，不考虑桩与桩和桩与土之间的相互作用，即视 $[\delta_{SP}]$ 为零阵，仅在 $[\delta_{PP}]$ 对角线上有非零元素 $1/k_{zi}$。

2.4.6 程序设计及算例分析

Fortran 程序语言是迄今为止在科学与工程计算中应用最早、最广泛并立下汗马功劳的一门程序设计语言，直至现在，Fortran 仍然保持着旺盛的生命力。正因为如此，南京工业大学岩土工程研究所编写了基于 Fortran90 的有限元计算程序。本节以嘉益大厦为典型算例，以明晰可控刚度桩筏基础的整体工作性状。

嘉益大厦工程筏板长 80m、宽 40m、厚 1.6m。建筑物底板以上荷载为 503942kN（单幢），其中主楼荷载 439116kN，裙楼荷载 64825kN，共布桩 65 根，其中中轴线上 3 根，计算时，刚度取半。根据现场载荷板试验测得地基土基床系数为 14500kN/m³。现根据本书第二章所讲计算方法及程序 DSP 对其作简化分析。由于结构对称，取建筑物的一半进行计算，桩数为 34 根，20m×20m 网格划分，具体如图 2.21 所示。建筑物荷载通过剪力墙传至基础，可近似按均布线性荷载考虑，荷载具体作用位置如图 2.22 所示（图中粗线部分为荷载作用位置）。

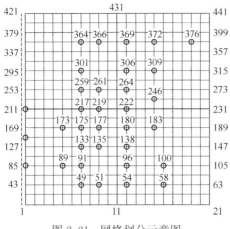

图 2.21　网格划分示意图

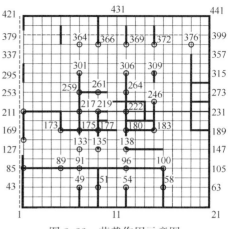

图 2.22　荷载作用示意图

图 2.23 和图 2.24 分别为建筑物沉降等值线图和计算得到的筏板的弯矩值，从图中可以看出，建筑物的最大沉降出现在沿主楼对称分布的电梯井处，而目前实测的最大沉降近似出现在筏板的中心处，初步分析可能是由于简化计算时，只通过增大筏板刚度的方式来近似考虑上部结构刚度所致，特别是所属类型也无法模拟，说明简化分析方法和建筑物的实际受力状况仍有一定的差异。另外，建筑物封顶时的沉降曲线并不对称，而目前最大沉降出现在筏板中心，并有逐渐减小的趋势，可能是刚度调节装置自适应调节的过程，本书所采用的简化方法尚不能考虑这一过程。

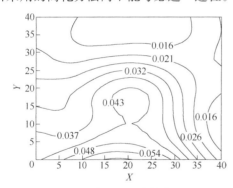

图 2.23　建筑物沉降等值线图

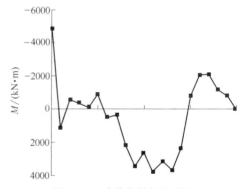

图 2.24　建筑物筏板的弯矩

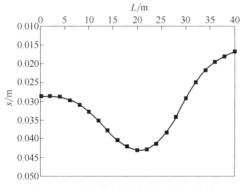

图 2.25　建筑物沿纵向剖面的沉降量

图 2.25 为建筑物沿纵向剖面的沉降量计算值。与实际监测值相比，计算预测沉降稍大，主要是因为计算沉降是最终沉降而实测沉降是竣工沉降，按常规推算，实测最终沉降平均值与计算沉降平均值非常接近，说明本书的计算分析是合理的，在一定程度上可用来对桩筏基础作简化分析。同时也从另外一个侧面说明，只要土体参数取值合理，设计计算方法正确，较精确地预测建筑物的沉降完全是可能的。

第 3 章　桩顶刚度调节装置的开发与研制

刚度调节装置由单台刚度调节装置（或多台串、并联）与配套构件组成，可根据需要自由组合。刚度调节装置的主要作用是改变、优化桩土支承刚度，其承载力应和单桩承载力相匹配，一般为 2000～10000kN（也可能更大），变形调节量一般为 3～10cm，故刚度调节装置相应的竖向刚度应为 20000～40000kN/m。这么大刚度的刚度调节装置，没有现成产品，只能专门研制或用其他装置来代替。

3.1　刚度调节装置的种类

刚度调节装置的选用应同时满足相应产品标准要求，目前经工程实践多次验证可行的刚度调节装置主要包括以下几种：

1. 碟形弹簧类

普通弹簧[1] 不仅有效支承力太小（一般不超过 20kN），而且变形太大（远远超过 3～5cm），不能满足大荷载下的工作要求。碟形弹簧是截面为锥形的，由钢板冲制而成，承受轴向负荷的碟状弹簧（图 3.1），分为无支承面和有支承面两种形式，可以承受轴向载荷（静载荷或交变载荷）。其特点是"在最小的空间内以最大的载荷工作"。

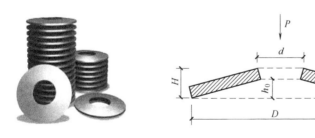

图 3.1　碟簧的外观

2. 隔震橡胶支座类

隔震橡胶垫主要通过自身的变形来吸收能量，减少地震对建筑物的危害，耐久性和稳定性已经有了可靠的保证。目前常见的隔震橡胶垫，高约 30～50cm，直径约 60～80cm，将其安装于基础与楼房底座之间就可以抵挡水平、竖直以及交通产生的各种震动。隔震橡胶垫的使用机理与刚度调节装置很相似，只不过隔震垫主要用于水平位移的调节，而刚度调节装置主要用于竖向位移的调节，但研究发现，隔震橡胶垫通过一定的改进，用于竖向位移的变形调节仍然可以取得良好的使用效果[2]。目前，隔震橡胶刚度调节装置已经成功应用于厦门某 30 层高层建筑（图 3.2），取得了良好的效果，但造价仍较高，约为每根桩 2 万元。

3. 混凝土球（柱）类

将一定数量的混凝土球（柱）放在一起，球（柱）体之间有一定的空隙，在外力作用下将逐渐被压碎，则空隙将逐渐被压碎的混凝土碎屑填满，体积也随之逐渐变小。由此受到启发，设置如图 3.3 所示的装置：在钢板制成的封闭容器中，安放直径不等、强度不等、数量不同的混凝土球（柱）。当该装置受力时，有可能表现出所需的较典型 p-s 曲线。

 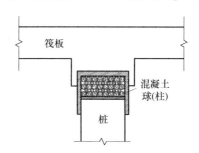

图 3.2　常见隔震橡胶垫外观　　　图 3.3　混凝土球（柱）类刚度调节装置

混凝土球（柱）类刚度调节装置和其他类型相比，可能是最经济的。但由于制作不同直径和不同强度的混凝土球（柱）比较麻烦，并且组合较多，摸索各种组合下的受力规律也较困难，进一步试验正在进行中。需要指出的是，混凝土块、碎石以及矿渣等材料的破碎压缩试验对地基处理中较准确地确定地基的变形和控制建筑物沉降差均具有较大的实际意义。

4. 钢管混凝土类

钢管混凝土最近二三十年得到了较多的重视和应用，文献［3］中对长期荷载作用下钢管混凝土力学性能进行了很多的试验研究，将其得到的钢管混凝土典型轴向受力曲线与基桩典型受力曲线进行对比（图 3.4），可以看出，两者表现出了相似的受力特性，只是钢管混凝土轴向受力曲线更多地表现出了分段线性的特点。

受此启发，考虑应用钢管混凝土的轴向受压、变形作变形调节之用。为此专门设计了两组模型试验。第一组：钢管混凝土（Q235、C30），$t = 3$mm，$H = 30$cm；第二组：钢

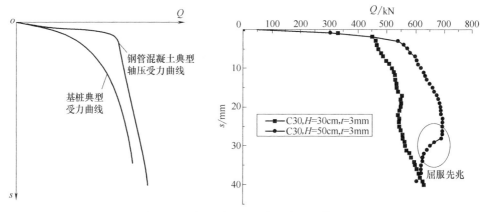

图 3.4　混凝土球（柱）类刚度调节装置

管混凝土（Q235、C30），$t=3\text{mm}$，$H=50\text{cm}$。从图 3.4 中可以看出，在变形的前 5mm 左右，承载力迅速升高，当达到 500kN 左右时，变形迅速增大，而承载力几乎不变，图中标志处显示，$H=50\text{cm}$ 的钢管混凝土甚至还表现出屈曲的前兆。

综上，钢管混凝土的 $Q\text{-}s$ 曲线虽然表现出良好的理想弹塑性特征，但应用钢管混凝土作刚度调节装置，尚需解决两个问题：一是受力前期刚度太大，变形调节能力弱，总的调节量也较小；二是由于变形量的要求，受力后期，钢管混凝土还可能出现屈曲，并且最终造成整个刚度调节装置的失效，风险很大。但不可否认的是，虽然钢管混凝土直接应用于刚度调节装置还存在一定的问题，但是其受力方式为刚度调节装置的进一步开发带来了很大的启发。

由上述几类刚度调节装置的工作机理及运行效果可以发现，刚度调节装置的支承刚度存在主动调节与被动调节的特征，鉴于此，笔者提出了被动式刚度调节装置、主动式刚度调节装置、半主动式刚度调节装置的概念。具体来讲，被动式刚度调节装置为前期设定固定支承刚度的刚度调节装置，在运行过程中无法调节其支承刚度；主动式刚度调节装置为支承刚度可调可控的刚度调节装置，在运行过程中可依据建筑物实时状态的不断反馈来实现对全生命周期内桩筏基础支承刚度的主动控制；半主动式刚度调节装置为支承刚度可有限次数调节的刚度调节装置，在工作过程中，其工作状态介于被动式刚度调节装置和主动式刚度调节装置之间。

3.2 被动式刚度调节装置

3.2.1 研制思路

笔者与课题组在上述各类刚度调节装置研究的基础上，自主开发了一种基于特种钢材和橡胶的刚度调节装置，不仅具备"大变形、大吨位"的受力特性，还具有质量可靠、性能稳定、价格适当、施工方便的优点。研制的刚度调节装置可单独使用，亦可多个并联或串联使用，以获得所需的接触刚度，从而满足接触力和接触变形的要求。研制的刚度调节装置外观如图 3.5 所示。

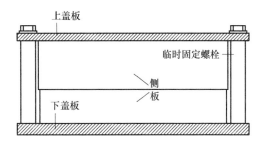

图 3.5　被动式刚度调节装置外观

3.2.2 承载性能试验结果

图 3.6 所示为根据数次试验结果绘制的受力曲线，从中可以看出，经过上述一系列的

改造，刚度调节装置（Deformation Adjustor）的受力曲线得到了进一步的优化，基本达到了可以在实际工程中使用的程度。

　　上述研制成功的刚度调节装置系在施工前根据承载和变形调节的需要设置调节刚度，一旦安装，便无法再对刚度进行调整，刚度调节装置变形只能被动地根据承受的荷载和设定的刚度产生，使其合理的应用较大程度地依赖于设计计算的准确性，因此又可称为被动式刚度调节装置。

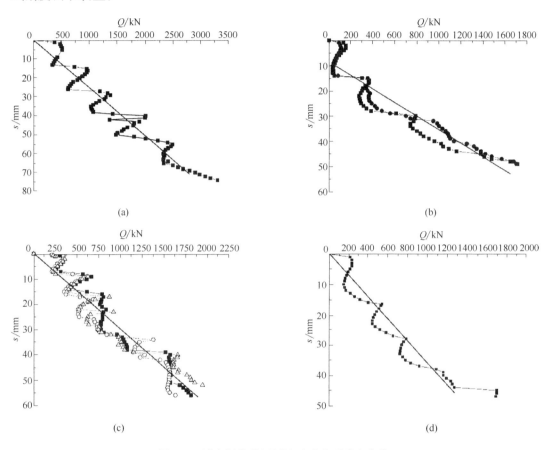

图 3.6　刚度调节装置压缩试验典型受力曲线

3.3　主动式刚度调节装置

3.3.1　研制思路

　　主动式刚度调节装置是在现有被动式刚度调节装置的基础上提出的一种能够对其刚度随时进行人为调整和控制的刚度调节装置，其模型外观和构造示意如图 3.7 所示。主动式刚度调节装置主要由射流器和储砂桶两部分组成，其作用原理是：刚度调节装置工作时，有压流体（通常为水）通过射流器，在储砂桶底部形成负压，负压使得桶内砂向射流器内流动并被水流带走。这样可以通过人为控制有压流体的流速来控制出砂体积和速度，从而

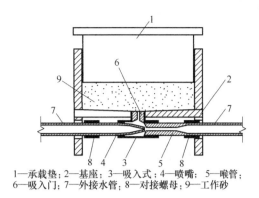

1—承载垫；2—基座；3—吸入式；4—喷嘴；5—喉管；
6—吸入门；7—外接水管；8—对接螺母；9—工作砂

图 3.7　主动式刚度调节装置外观及工作原理

实现刚度调节装置变形的人为即时控制。

3.3.2　静动态性能试验方案及试验结果

1. 试验装置

为验证主动式刚度调节装置是否能满足工程需要，专门设计了一套试验系统（图 3.8）对其进行了试验，试验系统主要由以下部分组成：控制面板、反力架、增压泵、位移百分表、加载设备、工作砂，具体如图 3.9 所示。其中特别需要说明的是，工作砂选取需要考虑几个方面的因素：①工作砂必须颗粒规则（近于球状），粒度成分较集中（可通过标准筛进行筛取）；②工作砂不能含有其他金属矿物杂质，以防止长期浸于水中发生氧化变质；③粒径大小需通过试验确定，不能太大或太小。粒径太大则流动性差，容易在管道中沉积以致发生堵塞，还会堵住射流器内部的孔口，影响正常使用。如粒径太小，在射流器没有工作的情况下也可能发生流动，影响刚度调节装置的稳定性和自持能力。综合考虑，本试验选用高纯度石英砂作为颗粒材料。经筛选，取用 3 种不同的粒径范围，即 0.08mm（190 目）至 0.125mm（120 目）、0.25mm（65 目）至 0.315mm（55 目）、0.45mm（32 目）至 0.56mm（40 目）。

2. 试验方法及试验结果

分别对主动式刚度调节装置进行了静态稳定试验和动态调节试验。

（1）静态稳定试验是指主动调节功能未开启时刚度调节装置在荷载作用下的长期稳定性试验。为模拟刚度调节装置的实际工作状态，试验时，刚度调节装置完全浸于水中，荷载由千斤顶和反力架提供。荷载总大小为 100kN，分为 12.5kN、25kN、50kN、75kN、100kN 共 5 个等级进行加载。试验用石英砂，分别采用 3 种规格（$d_s = 0.1$mm、0.3mm、0.5mm）。图 3.10 所示为 $d_s = 0.5$mm 规格石英砂刚度调节装置的 Q-s 曲线，可以看出，加载初期，刚度调节装置变形迅速增大，石英砂被压缩，加载后期，变形增大缓慢并逐渐收敛，当荷载增大到 100kN 时，总变形大约为 1.6mm 左右。图 3.11 所示为 100kN 荷载作用下刚度调节装置 s-t 曲线，可以看出，加载完成后，短时间内，刚度调节装置变形已完成且基本为石英砂压缩变形，并且在较长时间内变形不再增大。以上两点试验结果进一步说明，当变形调节功能未开启时，主动式刚度调节装置能保证在较大荷载作用下的长期稳定性。

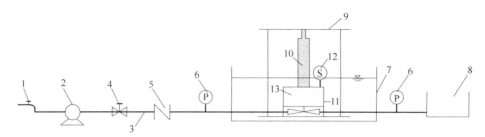

1—水源；2—增压泵；3—连接管；4—阀门；5—流量计；6—压力计；7—水槽；8—积砂槽；
9—反力架；10—千斤顶；11—位移调节器模型；12—变形百分表；13—工作砂

图 3.8　试验系统示意图

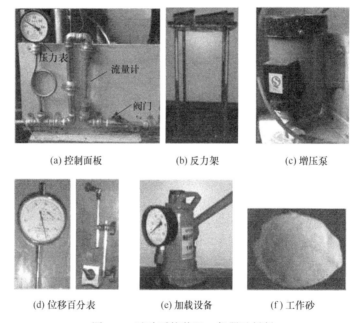

(a) 控制面板　　　　(b) 反力架　　　　(c) 增压泵

(d) 位移百分表　　　(e) 加载设备　　　(f) 工作砂

图 3.9　试验系统装置、仪器及材料

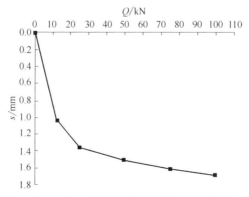

图 3.10　$d_s = 0.5\text{mm}$ 规格石英砂刚度调节装置 $Q\text{-}s$ 曲线

（2）动态调节试验是指主动式刚度调节装置开启变形调节功能后，在不同荷载作用下实现不同支承刚度的调节。图 3.12 所示为主动式刚度调节装置开启变形调节功能后，通过改变流体的流速和流量基本实现了刚度调节装置的不同弹性、理想塑性以及完全端承等几种典型支承情况。

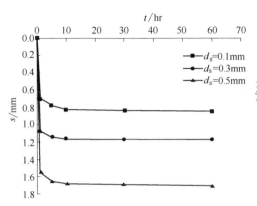

图 3.11 100kN 荷载下刚度调节装置 s-t 曲线

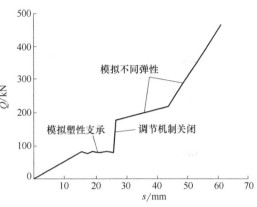

图 3.12 主动式刚度调节装置对几种典型支承情况的模拟

3.3.3 应用初探

设置主动式刚度调节装置的桩基础可在建筑物全生命周期内根据需要随时调整其支承刚度，在施工与使用过程中的每一个阶段都通过计算后按零差异沉降要求调节支承刚度，给出下一阶段的预测。由实测检查预测，进一步调整支承刚度，保证在施工与使用中的每一步均做到建筑物的零差异沉降。形象地说，建筑物将在施工和使用的全过程中始终置于一个智能化的支承体上，该支承体按基底差异变形为零所需自适应地调整支承刚度，这种调整又是在各时段通过多点变形测试结果反馈分析后自动实施的，基本工作流程可参考图 3.13。关于这方面的研究，目前还需作进一步的探索。

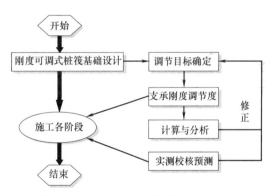

图 3.13 主动式刚度调节装置工作流程

3.4 半主动式刚度调节装置

3.4.1 研制思路

被动式刚度调节装置主要是由钢材、橡胶以及其他工程材料制成，支承刚度可根据需要事先设定，最大的缺点为刚度设定好之后无法再对其进行二次调整。过往研制的主动式刚度调节装置调节效果有限，影响因素众多，但其设计思路值得借鉴，即通过有压流体将石英砂排出刚度调节装置，使刚度调节装置产生位移，达到改变调节装置刚度的目的。

因此，在前面两代刚度调节装置的基础上，构思了半主动式刚度调节装置，既保留了第一代被动式刚度调节装置的自有受力特性，又延续了第二代主动式刚度调节装置在工作阶段可以人为主动干预调节的特点，只不过这个调节的过程只有一至两次机会，不能无限次地调节。作为第三代刚度调节装置，集合了前面两代调节装置优点的半主动式刚度调节装置更加稳定、更加可靠，能满足绝大部分高层建筑的需求，具备更大的推广价值和应用前景。半主动式刚度调节装置结构如图 3.14 所示，主要由外部缸体、内部圈状钢板、加热装置、内部填充材料、缓震材料以及导出孔等组成，其中加热装置和内部填充材料为核心部件，另外，导出孔的位置及尺寸设置也是尤为重要的。加热装置应满足刚度调节装置是否被地下水覆盖都能正常工作的要求，并能使内部填充材料受热均匀，迅速达到其熔点；内部填充材料应具有硬度高、憎水性好、低熔点、凝固速度快的特性；导出孔的位置及尺寸设置要保证内部填充材料达到熔点后能够在较短的时间内迅速流出并排尽。

半主动式刚度调节装置主要由两层结构组成。其第一层结构就是目前应用最广泛、最成功的被动式刚度调节装置，惟一的缺陷就是对地基基础计算的精确性依赖度高，其支承刚度一旦设定，后期便无法调整，工作时只能被动地按承担的荷载大小固定地提供对应的刚度和变形，较难适应特别复杂的地质条件。为了解决上述缺陷，半主动式刚度调节装置第二层结构的设置十分具有创新性。其主体由两个圈状钢板呈同心圆式放置，在同心圆圆环的空腔部分用硬度高、憎水性好的材料来进行填充；在刚度调节装置的底板部位设置加热装置以及导出孔，加热装置要能使内部填充材料受热均匀，迅速达到其熔点；导出孔的设置要保证内部填充材料达到熔点后能够在较短的时间内迅速流出并排尽。必要时，可对填充材料进行内部分层，以达到对支承刚度的二次乃至更多次调节。

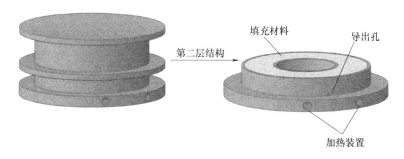

图 3.14　半主动式刚度调节装置结构示意图

3.4.2　试验装置及试验设备

半主动式刚度调节装置只是主要试验对象，要想顺利进行室内试验，还必须辅以一些装置、仪表、仪器和材料等器材。各主要器件实体见下文，并作详细介绍如下：

1. 加载试验仪

因为半主动式刚度调节装置的体积较小，在上面直接加载重物无法获得较大的荷载。为最大限度模拟实际工程中的上部荷载，通过与合作厂家联系，特制加载试验仪，如图

3.15 所示。加载试验仪为四柱框架式结构：由底座、立柱、千斤顶、电机、电器开关等组成，四个立柱通过特大型螺母铰接，通过下部的千斤顶从下往上均匀加压来模拟上部荷载，荷载最大可达 800t，其内力经过精确计算，以确保加载试验仪能够完成预期目标。

图 3.15　加载试验仪

　　另外，为满足试验的其他要求，加载试验仪还配备了力传感器，可以随时监测加压荷载，为试验提供方便。试验时，只需要将半主动式刚度调节装置平稳放置在千斤顶上部，控制千斤顶往上升起，待半主动式刚度调节装置顶部完全与加载试验仪接触时，将力传感器归零，可以人为主动控制千斤顶匀速加压荷载。

　　2. 拉绳位移传感器

　　如图 3.16 所示，拉绳位移传感器是一款安装尺寸小、测量范围广、精度高的传感器。其原理是由可拉伸的不锈钢绳绕在一个有螺纹的轮毂上，此轮毂与一个精密旋转感应器连接在一起，把机械运动转换成可以计量、记录的电信号，并在感应器上实时显示出来。

图 3.16　拉绳位移传感器

图 3.17　安装位移传感器的刚度调节装置

　　实际操作时，如图 3.17 所示，拉绳位移传感器固定在铁片上，铁片焊接安装在半主动式刚度调节装置底部，通过拉绳缚在半主动式刚度调节装置顶部，拉绳直线运动与移动物体运动轴线对准。运动发生时，通过拉绳的伸展和收缩，使轮毂带动精密旋转感应器旋转，输出一个与拉绳移动距离成比例的电信号，由此，测量输出信号可以得出半主动式刚度调节装置的位移。

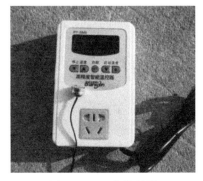

图 3.18　温度控制器

　　3. 温度控制器

　　温度控制器是可以根据外部工作环境的温度变化使内部产生开启或者断开动作的自动控制元件。为了在试验中方便操作并且避免反复组装以及精确地调节控制加热温度，使用温度控制器，利用其配带的金属感温磁性探头来检测刚度调节装置第二层结构的温度。如图 3.18 所示，将加热装置的插头与温度控制器相连，通过金属感温磁性探头对刚度调节装置第二层结构的温度进行检测，这样可以通过温度控制器在

47

试验加热前提前设置半主动式刚度调节装置需要达到的加热温度，并且能够在此后的加热过程中使半主动式刚度调节装置第二层结构的温度恒定控制在设置温度范围内。

4. 可视化跟踪技术

在半主动式刚度调节装置室内试验中，因为试验过程中加压荷载和刚度调节装置变形

图 3.19　可视化跟踪技术

量是连续变化的，所以拉绳位移传感器与力传感器的读数也是动态的，如果按照常规方法就容易造成读数不准的情况。而通过数码摄像，将整个加载过程录制下来，然后通过录像回放，可以便捷地利用"暂停键"来读取任一时刻的传感器读数，且整个加载过程被完整记录，读取的数据更多、更加精确，尤其是对于加载速度较快的试验，这一优势更加明显，较好地实现了操作和记录之间的同步。如图 3.19 所示，结合数码摄像可视化跟踪技术，全过程录制数据，后续进行相关图像处理，可以有效、详细地揭示半主动式刚度调节装置变形规律和破坏模式。

5. 低熔点合金

低熔点合金是本次模型试验的核心材料，熔体是采用一定比例的铋、镉、锡、铅、锑、铟等元素作为主要成分，组成不同的共晶型低熔点合金，根据内部元素比例的不同，其熔点也相应发生变化。低熔点合金的选取考虑以下因素：硬度较大，满足承载要求；熔点较低，且达到熔点就开始软化，属于憎水性材料，不溶于水；在常压环境下一定温度时，物理性质长期不变，不同熔点的低熔点合金如图 3.20 所示。

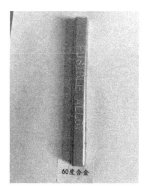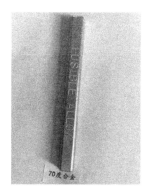

图 3.20　不同熔点的低熔点合金

3.4.3　承载性能试验设计及试验结果

1. 静载试验

1）试验设计

试验时半主动式刚度调节装置的上部施加荷载由加载试验仪提供。半主动式刚度调节装置采用 70℃低熔点合金作为内部填充材料，第二层结构初始高度设为 3cm。不开启半主动式刚度调节装置第二层的加热装置，使其整体受上部荷载，在半主动式刚度调节装置第一层结

构承受上部荷载至发生最大变形的情况下，停止加压并卸压，观察并测量半主动式刚度调节装置第二层结构在上部荷载的作用下是否会发生变形，并通过数码摄像可视化技术得到半主动式刚度调节装置在不开启第二层加热装置的情况下相应的荷载-位移曲线。

2）试验过程

在半主动式刚度调节装置上安装好拉绳位移传感器，力传感器连接好加载试验仪。控制加载试验仪匀速加压至 700t，直至半主动式刚度调节装置第一层内部橡胶弹出，停止加压并卸压。加载全过程如图 3.21 所示。

(a) 加载过程   (b) 加载结束

图 3.21　试验加载全过程

3）结果分析

至半主动式刚度调节装置第一层硬质橡胶弹出，停止加压并卸压，结合数码摄像可视化技术，半主动式刚度调节装置荷载-位移曲线如图 3.22 所示。在上部荷载的作用下，位移呈近似线性增长，并趋于收敛。随着荷载的增加，位移增长速率逐渐降低。最后一级荷载加载完成之后，最大加压荷载为 631t，最终半主动式刚度调节装置沉降量为6.2cm。结合上一章节第一层结构在多次相同条件试验中的典型受力曲线可知，第一层结构至完全变形，其位移量为 6cm，而本次试验中半主动式刚度调节装置最终位移量为 6.2cm，

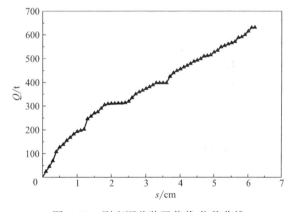

图 3.22　刚度调节装置荷载-位移曲线

这就说明第二层结构仅产生了 2mm 的位移变化，可表明第二层结构在上部荷载的作用下十分稳定，对半主动式刚度调节装置的承载力几乎没有影响，后续试验若想对此精确控制，可将第二层初始高度增加 2～3.2cm。试验结果表明，采用低熔点合金作为半主动式刚度调节装置内部填充材料，其承载力符合工程要求。

2. 不同熔点的填充材料影响试验

1）试验设计

试验时，半主动式刚度调节装置的上部施加荷载由加载试验仪提供，半主动式刚度调

节装置采用三组熔点分别为 50℃、60℃、70℃ 的低熔点合金作为内部填充材料进行加载
试验。本次试验通过分别使用 50℃、60℃、70℃ 的低熔点合金作为内部填充材料，测试
不同熔点的填充材料是否会对半主动式刚度调节装置的承载性能产生影响。

2）试验过程

在半主动式刚度调节装置上安装好拉绳位移传感器，力传感器连接好加载试验仪。由
于本次试验只针对半主动式刚度调节装置第二层结构的内部填充材料，为避免不必要的浪
费，只需加工制造第二层结构，第二层结构初始高度设为 10mm。试验方法与静载试验相
同，匀速加载至 300t。试验时，加热装置始终处于关闭状态。

3）结果分析

由表 3.1 可以看出，不同熔点的低熔点合金作为半主动式刚度调节装置内部填充材
料，加载至最后阶段，半主动式刚度调节装置的变形逐渐趋于稳定。熔点不同的低熔点合
金对半主动式刚度调节装置的竖向位移影响不大，最大仅相差 0.19mm，表明不同熔点的
填充材料对于半主动式刚度调节装置的承载性能几乎不产生影响。此外，从图 3.23 中也
可以看出，熔点越低的填充材料，其变形越小，这表明熔点越低的填充材料反而硬度越
大，承载力越高。

不同熔点的填充材料影响结果 表 3.1

荷载/t	刚度调节装置高度/mm		
	50℃	60℃	70℃
0	10	10	10
30	9.98	9.96	9.95
60	9.92	9.91	9.89
90	9.89	9.86	9.83
120	9.66	9.62	9.59
150	9.43	9.39	9.26
180	9.24	9.21	9.16
210	9.19	9.14	9.06
240	9.15	9.06	8.96
270	9.15	9.06	8.96
300	9.15	9.06	8.96

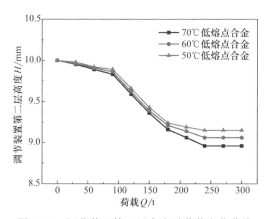

图 3.23 调节装置第二层高度随荷载变化曲线

3.4.4 工作性能试验设计及试验结果

1. 无工作荷载试验

1）试验设计

半主动式刚度调节装置采用 70℃ 低熔点合金作为内部填充材料，选取 D_6 型号的加热管作为加热装置，选取孔径为 4mm 的导出孔。由上文装置参数影响试验可知，可能是由于导出孔的位置布置得不合适导致半主动式刚度调节装置内部填充材料未能完全排出，在侧壁钻出导出孔极易导致填充材料最下面薄薄一层紧贴刚度调节装置底板，从而不能完全排出。对此下文提出了相对应的调整方案：在底板内部两侧分别垂直开挖两个直径 4mm 的钻孔，同时在底板侧壁上也钻出直径 4mm 的钻孔，两者相连，总体呈"L"形。导出孔调整后的位置如图 3.24 所示。

(a) 导出孔位置俯视图　　　　　　　(b) 导出孔位置侧视图

图 3.24　调整后导出孔位置

2）试验过程

试验时，半主动式刚度调节装置上部不施加工作荷载，只开启半主动式刚度调节装置的加热装置，使用秒表工具进行计时，观察填充材料流出时间，直至填充材料不再流出，并通过加载试验仪将半主动式刚度调节装置第二层完全压碎，以此来对半主动式刚度调节装置内部填充材料是否完全排出进行检验。

3）结果分析

按照上述试验调整方案，重新进行试验，如图 3.25 所示。最终发现约从第 4 分钟开始有填充材料流出，从第 12 分钟起，填充材料流出速度明显加快，至第 19 分钟便不再有填充材料流出，继续加热一段时间，仍无变化；关闭加热装置，通过加载试验仪将半主动式刚度调节装置第二层完全压碎进行检验。此外，半主动式刚度调节装置内部填充材料已全部流出，证明对导出孔位置进行调整的方案是行之有效的，可以达到在较短的时间内将内部填充材料完全排出的预期目标，后续试验按此调整方案进行。

2. 有工作荷载试验

1）试验设计

试验时半主动式刚度调节装置的上部施加荷载由加载试验仪提供，半主动式刚度调节装置采用 50℃、60℃、70℃ 的低熔点合金作为内部填充材料。第二层结构填充材料按照熔点的高低依次从上往下排列，即 50℃ 低熔点合金位于最底层，60℃ 低熔点合金位于中

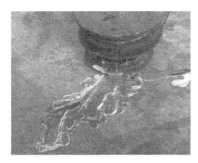
(a) 填充材料流出过程

(b) 第二层结构压碎内部

图 3.25　试验过程内部结构

间层，70℃低熔点合金位于最上层，如图 3.26 所示，不同熔点的低熔点合金层与层之间使用石棉网相互隔绝，每一层低熔点合金高度设置为 1cm，石棉网厚度为 1mm，同时依据上文静载试验结果，同等条件下，若想对第二层结构位移进行精确控制，可将第二层结构初始高度增大 2mm，故此次试验中半主动式刚度调节装置第二层结构总高度为 3.4cm。通过加载试验仪匀速加压上部荷载，在半主动式刚度调节装置第一层结构完全受压变形的情况下，开启第二层加热装置，并通过温度控制器来控制不同的加热温度，以使不同熔点的填充材料排出。测试石棉网作为隔绝材料是否可以断绝不同熔点的填充材料的相互渗透；不同熔点的填充材料能否在较短的时间内顺利流出并流尽，并通过数码摄像可视化技术全过程进行录像，整理可得半主动式刚度调节装置相应的荷载-位移曲线。

(a) 石棉网

(b) 第二层内部分层

图 3.26　半主动式刚度调节装置内部图

2）试验过程

在半主动式刚度调节装置上安装好拉绳位移传感器，力传感器连接好加载试验仪。加载试验仪匀速施加工作荷载，待第一层结构发生完全变形，直至橡胶弹出。加载试验仪维持荷载，同时开启半主动式刚度调节装置的加热装置，通过温度控制器控制半主动式刚度调节装置的加热温度，初始温度控制为 50℃，待第二层结构开始排出填充材料，继续匀速施加荷载至不再发生变形；此后，维持荷载，再通过温度控制器控制加热温度为 60℃，同样地，待有填充材料排出，便匀速施加荷载至第二层结构不再发生变形；最后，继续维持荷载，通过温度控制器控制加热温度为 70℃，待有填充材料开始排出后便匀速施加荷载，直至第二层结构发生完全变形，关闭加热装置，关闭加载试验仪。

3）结果分析

在第一层结构完全变形的情况下，开启第二层加热装置，结果发现，除了在加热到10min时，有少部分填充材料流出，便一直不再有变化，持续加热至40min，未达到预期试验目标。随后，解除加载，解除温度控制器，持续加热，在1min之后，填充材料便开始迅速流出，5min之后停止流出。可以发现，在持续加压的情况下，虽然半主动式刚度调节装置第一层结构达到了完全变形，但是在开启加热装置后，半主动式刚度调节装置第二层内部填充材料未能按照试验目标在较短时间内完全流尽，甚至未能顺利流出，但是在解除加压之后，保持开启加热装置却可以达到预期的试验目标。

结合本章装置参数影响试验结果：上部荷载为50t时，填充材料可以按照预期试验目标顺利流出。对此进行分析，原因可能是：在上部荷载过大的情况下（已达到410t），受压力影响，半主动式刚度调节装置内外部压强存在差异，当外部压力把半主动式刚度调节装置第二层内部空气完全挤出时，外部压强大于内部压强，内部填充材料处于一种"即将与刚度调节装置脱空而又未脱空"的临界状态，因此无法排出。对此，下文提出了相对应的调整方案：在半主动式刚度调节装置上开出透气孔，即在中间的钢板侧壁对称开出几个总体呈"L"形的钻孔，形式和底板一样，方便外部空气的进入，以解决刚度调节装置内外部压强差异的问题。同时，由以往试验结果可知，整体的调节装置刚度，其荷载-位移曲线与第一层、第二层结构中圆环的高度、直径、壁厚有着很大的关系。因此，选取高度、直径、壁厚合适的钢圈，也显得尤为重要。最终，结合以往试验结果，圈状钢板直径由内向外分别选取115mm、140mm、180mm、220mm，高度由高向低分别选取115mm、95mm、80mm、60mm，壁厚2mm。半主动式刚度调节装置优化后的第一层结构如图3.27所示。

图 3.27　优化后的第一层结构　　　　　图 3.28　工作性能试验

按照上述试验调整方案，重新进行试验，试验过程如图 3.28 所示。在加载试验仪加载的作用下，半主动式刚度调节装置第一层发生完全变形，位移传感器读数为 6.2cm，此时开启第二层加热装置，加载试验仪缓速施加工作荷载，通过温度控制器控制半主动式刚度调节装置的加热温度。

如图 3.29 第二层位移与时间曲线所示，通过温度控制器控制半主动式刚度调节装置第二层结构的初始温度为 50℃，约从第 4min 开始有填充材料流出，从第 8min 开始流速明显加快，至第 13min 不再有填充材料流出，通过观察发现，第二层发生明显变形，此时位移传感器读数为 7.24cm，第二层变形为 1.04cm；再通过温度控制器控制加热温度为

60℃，约过 3min 之后开始有填充材料流出，流速较快，持续 6min 左右，至第 22min 不再有填充材料流出，此时位移传感器读数为 8.21cm，第二层变形为 0.97cm；待第二层结构也不再发生变形，通过温度控制器控制加热温度为 70℃，约过 2min 之后开始有填充材料流出，流速较快，持续 5min 左右，待第二层结构发生完全变形，位移传感器读数不再发生变化，此时位移传感器读数为 9.2cm，第二层变形为 0.99cm。总的来看，在半主动式刚度调节装置第二层结构进行内部分层后，通过对加热温度的控制，能实现按需控制填充材料的流出量，不过其整体所需的加热时间将会比填充材料不进行分层变得更长。随后，关闭加热装置，关闭加载试验仪。此时可见半主动式刚度调节装置第二层被完全压扁，证明试验调整方案是行之有效的，可以达到预期试验目标，由此次试验得到半主动式刚度调节装置相应的荷载-位移曲线。

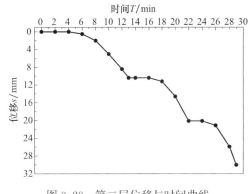

图 3.29　第二层位移与时间曲线

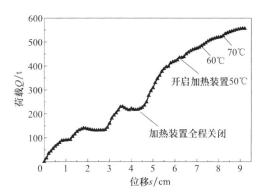

图 3.30　刚度调节装置荷载-位移曲线

从图 3.30 中可以看出，开启第二层加热装置后，半主动式刚度调节装置荷载-位移曲线整体呈线性增长，而且趋势明显变缓，与预期荷载-位移理论曲线相符合，这就说明二次调控功能在较短的时间内可以对半主动式调节装置刚度进行改变。同时，由于加热，半主动式刚度调节装置内部填充材料的流出可以使半主动式刚度调节装置整体产生一定的位移量，而且填充材料按照熔点的不同进行内部分层后，可以实现通过改变加热温度来控制填充材料排出量，这对于工程中建筑物的差异沉降控制显得尤为重要。

第4章 可控刚度桩筏基础设计
方法及鲁棒性设计理论

为了可控刚度桩筏基础的推广应用，本章首先提出可控刚度桩筏基础的相关设计方法；在此基础上，依据鲁棒性设计理论，充分考虑岩土参数的不确定性，明确了桩基竖向承载力鲁棒性理论及设计方法，阐述了成层地基中桩基的鲁棒性设计方法与过程；分别提出了基于被动式和主动式刚度调节装置的可控刚度桩筏基础鲁棒性设计方法，证明了鲁棒性设计在桩筏基础主动控制理论中的适用性和优越性。

4.1 设计计算的总体要求

（1）可控刚度桩筏基础的埋置深度应满足地基承载力、变形和稳定性要求。

（2）刚度调节装置底座下的桩顶混凝土以及上盖板处的筏板混凝土应验算局部受压承载力。

（3）基桩宜集中布置在上部结构竖向传力构件下，且宜使桩群承载力合力点与竖向永久荷载合力作用点重合。

（4）混凝土筏板应根据刚度调节装置尺寸及布置形式进行受冲切承载力验算。

（5）可控刚度桩筏基础设计宜进行桩—土—刚度调节装置—筏板共同作用的整体分析。

（6）当刚度调节装置退出可调节状态，桩顶连接应满足桩基受压承载力要求。当基桩承担上拔、剪力作用时，桩顶连接应进行抗拔承载力和抗剪承载力验算；当桩基础承担地震作用时，应进行抗震承载力验算。

4.2 可控刚度桩筏基础设计方法

4.2.1 桩基竖向承载力计算

可控刚度桩筏基础设计前宜先通过经验方法或原位测试的方法估算单桩竖向极限承载力，在此基础上，通过静载试验的方法进行复核，具体试桩方法应按照现行行业标准《建筑基桩检测技术规范》JGJ 106 执行。对于大直径端承型桩，可通过原位测试和经验参数确定，也可通过深层平板（平板直径应与孔径一致）载荷试验确定极限端阻力；对于嵌岩桩，可通过直径为 0.3m 的岩基平板载荷试验确定极限端阻力标准值，也可通过直径为 0.3m 的嵌岩短墩载荷试验确定极限侧阻力标准值和极限端阻力标准值。设计前进行试桩，不仅可以准确地知道基桩的承载潜力，做到有的放矢，而且可以节约投资，杜绝没有必要的浪费。

如设计前不具备试桩条件，或需确定试桩参数，可根据土的物理指标与承载力参数之间的经验关系确定单桩竖向极限承载力标准值，宜按下式估算：

$$Q_{uk} = Q_{sk} + Q_{pk} = u\sum q_{sik}l_i + q_{pk}A_p \tag{4.1}$$

式中，Q_{sk}、Q_{pk} 分别为总极限侧阻力标准值和总极限端阻力标准值；u 为桩身周长；q_{sik} 为桩侧第 i 层土的极限侧阻力标准值；l_i 为桩周第 i 层土的厚度；q_{pk} 为极限端阻力标准值；A_p 为桩端面积。

根据土的物理指标与承载力参数之间的经验关系确定大直径桩单桩极限承载力标准值时，可按下式计算：

$$Q_{uk} = Q_{sk} + Q_{pk} = u\sum \psi_{si}q_{sik}l_i + \psi_p q_{pk}A_p \tag{4.2}$$

式中，q_{sik} 为桩侧第 i 层土极限侧阻力标准值，对于扩底桩变截面以上 $2d$ 长度范围不计侧阻力；q_{pk} 为桩径为 800mm 的极限端阻力标准值；ψ_{si}、ψ_p 为大直径桩侧阻、端阻尺寸效应系数，按表 4.1 取值；u 为桩身周长，当人工挖孔桩桩周护壁为振捣密实的混凝土时，桩身周长可按护壁外直径计算。

大直径灌注桩侧阻尺寸效应系数 ψ_{si}、端阻尺寸效应系数 ψ_p　　　　表 4.1

土类型	黏性土、粉土	砂土、碎石类土
ψ_{si}	$(0.8/d)^{1/5}$	$(0.8/d)^{1/3}$
ψ_p	$(0.8/D)^{1/4}$	$(0.8/D)^{1/3}$

注：表中 d 为桩身设计直径，D 为桩端设计直径。

4.2.2　桩基数量计算

在可控刚度桩筏基础的应用领域中，当其用于考虑桩土共同作用，充分发挥地基土承载力时，桩基数量可按式（4-3）计算：

$$n \geqslant \frac{F_k + G_k - f_a A_c}{R_a} \tag{4.3}$$

式中，F_k 为荷载效应标准组合下，作用于承台顶面的竖向力；G_k 为桩基承台和承台上土体自重标准值，对稳定地下水位以下部分应扣除水的浮力；n 为桩基中单桩的数量；A_c 为承台底扣除桩基截面积的净面积，$A_c = A - A_p \cdot n$，A 为筏板基础的基地面积；A_p 为桩基中单桩的截面积；f_a 为经修正后的地基土承载力特征值；R_a 为单桩竖向承载力特征值。

当可控刚度桩筏基础不考虑桩土共同作用时，桩基数量的确定同常规桩基，可按式（4-4）计算：

$$n \geqslant \frac{F_k + G_k}{R_a} \tag{4.4}$$

4.2.3　桩基沉降计算

1. 考虑桩土共同作用时

可控刚度桩筏基础用于实现桩土共同作用时，调节装置设置的目的是使桩基础的变形保持与地基土变形的协调，因此其最终沉降 s 满足：

$$s=s_s=s_p \tag{4.5}$$

式中，s_s 为地基土承担荷载引起的沉降，具体计算可参照国家标准《建筑地基基础设计规范》GB 50007—2011；s_p 为桩基分担荷载引起的沉降，除需考虑桩顶变形装置的变形外，具体计算可参照行业标准《建筑桩基技术规范》JGJ 94—2008。

应该指出，与天然地基以及常规桩基相比，可控刚度桩筏基础的沉降计算相对复杂，其沉降特性的影响因素也非常多。由于 s_s 的计算比 s_p 简单，通常以 s_s 的计算代替可控刚度桩筏基础的整体沉降，s_s 宜按下式计算：

$$s_s = p_0 b \eta \sum_{i=1}^{n} \frac{\delta_i - \delta_{i-1}}{E_{0i}} \tag{4.6}$$

式中，p_0 为相应于作用的准永久组合时基础底面处的附加压力，kPa；b 为基础底面宽度，m；δ_i、δ_{i-1} 为与基础长宽比（l/b）及基础底面至第 i 层土和第 $i-1$ 层土底面的距离深度（z）有关的无因次系数，宜按现行行业标准《高层建筑筏形与箱形基础技术规范》JGJ 6 的有关规定确定；E_{0i} 为基础底面下第 i 层土的变形模量，MPa，通过试验或按地区经验确定；η 为沉降计算修正系数，可按表 4.2 确定。

修正系数 η					表 4.2
$m=2zn/b$	$0<m\leqslant0.5$	$0.5<m\leqslant1$	$1<m\leqslant2$	$2<m\leqslant3$	$3<m\leqslant5$	$5<m\leqslant\infty$
η	1.00	0.95	0.90	0.80	0.75	0.70

2. 不考虑桩土共同作用时

最终沉降 s 可按下式计算：

$$s = s_a + s_p \tag{4.7}$$

式中，s_a 为桩基分担荷载引起的刚度调节装置压缩变形，m；s_p 为桩基分担荷载引起的桩基变形，m，可按现行行业标准《建筑桩基技术规范》JGJ 94 的有关规定计算。

4.2.4 桩基安全度计算

可控刚度桩筏基础设计时，若桩基承载力使用竖向承载力特征值、地基土承载力使用承载力特征值可满足桩基整体安全度满足要求。除此以外，应验算桩基整体安全度，并使之满足式（4.8）要求：

$$K = R/S \geqslant 2 \tag{4.8}$$

式中，R 为可控刚度桩筏基础总体抗力的特征值，为桩、土极限承载力之和；S 为荷载效应标准组合值；K 为桩基础部分的整体安全度，不小于 2。

当桩、土承载力分别采用承载力特征值时，桩基整体可认为满足要求是基于以下考虑：天然地基承载力极限值约为 $2.5f_a$，由于桩对土体的遮拦作用，实际值还略大于 $2.5f_a$。当桩顶荷载达到 P_a 时，刚度调节装置预设的变形虽还有适当的预留以适应桩顶荷载的进一步增加，但如按假设的极限状态向 P_u 发展，桩最终会用完预留变形而转化为端承桩，端承桩的进一步变形很有限，不能保证桩间土承载力一定发挥到 $f_u=2.5f_a$，为安全起见，应予折减，可估计为 $0.8f_u=2f_a$。另外，由于桩距较大，忽略群桩效应，n

根桩的极限承载力为 nP_u（实际值也可能略小于此值），由此可控刚度桩筏基础的整体极限承载力 Q_u 可表示为：

$$Q_u = 2f_a A + nP_u \tag{4.9a}$$

而 $Q = f_a A + nP_a$，故桩筏基础的整体承载力安全度 K 可表示为：

$$K = \frac{Q_u}{Q} = \frac{2f_a A + nP_u}{f_a A + nP_a} \tag{4.9b}$$

设 $\eta = (f_a A)/Q$ 为桩间土承载比，则 $nP_a = (1-\eta)Q$，$nP_u = 2nP_a$，于是式（4.9b）可改写为

$$K = \frac{Q_u}{Q} = \frac{2\eta Q + 2(1-\eta)Q}{\eta Q + (1-\eta)Q} \equiv 2 \tag{4.9c}$$

至此，可控刚度桩筏基础的整体承载力安全度 K 满足国家和行业相应标准要求。

4.2.5　刚度调节装置计算

可控刚度桩筏基础可用于多种工程领域，故调节装置支承刚度应根据其具体的应用范围，具体计算确定。

（1）当刚度调节装置用于实现端承型桩基桩土共同作用时，为保证桩、土在相同荷载水平下的变形协调，就必须使桩、土的支承刚度协调。桩筏基础中桩和地基土可分别看作一些大弹簧和若干小弹簧，与每根大弹簧匹配的小弹簧数量可通过基底总面积除以总桩数来近似求得，具体如图 4.1 所示。从图中可以看出，当桩弹簧与与之配套的土弹簧刚度接近相等时，桩、土变形一致，可保证共同承担荷载。

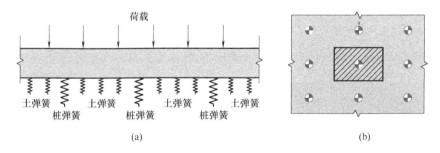

图 4.1　桩、土共同作用简化示意图

故刚度调节装置用于实现桩土共同作用时，其支承刚度的大小可按照下式计算：

$$k_a = \frac{k_p \cdot k_c}{k_p - k_c} \tag{4.10a}$$

$$k_c = A_c' \cdot K_s \cdot \frac{\zeta}{\xi} \tag{4.10b}$$

$$A_c' = \frac{A_c}{n} \tag{4.10c}$$

$$K_s = p_k / s_s \tag{4.10d}$$

式中，k_a 为刚度调节装置支承刚度，kN/m；k_p 为基桩支承刚度，kN/m；k_c 为设

置刚度调节装置的基桩复合支承刚度，kN/m；ξ 为地基分担荷载的比例系数；ξ 为桩基础分担荷载的比例系数；A'_c 为与基桩协同工作的地基面积的平均值，m^2；n 为桩基中基桩的数量；A_c 为扣除基桩截面积的净底板面积，m^2；K_s 为地基土的刚度系数，kN/m^3；p_k 为相应于荷载效应标准组合时，基础底面处的平均压力值，kPa；s_s 为地基土承担相应荷载引起的变形，m。

（2）桩筏基础的变刚度调平注重概念设计，当桩土支承刚度分布不能或较难通过变桩长、变桩径、变桩距等方法来调整时，可直接通过刚度调节装置来实现。当刚度调节装置用于以减少基础差异沉降和筏板内力为目标的调平设计时，刚度调节装置与桩基础以及地基形成的复合支承刚度在筏板基础平面内的分布应符合现行行业标准《建筑桩基技术规范》JGJ 94 的有关规定，并宜进行上部结构—筏板—刚度调节装置—桩—土共同作用整体分析。

（3）混合支承桩基础的形成大致可以分为两类：一类是桩基设计参数不统一造成桩基支承刚度不一致，典型如建筑物拆除时，由于土体固结作用，遗留在地基中的完好旧桩和新桩支承刚度相差悬殊，通过在桩顶设置刚度调节装置，协调不同支承刚度桩基的变形，不仅可以实现新旧桩基的协同工作，还可以取得良好的经济效益；另一类是由于特殊地质条件造成桩基支承刚度不一致，典型如花岗岩残积土地区的球状风化、石芽地基、岩溶地基、基岩崩塌或缺失以及基岩面起伏巨大等特殊地质条件造成的桩基支承刚度相差悬殊，这一类的混合支承桩基础也可采用可控刚度桩筏基础形式解决问题。

刚度调节装置用于混合支承桩基础时，支承刚度 (k_a) 可按下列公式计算：

$$k_a = \frac{k_{mp} \cdot k_c}{k_{mp} - k_c} \tag{4.11a}$$

$$k_c = \begin{cases} \dfrac{Q_m n_n}{Q_n n_m} k_{np}, \text{不计入地基作用} \\[4mm] \dfrac{Q_m n_n}{Q_n n_m} k_{np} + \dfrac{A_n k_{ns} Q_m - A_m k_{ms} Q_n}{n_m Q_n}, \text{计入地基作用} \end{cases} \tag{4.11b}$$

式中，Q_m 为大支承刚度桩基所承担的上部结构荷载标准组合值，kN；Q_n 为小支承刚度桩基所承担的上部结构荷载标准组合值，kN；n_m 为大支承刚度桩基数量；n_n 为小支承刚度桩基数量；k_{mp} 为大支承刚度桩基的支承刚度值，kN/m；k_{np} 为小支承刚度桩基的支承刚度值，kN/m；k_c 为设置刚度调节装置的基桩复合支承刚度，由 k_{mp} 和 k_a 串联而成；A_m 为大支承刚度桩基相应区域地基土净面积，m^2；A_n 为小支承刚度桩基相应区域地基土净面积，m^2；k_{ms} 为大支承刚度桩基相应区域地基土刚度系数，kN/m^3；k_{ns} 为小支承刚度桩基相应区域地基土刚度系数，kN/m^3。

（4）当大支承刚度桩为嵌岩桩或嵌岩墩时，基桩复合支承刚度 (k_c) 可取刚度调节装置的支承刚度 (k_a)。当忽略地基土作用且地基承载力较高时，可采取措施隔断地基与筏板之间的传力路径。

（5）刚度调节装置同时应用于上述两种及两种以上情况时，支承刚度值应同时满足各工况受力要求，并宜进行上部结构—筏板—刚度调节装置—桩—土共同作用的整体分析校核或确定刚度调节装置支承刚度的数值。

4.3　鲁棒性设计概念的引入

现有的岩土工程鲁棒性设计仅考虑系统本身的鲁棒性，并没有考虑到方案的经济性。而鲁棒优化就是要求既要考虑设计方案经济上的最优化，又要考虑系统的可靠性和鲁棒性，从这个角度说，鲁棒优化设计实际上是一个多目标优化设计问题。高层建筑桩筏基础设计理论的最终目标，是在安全可靠的前提下，实现设计方案的最优化。在设计阶段，高层建筑桩筏基础受力系统除了受岩土力学指标影响之外，还受结构设计方法、上部结构荷载、周边环境变化以及地震作用等一系列不确定因素的影响，高层建筑桩筏基础系统的不确定参数比岩土工程更多也更复杂，上述的最终目标通过现有方法和手段基本很难实现。前已述及，目前的一些常规优化手段，通常使整个桩筏基础受力系统的整体安全性和可靠性被低估或者高估，或者说，整个系统的鲁棒性和经济性并没有达到真正的平衡和协调。鉴于此，笔者提出了高层建筑桩筏基础鲁棒优化设计的概念，尝试将鲁棒优化设计方法引入到可控刚度桩筏基础的设计与优化中，以期最终实现在设计阶段可控刚度桩筏基础可靠度满足要求的前提下，鲁棒性和经济性的真正协调。

采用鲁棒优化设计方法进行可控刚度桩筏基础前期设计的最优方案，在理论上保证了桩筏基础后期施工过程中的鲁棒性与经济性以及可控刚度桩筏基础作为高层建筑上部荷载的受力系统的稳定性。但高层建筑的使用寿命通常为 50～100 年，在整个生命周期中，可控刚度桩筏基础受力体系的诸多不确定因素的可控性和可预测性差是一个不争的事实，再加上一些不可预见或突发的情况，前期的最优方案实际上也并不能保证整个可控刚度桩筏基础受力体系的万无一失。举例来说：可控刚度桩筏基础完成鲁棒优化设计，理论上已处于满足可靠性，同时兼顾鲁棒性和经济性的平衡状态，但在施工期或者使用期可能会出现一些不可预见的情况而打破这种平衡，造成可控刚度桩筏基础整体安全度下降或破坏，如：城市地下水位下降改变桩土受力分担比或建筑使用年限内地下室底板脱空、建筑周边堆载或开挖造成桩基水平受力急剧变化（上海市"莲花河畔景苑"楼歪歪事故）以及地下工程施工造成少数桩基破坏等。实际上，以上情况可以通过鲁棒控制的方法来解决。所谓可控刚度桩筏基础鲁棒控制，就是通过可行、可靠的技术手段降低甚至消除不确定因素及突发情况对建筑物造成的不利影响，使可控刚度桩筏基础受力体系在建筑物的整个生命周期内始终保持可靠性与鲁棒性，这是可控刚度桩筏基础发展道路上一个新的思路，也是一个新的挑战。

在此背景下，引入鲁棒性设计概念，以支承刚度可调可控的桩顶刚度调节装置为控制手段，以共同作用理论为理论基础，以鲁棒性设计方法为控制策略，配合目前成熟的建筑物测试技术和编制的计算程序，建立高层建筑桩筏基础交互式鲁棒控制系统，实现在电脑终端层面对高层建筑桩筏基础工作状况的实时监测与鲁棒控制，进而使得可控刚度桩筏基础在全生命周期中始终保证系统可靠性和鲁棒性的最优状态，达到安全可靠、节约投资和节能环保的最终目的。

4.4 单桩鲁棒性设计理论与方法

4.4.1 岩土工程鲁棒性设计概念

"岩土工程鲁棒性设计"是一种基于可靠性理论的设计方法。鉴于岩土工程干扰因素的不确定性，通过更改设计参数，可以减少岩土参数的不确定性对建筑物安全性的影响，可以确保建筑物的鲁棒性较高。鲁棒性能够真实地反映岩土工程的安全性能或破坏程度，因此可以得出结论：可以将鲁棒性作为安全性评价的标准。

1. 岩土工程的极限状态

极限状态为承载能力极限状态。对于岩土工程而言，当外力超过了材料的极限强度、土体或结构的某些部分或整体失去平衡或结构构件失去承载力等情况出现时，表明工程超出了其承载能力极限状态。

2. 功能函数

在进行岩土工程鲁棒性设计时，功能函数可以用来描述结构所处状态，其函数表现形式为：

$$G=R-S=g(x_1,x_2,x_3,\cdots,x_n) \tag{4.12}$$

式中，S 为荷载，R 为抗力，当 $R=S$ 时，认为结构达极限状态，则极限状态方程为：

$$G=R-S=g(x_1,x_2,x_3,\cdots,x_n)=0 \tag{4.13}$$

工程状态在功能函数中的表现形式为：$G>0$，结构处于可靠状态；$G=0$，结构处于极限状态；$G<0$，结构处于失效状态。

3. 失效概率 P_f 和可靠度 β

式（4.12）中，x_1，x_2，x_3，$\cdots$，x_n 是有关结构安全的设计参数，如土重度 γ、抗剪强度 c、内摩擦角 φ、基础深度、桩径、桩长等。这些参数在鲁棒性理论中属于基本随机变量，有不同的概率密度。由这些变量表示的功能函数 G，其概率密度函数为 $f_x(x_1，x_2，x_3，\cdots，x_n)$，如图 4.2 所示。

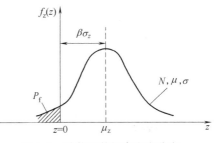

图 4.2 功能函数概率密度分布

$z<0$ 的阴影部分表示结构处于失效状态，结构的安全程度用失效概率 P_f 表示，失效概率 P_f 的函数为：

$$p_f=p(z<0)=\iint\limits_{z<0}\cdots\int f_x(x_1,x_2,x_3,\cdots,x_n)\mathrm{d}x_1\mathrm{d}x_2,\cdots,\mathrm{d}x_n \tag{4.14}$$

式（4.14）在计算失效概率的过程中需要复杂积分，对于工程来说，步骤过于复杂，可靠度的加入可以有效地降低计算的复杂度。

假设功能函数与函数内各变量呈线性函数关系，且各变量都为独立的正态分布，则根据概率论，功能函数也是正态分布。功能函数的均值为 μ_g，标准差为 σ_g，则失效概率 P_f

的函数可以表示为：

$$p_f = p(z < 0) = \int_{-\infty}^{0} f(x)\mathrm{d}x = \int_{-\infty}^{0} \frac{1}{\sqrt{2\pi}\sigma_g} \exp\left[-\frac{(G-\mu_g)^2}{2\sigma_g^2}\right] \mathrm{d}z \qquad (4.15)$$

将功能函数 G 标准化处理为 t，令 $t = \dfrac{G-\mu_g}{2\sigma_g}$，进一步将式（4.15）表示为：

$$p_f = \int_{-\infty}^{-\frac{\mu_g}{\sigma_g}} \frac{1}{\sqrt{2\pi}\sigma_g} \exp\left[-\frac{t^2}{2}\right] \mathrm{d}t = \Phi\left(-\frac{\mu_g}{\sigma_g}\right) \qquad (4.16)$$

式中，$\Phi(\cdot)$ 为正态分布函数。

可靠度可表现为 $\beta = \dfrac{\mu_g}{\sigma_g}$，则失效概率 P_f 可表示为：

$$P_f = 1 - \Phi(\beta) \qquad (4.17)$$

由式（4.17）可得，失效概率和结构的可靠度可以相互转换。只要知道了结构的失效概率 P_f，便可求得结构的可靠度。可靠度设计方法避免了复杂的多次积分，使计算公式更加直观且简单易求。因此，通过可靠度 β 值求得的失效概率可以直接用来表示结构的鲁棒性。

由于实际工程中地基土通常成层分布（图 4.3），当地基基础有 n 层时，如果每层地基土的不确定参数是 m 个，则不确定参数就有 $m\cdot n$ 个。不确定参数过多，工作量大，对计算设备要求较高，且有可能导致计算的不收敛，给设计人员带来编程上的困难。

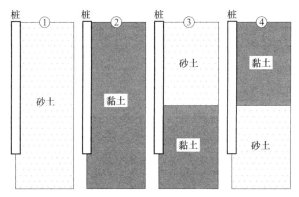

图 4.3　地基土分布

4.4.2　均质土层单桩鲁棒性设计及分析

1. 鲁棒性设计流程

在本节中，采用一套适用于桩基竖向承载力鲁棒性设计的方法，具体步骤如下：

（1）选择设计参数。不确定因素和设计参数可选空间：本例中桩长 L（2～20m，每 0.5m 一个设计取值）与桩径 D（取 0.6m、0.8m、1.0m 三个尺寸）为两个设计参数，确定土体的不确定因素。

（2）确定设计功能函数并计算设计方案的失效概率：分别利用承载力极限状态（ULS）公式和正常使用极限状态（SLS）公式计算桩基在两种极限状态下的失效概率，

循环套用 7 点估计考虑变异系数的变化，结合 FORM 计算桩基失效概率的均值与标准差。

（3）建立外循环，重复（2），计算所有设计方案的失效概率的均值与标准差。

（4）对设计结果进行优选：本例考虑将单桩竖向承载力设计的鲁棒性与可行性概率作为设计因素进行优选。

2. 鲁棒性设计方法

为了分析土性对桩基承载力的影响，选择天然状态下的砂土与黏土作为对比方案，桩基设计示意见图 4.4。

当砂土 γ 变异性较小时，可忽略不计，黏聚力 $c=0$，所以在设计中仅考虑了砂土的 φ' 与 K_0 为不确定因素 θ；对于黏性土，不可忽略其 γ、c 的变异性，所以黏土的不确定因素 θ 包括 γ、c、φ' 共 3 个参数，设计变量 d 包括桩长 L 和桩径 D 两个参数。假设岩土参数见表 4.3。

本例中，采用承载力极限状态（ULS）公式和正常使用极限状态（SLS）公式作为桩基竖向承载力设计方案的目标函数，桩基竖向荷载取 $F_{50}=1000$kN，$a=4$，$b=0.4$（a，b 在具体工程应用中可根据场地试桩的 Q-s 曲线拟合获得参数）；桩的允许沉降取 $y_a=25$mm。则 ULS 及 SLS 两种极限状态的失效概率分别为

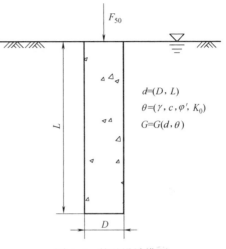

图 4.4　桩基设计模型

$P_f^{ULS}=P_r$（$Q_{ULS}<F$）和 $P_f^{SLS}=P_r$（$Q_{SLS}<F$），当设计失效概率小于给定的目标失效概率时，其设计为可行性设计，即 $P_f^{ULS}<P_T^{ULS}$，$P_f^{SLS}<P_T^{SLS}$，我国现行建筑结构可靠性规范[4] 规定，通常来说，结构的重要性是根据结构破坏后果的严重程度来区分的。破坏后果很严重的建筑物，为重要的建筑物；破坏后果严重的建筑物，为一般的建筑物；破坏后果不严重的建筑物，为次要的建筑物。我国用安全等级来表示结构的重要程度，各种建筑物的安全等级划分如表 3.2 所示。结构设计中，结构的安全等级不同，采取的可靠指标也应不同，即不同的可靠度水准。建筑物中各类结构构件的安全等级宜与整个结构的安全等级相同，允许对部分结构构件根据其重要程度和综合效益进行适当的提高或降低，但不得低于三级。建筑安全等级一级、二级、三级对应的目标可靠度指标分别为 3.7、3.2、2.7。美国军方规范附录 B-11[5] 给出的可靠度指标建议，根据建筑重要程度，采用表 4.4 所示 3 种目标失效概率。

地基土参数　　　　　　　　　　　　　表 4.3

土类型	参数	分布类型[1-3]	平均值	变异系数范围
砂土	φ'	对数正态	32°	0.05～0.1
	K_0	对数正态	1	0.2～0.9
黏土	γ	对数正态	19kN/m³	0.03～0.07
	c	对数正态	25kPa	0.02～0.13
	φ'	对数正态	32°	0.05～0.1

建筑结构目标可靠度指标　　　　　　　　　　　　　　表 4.4

建筑安全等级	三级 （Average）	二级 （Above average）	一级 （Almost good）
建筑重要程度	次要	一般	重要
可靠度	2.7	3.2	3.7
失效概率	0.0035	6.87E-4	1.08E-4

3. 鲁棒性设计分析

当土层分别为图 4.3 中①、②两种单一土层时，根据式（3.1）和式（3.2）分别求出在竖向荷载作用下两种极限状态的桩基承载力失效概率。根据表 3.2 选择满足不同要求的设计方案，结果见图 4.5。由于设计方案中涉及因素较多，将选取满足要求的设计方案进一步讨论。

选取图 4.5（a）中砂土的第一个满足次要目标失效概率的设计（桩长 15.5m，桩径 0.6m，失效概率均值为 0.0029），采用可靠度设计方法计算，见表 4.5。由表可知，岩土参数变异系数的估计过高或过低会影响设计方案的失效概率，易对设计结果造成错误评判，而鲁棒性设计采用 7 点估计法充分考虑了变异系数的变化范围及分布，计算结果更加合理。

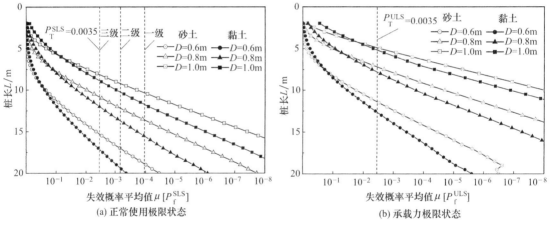

图 4.5　鲁棒性设计方法计算的桩基失效概率

可靠度设计（$L=15.5\text{m}$，$D=0.6\text{m}$）　　　　　表 4.5

COV[φ']	COV[K_0]	相关系数	p_f	是否满足设计要求
0.05	0.2	−0.75	4.9×10^{-7}	是
0.05	0.55	−0.75	2.9×10^{-5}	是
0.05	0.9	−0.75	1.6×10^{-4}	是
0.075	0.2	−0.75	0.0003	是
0.075	0.55	−0.75	0.0020	是
0.075	0.9	−0.75	0.0051	否
0.1	0.2	−0.75	0.0048	否
0.1	0.55	−0.75	0.0126	否
0.1	0.9	−0.75	0.0225	否

图 4.6 所示为满足目标失效概率 $P_{\mathrm{T}}^{\mathrm{SLS}}=0.0035$ 的正常使用极限状态（SLS）条件的设计方案的失效概率标准差，由图可知，设计参数的增加降低了设计方案的失效概率及其标准差，意味着岩土参数等干扰因素的变异性及其波动对设计安全度的稳定水平影响较小，鲁棒性较高，即设计方案更加安全可靠。

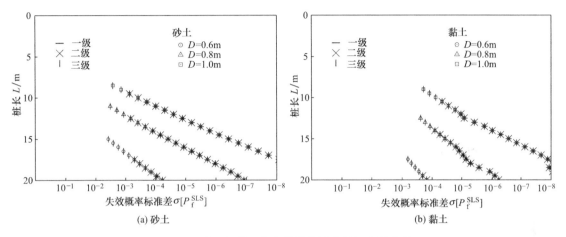

图 4.6 砂土与黏土的鲁棒性设计失效概率标准差

由图 4.7 可知，满足目标失效概率的鲁棒性设计可以满足确定性设计安全系数 $F_{\mathrm{S}}=2$ 的要求，避免了确定性设计可能带来的不合理"过度设计"或者"欠缺设计"；同时，鲁棒性设计基于可靠度方法，采用目标失效概率指导设计过程，又能保证设计的安全性。

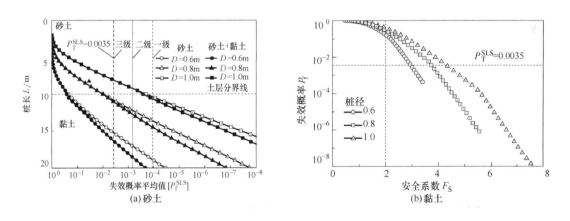

图 4.7 砂土与黏土的鲁棒性设计失效概率标准差

4.4.3 成层土的单桩鲁棒性设计及分析

由于桩基穿越土层仅提供部分桩侧摩阻力，当地基土成层分布时，如果全面考虑各层地基土不确定因素，按照每层地基土有 m 个不确定因素考虑，则目标函数中将产生 $m \cdot n$ 个不确定因素，会给设计过程带来大量的计算工作，为了充分考虑穿越土层对桩侧摩阻力的贡献，本书提出将每层桩侧摩阻力（Q_{side}）作为不确定因素考虑，即当桩基穿越 n 层时，会产生 $n-1$ 个桩侧摩阻力（Q_{side}），则桩基承载力目标函数中仅包含 $m+(n-1)$ 个不确定因素，极大地缩减了工作量，具体见图 4.8。

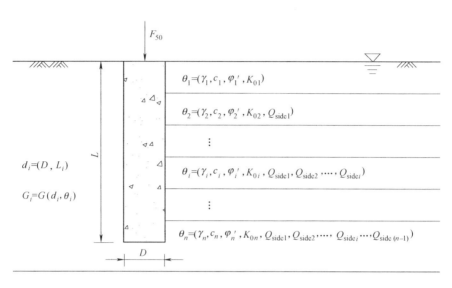

图 4.8　成层地基土分布

为了分析地基土成层分布对桩基承载力的影响，并与单一土层作对比，通过图 4.1 中③、④两种土层的上层土厚取 10m，下层土厚无限大计算桩基失效概率，鲁棒性设计结果见图 4.9。由图可知，当桩基穿越土层时，受下层土不确定因素及参数变异性的影响，桩基失效概率可能会在土层交界面处发生突变，突变的方向与岩土参数的平均值及变异性都有关系，不能盲目地认为桩长的增大一定会使得桩基承载力偏于安全。由图 4.5 计算可知，本例中选用的砂土参数"强于"黏土参数，所以当桩基由砂土穿越到黏土后，桩基承载力失效概率向偏于"危险"的方向突变，而当桩基由黏土穿越到砂土后，桩基承载力失效概率向偏于"安全"的方向突变。

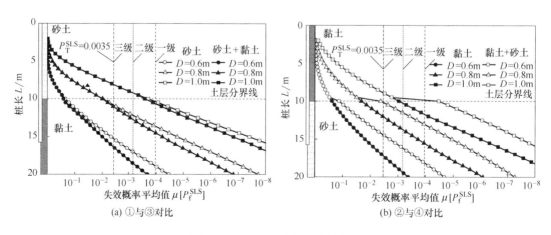

图 4.9　双层地基中桩基失效概率

4.5 桩筏基础鲁棒性理论及设计方法

4.5.1 摩擦型复合桩基鲁棒性设计及分析

1. 实际工程背景

钢筋混凝土筏板为位于文克尔弹性地基上的矩形筏板，筏板长、宽均为 $35m$，厚度 $h=2m$，混凝土弹性模量为 $30GPa$，泊松比为 0.2。筏板上作用均布恒荷载 $S_G=[q_1=250kPa，q_2=360kPa]$，桩径 $D=0.8m$。按照桩筏基础非线性共同作用对桩筏基础进行分析，如图 4.10 所示，地基土参数见表 4.6。

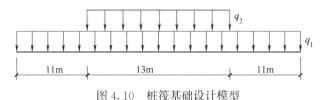

图 4.10 桩筏基础设计模型

地基土参数 表 4.6

土类型	参数	分布类型[1-3]	平均值	变异系数范围
黏性土	γ	对数正态	$19kN/m^3$	$0.03\sim0.07$
	c	对数正态	$10kPa$	$0.02\sim0.13$
	φ'	对数正态	$25°$	$0.05\sim0.1$

地基土平板载荷试验见图 4.11 (a)，单桩静载荷试验中有 $20m$ 桩长和 $30m$ 桩长两种桩型，单桩竖向承载力极限值 $P_{u1}=4400kN$ 和 $P_{u2}=7200kN$，具体见图 4.11 (b)。根据复合桩基设计方法和常规桩基设计方法，计算得到 3 个设计案例，见表 4.7。

布桩案例 表 4.7

CASE	D/m	L/m	桩数 n/mm	P_u/kN	基础类型
1	0.8	20	64	4400	复合桩基
2	0.8	30	41	7200	复合桩基
3	0.8	30	100	7200	常规桩基

2. 鲁棒性设计

本例中对于桩筏基础总承载力极限状态的分析，根据摩擦型复合桩基设计方法计算得所需桩数分别为 62 根和 38 根。为了对比分析，取 CASE 1 桩数 $n=64$，CASE 2 桩数 $n=41$，当不考虑地基土承载力时，采用常规桩基承担上部荷载，取 CASE 3 桩数 $n=100$，三个案例进行对比设计。采用式 (4.11) 计算复合桩基总承载力极限状态的失效概率，并与可靠度设计方法进行对比，具体见图 4.12。首先，对比传统设计方法与鲁棒性设计方法，复合桩基设计方法可以保证桩筏基础总承载力极限状态下安全系数始终大于 2，保证设计方案的安全性；其次，考虑干扰因素的变异性及其波动，可靠度设计与鲁棒性设计计

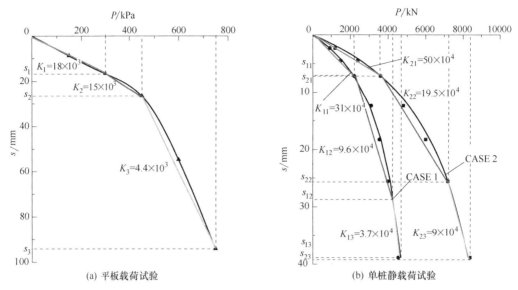

图 4.11　原位试验 $P\text{-}s$ 曲线

算的相同设计方案的安全系数要低于确定性设计方案，设计方法保证了天然地基承载力满足率 $\psi \geqslant 0.5$ 的设计原则，依然能保证安全系数 $F_S > 2.0$；鲁棒性设计充分考虑了干扰因素的不确定性，设计方案整体可靠度指标水平有所下降，但由图可知，即便考虑了岩土参数变异系数的波动性，设计方案可靠度指标仍然保持在较高水平上，说明摩擦型复合桩基设计方法是鲁棒性设计。

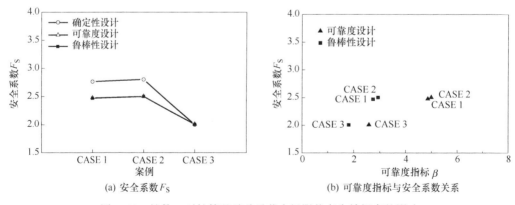

图 4.12　桩数 n 对桩筏基础总承载力极限状态失效概率的影响

　　鉴于鲁棒性设计对不确定参数的考虑，以下讨论分别考虑参数 γ'、c'、φ' 的波动对设计的影响，并与传统设计方法进行对比分析，见图 4.13 和图 4.14。由图可知，参数 φ' 对设计的安全系数与可靠度指标影响较大，当参数估计合理时，原有复合桩基设计完全可以满足设计安全度要求，而当场地地基土参数离散性较大时，在设计过程中应引起较大关注，谨慎取值。由于复合桩基设计方法对地基土的合理利用与桩基极限承载力的发挥，设计方案的安全系数满足 $F_S > 2.0$ 的设计要求，相应的设计方案的可靠度指标也大于目标失效概率 $P_T = 6.87 \times 10^{-4}$ 对应的 $\beta = 3.2$，即国家标准《建筑结构可靠性设计统一标准》

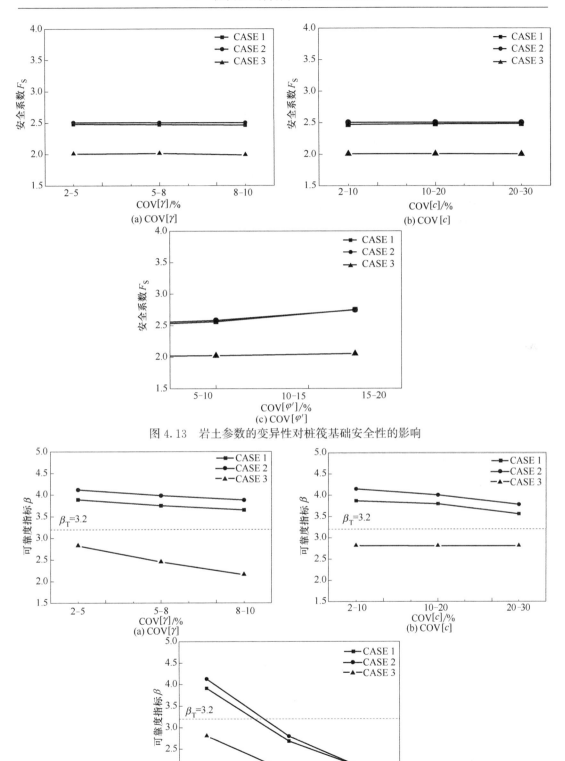

图 4.13 岩土参数的变异性对桩筏基础安全性的影响

图 4.14 岩土参数的变异性对桩筏基础可靠度指标的影响

GB 50068—2018 中安全等级为二级的房屋，使岩土参数的波动对桩筏基础的安全度影响较小，这说明复合桩基设计方法是鲁棒性设计，其设计方案具有稳定的安全水平。

　　由以上分析可知，当地基土承载力较高，满足复合桩基设计要求时，不考虑地基土承载力的常规桩基安全储备较高，不能充分利用桩基极限承载力，造成较大浪费；复合桩基可以考虑地基土的承载力贡献，对降低建设成本起到较大作用，如何合理科学地确定地基土承载力成为复合桩基设计的关键。通过以上分析可以看出，鲁棒性设计兼顾复合桩基安全度的考虑及地基土参数的不确定性，可以有效评价桩筏基础的安全度稳定水平。

　　1）地基土鲁棒性

　　根据复合桩基设计理论，计算不同桩土分担比下地基土承载力的鲁棒性，计算结果见图 4.15。随着桩土分担比的降低，地基土承担的建筑上部荷载随之增加，地基土发生失稳破坏的概率增高。

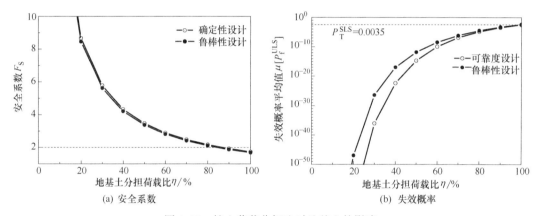

(a) 安全系数　　　　　　　　　　(b) 失效概率

图 4.15　桩土荷载分担比对地基土的影响

　　2）桩基鲁棒性

　　复合桩基设计中，桩距较大，群桩承载力根据单桩极限承载力确定，基于 CASE 1 和 CASE 2 两种单桩极限承载力，分析不同上部荷载条件下桩基的鲁棒性，计算结果见图 4.16。随着桩顶荷载的增加，桩基承载力得到发挥，"失效概率"增大。对于摩擦桩而言，

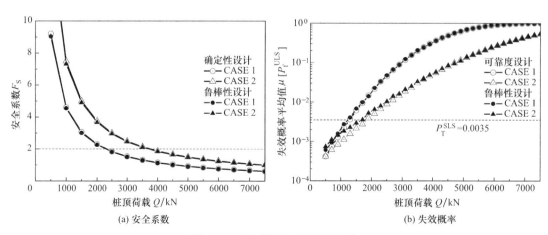

(a) 安全系数　　　　　　　　　　(b) 失效概率

图 4.16　桩顶荷载对桩基的影响

当桩顶荷载达到甚至超过桩顶极限荷载后，桩基不再承担任何荷载。

3）筏板鲁棒性

基于对筏板的分析可知，根据式（4.9），影响筏板抗冲切能力的因素有两个：筏板厚度 h 和筏板混凝土强度。基于 CASE 1 和 CASE 2 两种单桩极限承载力，对筏板进行抗冲切验算，计算结果见图 4.17，按照满足设计安全系数大于 2 及设计失效概率平均值满足目标失效概率的要求，绘制图 4.18。提高混凝土强度与增大筏板厚度都可以有效提高筏板抗冲切能力，由于 CASE 1 中筏板承担的最大抗冲切荷载小于 CASE 2 的，所以相同筏板厚度或者相同混凝土强度下 CASE 1 中筏板的安全系数明显高于 CASE 2。

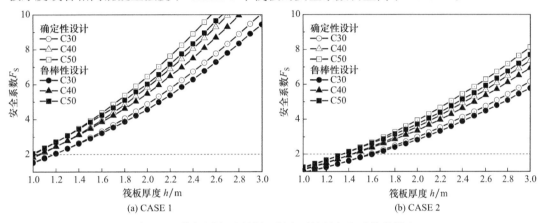

图 4.17　筏板厚度及混凝土强度对筏板安全系数的影响

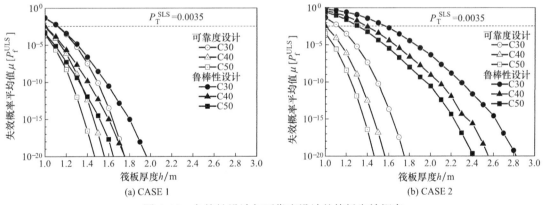

图 4.18　鲁棒性设计与可靠度设计的筏板失效概率

4）多目标优化

将满足目标失效概率的设计方案绘制成图 4.19。将鲁棒性指标与桩筏混凝土造价作为双目标，进行多目标优化设计，利用 NSGA-Ⅱ获得设计方案的帕累托前沿。由图 4.20 可知，失效概率标准差作为鲁棒性指标随着造价的增加而显著降低，在帕累托前沿上的设计解集都是优化设计结果，设计 1 为帕累托前沿上造价最低、鲁棒性最高的设计，而设计 3 造价最高、鲁棒性最低，此两种极端设计没有兼顾设计的其他方面，设计 2（拐点，knee point）作为帕累托前沿的关节点在造价与鲁棒性之间达到了平衡，被认为是最优设计方案。应当指出，特殊情况下，设计人员亦可采用权重系数法选择最优方案。

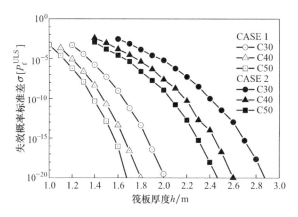

图 4.19　鲁棒性指标：失效概率标准差

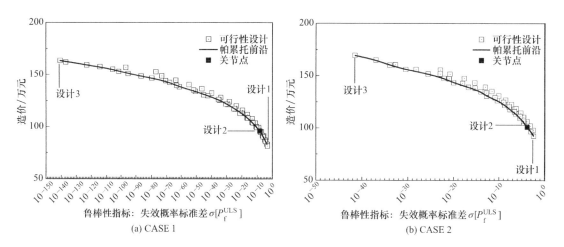

(a) CASE 1　　　　　　　　　　　(b) CASE 2

图 4.20　桩筏基础多目标优化

4.5.2　端承型复合桩基鲁棒性设计及分析

1. 实际工程背景

"新景·七星公馆"项目由 1～5 号高层住宅和部分商业组成，设两层地下室，总建筑面积为 148439m²。其中，2 号楼地上 37 层，总高度 115.0m，建筑物基础平面如图 4.21 所示。

本工程场地为山麓斜坡堆积阶地，地势较平缓开阔。本工程 ±0.000 相当于黄海高程 8.100m，地下室底板面标高为 −9.950m，相当于黄海高程 −1.850m。基底至桩端持力层的地层条件如下：残积砂质黏性土、中、低压缩性，承载力较高；全风化凝灰岩（花岗岩），强度较高、变形性较小；散体状强风化凝灰岩（花岗岩），强度高、变形性较小，为较好的桩端持力层。场地典型地质剖面及地勘报告给出了各土层参数，分别如图 4.22 和表 4.8 所示。

总体来说，基底以下土层中，残积砂质黏性土、全风化凝灰岩（花岗岩）具有较高的强度；散体状强风化凝灰岩（花岗岩）是良好的端承桩持力层和下卧层。

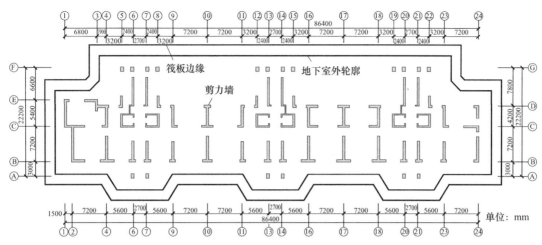

图 4.21 建筑物平面和剪力墙布置示意图

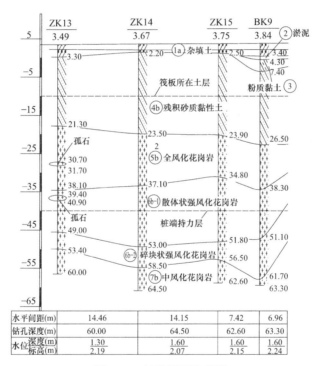

图 4.22 地质剖面示意图

主要岩土参数 　　　　　　　　　　　　　　　　　　　　　　　表 4.8

土层名称	地层代号	γ /(kN/m³)	c /kPa	φ /°	E_s /MPa	E_0 /MPa	f_{ak} /kPa	q_{sik} /kPa	q_{pk} /kPa
残积砂质黏性土	4b	19	20	22	7	17	230	40	—
全风化凝灰岩	5a	19.5	20	23	—	32	300	80	2300
全风化花岗岩	5b	20	21	25	—	35	350	90	2700
散体状强风化凝灰岩	6a-1	20.5	—	—	—	60	450	95	2900
散体状强风化花岗岩	6b-1	21	—	—	—	70	500	110	3200

2. 鲁棒性设计

考虑桩筏基础总承载力极限状态，桩体穿越三个土层，采用层状地基的单桩竖向承载力鲁棒性设计，结合摩擦型复合桩基分析可知，地基土参数 φ' 对桩筏系统总承载力极限状态的安全度稳定水平影响较大，此处针对地基土参数 φ' 的波动性对本案例安全度的影响，分析桩筏系统安全度的稳定性，见表 4.9。

数值计算对比   表 4.9

COV[φ']/%	安全系数 F_S			可靠度指标(平均值/标准差)		
	5~10	10~15	15~20	5~10	10~15	15~20
确定性设计		2.7			—	
可靠度设计	2.675	2.677	2.676	3.497/—	3.437/—	3.361/—
鲁棒性设计	2.670	2.673	2.674	3.478/0.056	3.424/0.073	3.360/0.056

绘制可靠度指标与安全系数之间的关系，见图 4.23，按照广义复合桩基设计理论，采用鲁棒性设计思路考虑岩土参数的变异性及其波动性计算得到的设计方案可以保证设计可靠度指标处于较高水平。按照美国军方提出的可靠度指标指导设计，本设计方案已经达到 above average（$\beta > 3.0$）级别，按照我国可靠度设计规范，可靠度指标超过 3.2，达到房屋安全等级为二级的"重要"级别，因此，从安全度的角度考虑，设计满足要求。

参照式（3.15），将可靠度指标 3.2 作为目标可靠度指标，计算岩土参数的波动对桩筏基础鲁棒性设计的稳定水平的影响，见表 4.10。计算可得，当地基土参数 φ' 的波动范围为 [5%~10%，10%~15%，15%~20%] 时，设计的置信度为 [0.9997，0.9821，0.9713]，三个设计的置信度水平均高于 0.95。同时，岩土参数的变异性及其波动对设计的可靠度指标影响不大，且设计的可靠度指标的标准差较小，因此，本章设计案例的安全度稳定水平较高，此设计为鲁棒性设计。

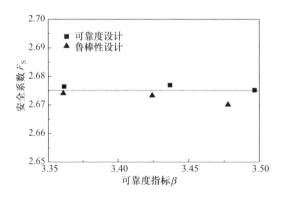

图 4.23 岩土参数的变异性对桩筏系统安全性的影响

设计安全度稳定水平   表 4.10

COV[φ']/%	5~10	10~15	15~20
鲁棒性	3.4	2.1	1.9
置信度	0.9997	0.9821	0.9713

3. 基于鲁棒性设计的可控刚度桩筏基础方案

冲孔灌注桩桩端以散体状强风化花岗岩层作为持力层,桩径为1.1m,桩长为30m,计算得到单桩承载力特征值为3870kN。按照广义复合桩基设计,所需桩数不少于109根。采用端承型复合桩基,最终布桩113根,桩位如图4.24所示。

根据确定的桩数及桩位布置图,计算得桩基承担建筑上部荷载437310kN,分担总荷载的41.3%,地基土承担58.7%,折算成基底土压力为298kPa,小于地基承载力特征值350kPa,所以,该方案相对于天然地基方案更具可行性,也更安全。

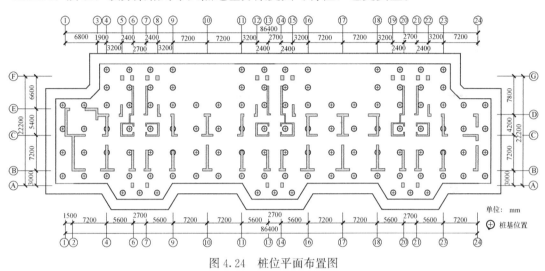

图4.24　桩位平面布置图

端承型复合桩基实现桩土共同作用的关键就是刚度调节装置的设置,而选取合适的刚度调节装置的刚度至关重要,如图4.25所示。装有刚度调节装置的端承桩,可看作两个串联刚度分别为K_P和K_t的组合弹簧,理论刚度$K=K_P \cdot K_t/(K_P+K_t)$。

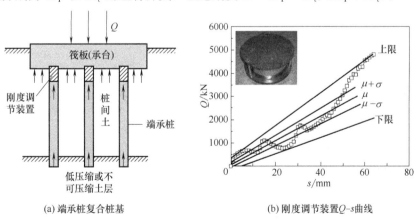

(a) 端承桩复合桩基　　　　　　(b) 刚度调节装置Q-s曲线

图4.25　端承桩复合桩基及刚度调节装置

根据广义复合桩基设计方法,地基土的基床系数根据现场静载试验取10000kN/m³,计算出端承型复合桩基桩顶刚度调节装置的支承刚度k_c为130000kN/m。考虑到基底残积砂质黏性土层在施工时易扰动,导致基床系数值降低,另外,适当降低刚度调节装置支承刚度也有利于桩筏基础的整体控制,所以取刚度调节装置支承刚度$k_a=120000$kN/m。

由于在核心筒位置处荷载较大，为使基底土压力分布更加均匀，可适当增大刚度调节装置的刚度，最终确定核心筒位置刚度调节装置支承刚度 $k_a = 180000 \text{kN/m}$，具体刚度布置如图 4.26 所示。

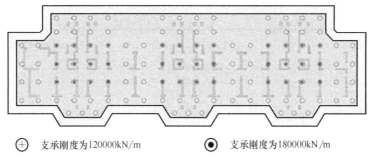

$\oplus$ 支承刚度为120000kN/m　　　$\odot$ 支承刚度为180000kN/m

图 4.26　刚度调节装置刚度布置

为了进一步验证刚度调节装置的刚度变化对桩土分担比的影响，针对本工程还选取了如表 4.11 所示的刚度调节装置支承刚度作为对比。CASE 1 刚度调节装置刚度为零时，相当于天然地基。

各工况下的对比方案　　　　　　　　　　　　表 4.11

CASE序号	1	2	3	4
刚度调节装置刚度/(kN/m)	0	50000	120000/180000	300000

4. 计算结果分析

依托上文案例，分别对表 5.5 中的 4 种情况利用 Matlab 进行非线性共同作用有限元分析，共划分 220 个单元，261 个节点，其中桩节点 113 个，具体见图 4.27，根据桩基载荷试验，采用分段线性中的三线性弹簧描述桩基的非线性工作，地基采用文克尔地基。依据计算结果，拟从建筑物沉降、基底土压力分布、桩顶反力、桩土分担比等四个方面详细叙述。

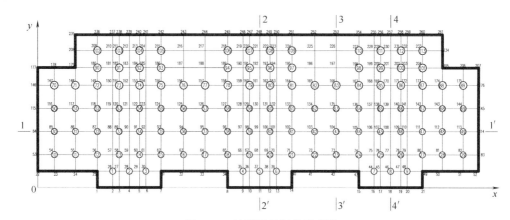

图 4.27　桩筏网格划分示意图

1）建筑物沉降

按图 4.22 所示剖面，各工况下的筏板沉降分布如图 4.28～图 4.31 所示。刚度调节装

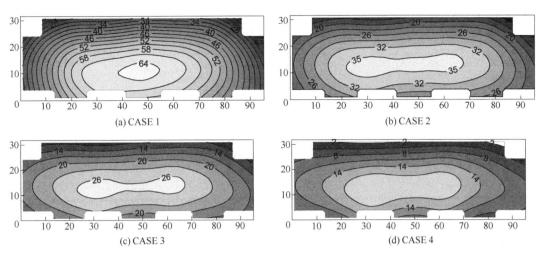

图 4.28 建筑筏板沉降云图

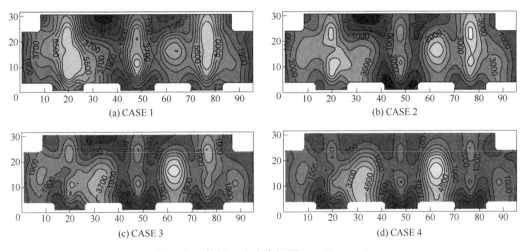

图 4.29 筏板 x 方向弯矩图 M_x（kN·m）

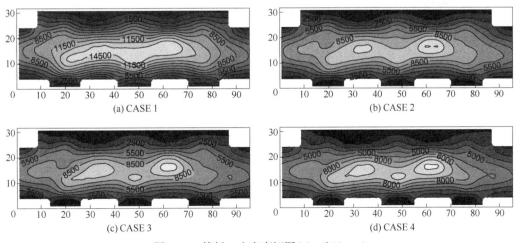

图 4.30 筏板 y 方向弯矩图 M_y（kN·m）

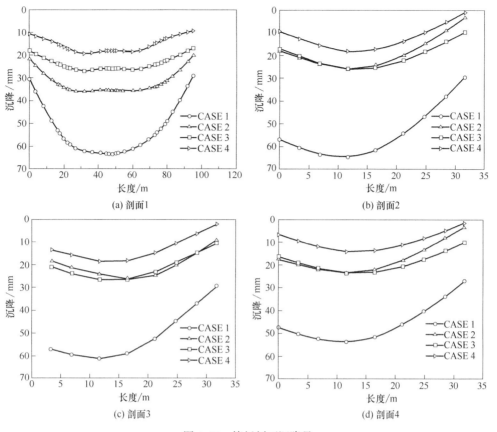

图 4.31　筏板剖面沉降量

置的刚度变化对建筑物沉降影响较大。随着调节装置的刚度逐渐减小，地基土承担的上部荷载逐步增加，筏板的最大沉降和差异沉降也逐渐增大。刚度调节装置的刚度为零，即采用天然地基方案时，建筑物最大沉降为 64mm，不均匀沉降达 30mm，显然已不能满足设计要求。当调节装置刚度为 120000kN/m，且在核心筒位置取 180000kN/m 时，建筑物最大沉降为 26mm，不均匀沉降为 13mm，符合 Bjerrum 提出的建议范围[6]。

　　2）基底土压力

　　各工况下的基底土压力分布如图 4.32 所示。随着刚度调节装置刚度逐渐变小，地基土分担的荷载逐渐变大，当调节装置刚度为零，即为天然地基时（CASE 1），基底土压力平均值超过地基承载力建议特征值 350kPa，最大值达到 550kPa，远远大于地基土的实际承载力，说明天然地基无法满足承载力要求。当调节装置刚度为 120000kN/m，在核心筒位置取 180000kN/m 时（CASE 3），基底土压力平均值为 250kPa。

　　另外，对比图 4.32 所示土压力分布规律可以看出，当基底土分担荷载不大时，筏板在短边方向呈现出偏刚性的受力特性，而长边方向则呈偏柔性的受力特性，这个区别应在筏板设计中予以考虑。

　　3）桩顶反力

　　随着施工完成进度的提高，桩顶反力增长曲线如图 4.33 所示。桩所分担的荷载随着刚度调节装置刚度的增大而增大。通过对比，说明了在桩顶设置刚度调节装置可以按照需

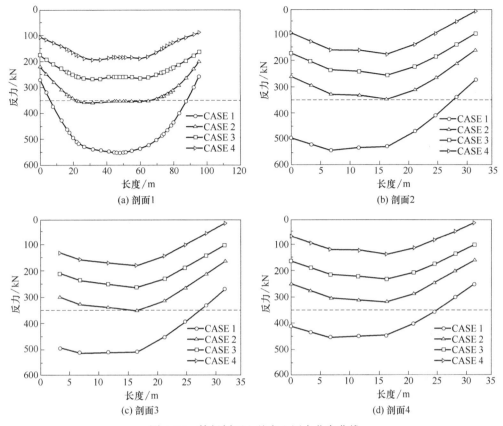

图 4.32 筏板剖面上基底土压力分布曲线

要改变支承刚度,以达到人为改变桩顶反力的目的,实现桩顶反力的可控性。当刚度调节装置刚度为 120000kN/m,在核心筒位置取 180000kN/m 时,桩顶反力平均值为 5000kN,高于单桩承载力特征值,说明桩基承载力得到了有效发挥,但仍然有一定的安全保障。

4) 桩土荷载分担比

随着荷载的增加,地基土分担荷载的比例曲线如图 4.34 所示。地基土分担荷载比例随着刚度调节装置刚度的增大而减

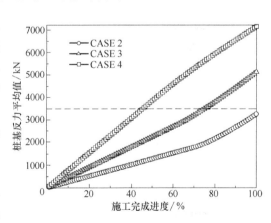

图 4.33 桩顶反力增长曲线

小。随着荷载逐渐增加,土所分担的荷载百分比逐渐减少,并最终趋于稳定。原因是筏板—地基土—刚度调节装置在荷载逐渐施加的过程中达到了变形协调,进入了正常工作阶段。最终,CASE 3 中地基土所分担荷载比例为 50% 左右。这说明在桩顶设置刚度调节装置可以有效地改变桩土分担比,充分利用地基土的承载力。当刚度调节装置刚度为零时,相当于天然地基,地基土承担所有建筑上部荷载,随着刚度调节装置刚度的增大,土所分担荷载的百分比减小趋势逐渐放缓,最终趋于稳定,当刚度调节装置刚度接近桩的刚度

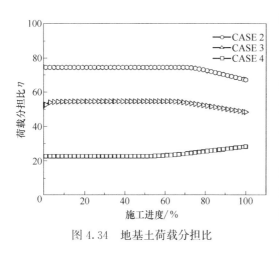

图 4.34 地基土荷载分担比

时，将会表现出常规桩基的特性。

5）最优设计方案分析

当基础形式为天然地基时，建筑物平均沉降和差异沉降均较大，且基底土压力大于地基承载力特征值，该方案有很大的风险，基础方案不宜选用天然地基。

当基础形式为端承型复合桩基时，建筑物平均沉降量和差异沉降量均处于可控范围内。对于 CASE 3，当刚度调节装置刚度为 120000kN/m，在核心筒位置取 180000kN/m 时，基底土压力平均值为 250kPa，桩顶反力平均值为 5000kN，既充分利用了地基土的承载力，同时也极大地降低了工程造价，所以本案例最优选择为：选用复合桩基，刚度调节装置刚度为 120000kN/m，在核心筒位置取 180000kN/m。

4.6 基于被动式刚度调节装置的可控刚度桩筏基础鲁棒性设计

桩、土的承载力通常存在数量级上的差异，因此，确保桩土的协调变形是实现桩土共同作用的关键。对于软土地区的摩擦型桩，使单桩承担的荷载接近或等于单桩的极限承载力时，桩端将向下"刺入"，单桩工作状态将从"弹性支承"变为"塑性支承"，形成所谓的"塑性支承桩"。"塑性支承桩"在达到自身极限承载力以后并不进一步参与分担上部结构荷载，桩基沉降与地基土沉降相协调，有效实现了摩擦型桩的桩土共同作用。在非软土地区，由于拥有较好的持力层，工程上多使用端承型桩。端承型桩桩端进入良好的持力层，压缩性较低，桩基无法像摩擦型桩一样完成较大刺入变形。因此，要实现端承型桩的桩土共同作用，要采取专门的方法。

为了解决端承型桩的桩土协调变形问题，可控刚度桩筏基础通过在桩基顶部设置专门的刚度调节装置来调节端承型桩支承刚度的大小，使其与地基土支承刚度相匹配，在保证桩土变形协调的同时，桩基始终发挥作用，并和地基土同步承担上部结构荷载，从而达到控制桩筏基础整体沉降的目的。

4.6.1 可控刚度桩筏基础设计方法

在可控刚度桩筏基础设计中，一般设计较大的桩间距，群桩效应影响较小，所以一般不考虑群桩效应。首先，计算可控刚度桩筏基础的基桩数量，然后根据地基土竖向极限承载力和桩的极限承载力计算出基于被动式刚度调节装置的可控刚度桩筏基础的桩、土分担总荷载的比例系数，计算公式为：

$$\zeta = \frac{nP_u}{q_u A_c + nP_u} \tag{4.18}$$

$$\xi = \frac{q_{u}A}{q_{u}A_{c}+nP_{u}} \tag{4.19}$$

式中，ξ 为地基土分担上部荷载的比例系数；ζ 为桩基础分担上部荷载的比例系数。

由下式计算可控刚度桩筏基础的调节装置的刚度大小：

$$\frac{\xi}{A_{c}' \cdot k_{s}} = \frac{\zeta}{k_{c}} \tag{4.20}$$

$$A_{c}' = A_{c}/n \tag{4.21}$$

式中，A_{c}' 为与每根桩协同工作的地基土面积的平均值，m^2；k_{c} 为设置刚度调节装置的基桩支承刚度，kN/m，使用端承桩时 $k_{c}=k_{a}$；k_{s} 为地基土的刚度系数，kN/m^3。

随着承台顶部承受的上部荷载增加，桩顶的刚度调节装置和地基土开始发生协调变形。地基土随着变形的增大而开始出现非线性特征，自身的基床系数随之增大，承载力也随之增大，而桩顶刚度调节装置维持线性状态。在桩土始终保持变形协调的同时，荷载分担比按照各自的刚度也基本保持不变，桩土始终共同承担上部结构荷载 $Q=Q_{s}+Q_{p}$。

可控刚度桩筏基础的整体安全度 K 可计算如下：

$$K = \frac{Q_{u}}{Q} = \frac{q_{u} \cdot A + n \cdot p_{u}}{Q} \tag{4.22}$$

式中，K 为安全度；Q 为上部荷载；Q_{u} 为可控刚度桩筏基础极限承载力。

在进行桩筏基础确定性设计时，以安全度作为衡量建筑是否安全的标准比较准确，但确定性设计并未考虑到岩土参数的不确定性，只能根据确定的岩土参数进行设计，难免出现过度或者不足的设计方案。

4.6.2 基于鲁棒性设计的调节方案

在可控刚度桩筏基础中，地基土分担了一部分上部荷载，但地基土的岩土参数存在不确定性，实际的承载力不一定满足上部荷载的承载力要求。为了保证可控刚度桩筏基础的鲁棒性要求，需要在设计时充分考虑岩土参数的不确定性，设计出合理的设计方案。

由于可控刚度桩筏基础主要针对端承桩进行设计，端承桩的承载力受地基土参数不确定性的影响较小，可以忽略不计，所以无法进行有针对性的鲁棒性设计，而地基土承载力受岩土参数影响较大，因此，本书选择针对可控刚度桩筏基础中的地基土部分进行鲁棒性设计，设计方案会具有较高的鲁棒性。过去，地基土设计参数通常使用现场勘测、室内实验、理论计算等方法取得。这些方法都忽略了勘测数据存在的测量误差以及地基土参数在建筑物长期荷载作用下发生改变等不确定因素的影响。因此，根据鲁棒性指标，充分考虑不确定因素对地基土承载力的影响，取得合理的地基土设计参数取值，具有很重要的现实意义和研究价值。

1. 地基土极限承载力目标函数

按照极限荷载抗力法建立地基土极限承载力鲁棒性设计的目标函数：

$$G = g(S,R) = R - S = 0 \tag{4.23}$$

$$G_{S} = q_{u} - F_{S} \tag{4.24}$$

$$F_{s} = \xi \cdot Q \tag{4.25}$$

式中，抗力 R 特指地基土极限承载力 q_u，S 为荷载效应组合。

2. 设计参数与干扰因素

地基土不确定因素 θ 包含土重度 γ，黏聚力 c，有效应力内摩擦角 φ' 这 3 个参数，设计变量 d 包括基础深度 Z 和基础尺寸 B，基础尺寸 B 为 35m；基础深度 Z 为 $0\sim14$m，每隔 0.5m 取值，共 29 组数据。

将式（4.24）作为地基土极限承载力的目标函数，如果设计方案的失效概率小于失效概率指标，则方案具有合理性，即 $P_f^{ULS}>P_T^{ULS}$。

1）计算岩土参数的变异系数

岩土工程鲁棒性设计的关键步骤就是对岩土工程参数的估算。现有的勘测数据提供了参数变化的范围，可用于岩土参数的估算，参数变化的范围通常用变异系数 COV 表示。变异系数的平均值和标准差可以通过三倍标准差法计算得到：

$$\mu_{COV}=\frac{HCV+LCV}{2} \tag{4.26}$$

$$\sigma_{COV}=\frac{HCV-LCV}{4} \tag{4.27}$$

γ，c，φ' 的变异系数平均值为：$\mu_{cov[\gamma]}=0.05$，$\mu_{cov[c]}=0.075$，$\mu_{cov[\varphi']}=0.075$；变异系数标准差为：$\sigma_{cov[\gamma]}=0.01$，$\sigma_{cov[c]}=0.0275$，$\sigma_{cov[\varphi']}=0.0125$。

2）岩土参数的相关性

黏土的岩土参数 c，φ' 之间存在负相关性，相关系数范围为 $0\sim0.75$。由三倍标准差法计算可得，相关系数的平均值为 $\mu_p=-0.375$、标准差为 $\sigma_p=0.1875$，应根据现场试验或工程经验进行选用。

3）变异系数的估计

7 点估计法可以有效解决随机变量的变异系数估计问题，具体的权重和估计点位见式（4.28）。

$$\begin{aligned}
&u_1=0;\quad P_1=16/35\\
&u_2=-u_3=1.1544054;\quad P_2=P_3=0.2401233\\
&u_4=-u_5=2.3667594;\quad P_4=P_5=3.07571\times10^{-2}\\
&u_6=-u_7=3.7504397;\quad P_6=P_7=5.48269\times10^{-4}
\end{aligned} \tag{4.28}$$

式中，μ_i 为标准状态分布中第 i 个估计点位；P_i 为相应的权重值。

当有 n 个不确定因素时，7 点估计法只需计算 $7n$ 次。本书对 3 个岩土参数的变异系数进行计算，每个参数需计算 7 次，共 21 次。计算后得到 21 组变异系数，具体数值见表 4.12。将 21 组变异系数与 3 个岩土参数的平均值代入目标函数进行计算，得到每组对应的失效概率 P_{fi}，进而由式（4.29）和式（4.30）计算得到设计方案的失效概率平均值和失效概率标准差。

$$\mu_G=\sum_{j=1}^{m}P_jG[(T^{-1}(u_j))]\quad m=7 \tag{4.29}$$

$$\sigma_G=\sum_{j=1}^{m}P_j(G[(T^{-1}(u_j))]-\mu_G)^2\quad m=7 \tag{4.30}$$

式中，μ_g 为失效概率平均值；σ_g 为失效概率标准差。

根据以上分析，求解步骤如下：

（1）确定 3 个岩土参数的变异系数变化范围。

（2）将 3 个岩土参数的变异系数变化范围代入式（4.26）和式（4.27），计算出对应的变异系数标准差和平均值。

（3）将计算得到的变异系数标准差和平均值代入 7 点估计法，计算得到岩土参数变异系数组，数据见表 4.12。

岩土参数的变异系数呈对数分布，通过 Nataf 变换将变异系数转化为标准正态分布。根据 7 点估计法的 7 个估计点位 μ_i，在变异系数的标准正态分布空间内取得 7 个初始验算点 x_i，验算点对应权重 P_i 见式（4.28）。

岩土参数变异系数组   表 4.12

变异系数组别编号	γ	c	φ'
1	0.0499975	0.4494385	0.0749941
2	0.0505781	0.4494385	0.0749941
3	0.0494236	0.4494385	0.0749941
4	0.0511949	0.4494385	0.0749941
5	0.0488281	0.4494385	0.0749941
6	0.0519082	0.4494385	0.0749941
7	0.0481571	0.4494385	0.0749941
8	0.0499975	0.4494385	0.0749941
9	0.0499975	0.4494385	0.0740353
10	0.0499975	0.4494385	0.0759664
11	0.0499975	0.4494385	0.073041
12	0.0499975	0.4494385	0.0770012
13	0.0499975	0.4494385	0.0719213
14	0.0499975	0.4494385	0.0781983
15	0.0499975	0.4494385	0.0749941
16	0.0499975	0.4761264	0.0754842
17	0.0499975	0.4242466	0.0745081
18	0.0499975	0.5058616	0.0760022
19	0.0499975	0.3993088	0.0742
20	0.0499975	0.5420748	0.0765973
21	0.0499975	0.3726331	0.0734251

3. 设计流程

相比于只能使用确定的岩土参数的传统设计，岩土工程鲁棒性设计可以充分考虑统计特性的离散性（变异系数）的影响，补充和完善了传统设计方法，是岩土工程可靠度设计的新思路。

本书采用岩土工程鲁棒性设计进行地基土承载力设计，具体的计算流程如下（图 4.35）：

（1）确定设计参数（筏板长、宽在大型建筑物中对地基土承载力影响较小，所以只对

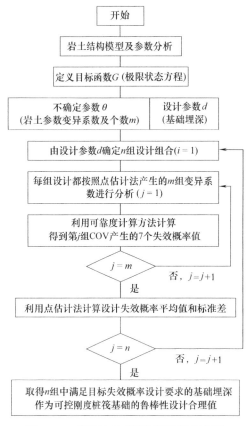

图 4.35　基于被动式刚度调节装置的可控刚度桩筏基础鲁棒性设计流程

基础埋深进行设计），将 3 个岩土参数 γ，c，φ' 作为不确定参数，确定设计参数的设计方案（取埋深 $0 \sim 14\mathrm{m}$，共 29 组设计方案）。

（2）建立地基土承载力功能函数公式（4.24），求得第 i 组设计方案在极限状态下的失效概率。通过 7 点估计法求得 21 组变异系数，循环计算求得各组的失效概率。根据蒙特卡洛法，求得第 i 组设计方案失效概率的平均值。

（3）建立外循环，重复步骤（2）。循环计算 21 组设计方案的失效概率平均值，根据失效概率指标，确定符合指标的设计合理值。

4. 设计方案评价指标

可控刚度桩筏基础鲁棒性设计以可靠度设计为基础进行设计，得出的设计方案需要一个具体的评价标准，而传统工程上使用的安全度 $F_S = 2$ 已经无法满足工程设计的要求，所以本书引入可靠度设计中用到的可靠度设计标准，作为评价可控刚度桩筏基础鲁棒性设计方案的标准。

国家标准《建筑结构可靠性设计统一标准》[4] GB 50068—2018 对不同重要程度的建筑物进行安全等级划分，建筑结构的安全等级一级、二级、三级对应的目标失效概率指标分别为 1.08×10^{-4}、6.87×10^{-4}、0.0035。为了更加直观地看出基于被动式刚度调节装置的可控刚度桩筏基础设计方案是否满足设计标准，本书选取失效概率指标作为评价设计方案安全性的指标。基于被动式刚度调节装置的可控刚度桩筏基础鲁棒性设计的失效概率指标按照表 4.13 所示 3 种进行设计。

建筑结构鲁棒性设计指标　　　　　　　　　　　　表 4.13

建筑安全等级	三级（Average）	二级（Above average）	一级（Almost good）
建筑重要程度	次要	一般	重要
可靠度	2.7	3.2	3.7
失效概率	0.0035	6.87×10^{-4}	1.08×10^{-4}

4.6.3　典型算例分析

1. 典型算例

某工程的钢筋混凝土筏板为位于 Winkler 弹性地基上的矩形筏板，筏板长、宽均为

35m，厚度 $h=2$m，混凝土弹性模量为 30GPa，泊松比为 0.2。筏板上作用均布恒荷载 $S_G=[q_1=250\text{kPa}, \; q_2=350\text{kPa}]$，桩径 $D=1$m。按照桩筏基础非线性共同作用对基于被动式刚度调节装置的可控刚度桩筏基础进行分析，如图 4.36 所示。

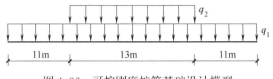

图 4.36 可控刚度桩筏基础设计模型

　　该工程中，基于被动式刚度调节装置的可控刚度桩筏基础使用端承桩，桩长 20m，单桩承载力特征值为 4000kN，桩穿过黏土层贯入全风化花岗岩持力层，具体的桩基设置和土层情况见图 4.37。

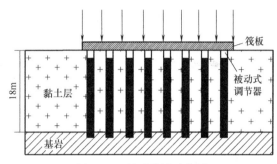

图 4.37 基础设计示意图

　　黏土地基参数见表 4.14。

　　结合地基土参数平均值计算得到地基土极限承载力和单桩极限承载力，进而计算得到可控刚度桩筏基础的桩分担比（0.4761）、土分担比（0.5239）以及被动式刚度调节装置的刚度（260000kN/m）。地基土承载力特征值为 230kPa，地基土刚度见图 4.38 所示地基土平板载荷试验，根据可控刚度桩筏基础设计方法，计算得到设计案例，见表 4.15。

黏土地基参数　　　　　　　　　　　　　　　　　表 4.14

土类型	参数	分布类型	平均值	变异系数范围
黏土	γ	对数正态	19kN/m³	0.03～0.07
	c	对数正态	10kPa	0.35～0.55
	φ'	对数正态	25°	0.05～0.1

工程设计方案　　　　　　　　　　　　　　　　　表 4.15

桩径 D/m	桩长/m	桩数 n	k_a/(kN/m)	桩分担比	土分担比
1	20	64	260,000	0.4761	0.5239

注：k_a 为刚度调节装置支承刚度。

2. 设计方案合理值确定

　　地基土失效概率平均值与基础深度的关系如图 4.39 所示，可以看出，随着基础埋深的增大，地基土的失效概率逐渐满足鲁棒性指标，岩土参数的不确定性对地基土的鲁棒性影响降低，即设计方案更加安全可靠。3 个建筑物安全等级的鲁棒性指标可以确定可控刚度桩筏基础的基础埋深设计合理值。对于安全等级为三级的建筑物，基础埋深取 1m；对于安全等级为二级的建筑物，基础埋深取 4m；对于安全等级为一级的建筑物，基础埋深取 13m。

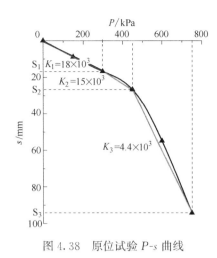

图 4.38　原位试验 $P\text{-}s$ 曲线

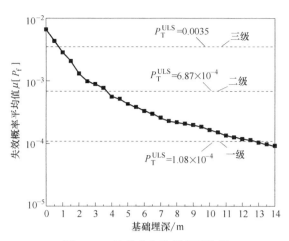

图 4.39　地基土失效概率平均值

图 4.40 为失效概率和安全系数 F_S 的关系，由图可知，当采用以安全系数为评判标准的确定性设计时，设计方案在保证安全系数 $F_S = 2$ 的同时，并不能保证失效概率小于设计失效概率。可见，失效概率相比安全系数能更加明显地反映出岩土参数的不确定性对设计方案的影响，同时也说明确定性设计以安全系数为设计指标始终存在对不确定因素的忽略。为了体现鲁棒性设计的科学性，以确定性设计取得基础埋深的设计合理值 0.5m，并与鲁棒性设计方案作对比。

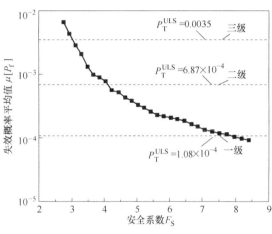

图 4.40　安全系数和失效概率关系

在获得了针对不同方案的地基土基础埋深合理值后，可将其作为对应的基于被动式刚度调节装置的可控刚度桩筏基础的设计参数，进一步研究可控刚度桩筏基础在干扰因素离散性较强，参数波动范围较大，无法精确取值时，鲁棒性设计取得的合理值能否满足整个桩筏基础系统对安全度和失效概率的要求。

3. 桩筏基础总承载力极限状态

由于可控刚度桩筏基础由土—桩—筏三部分组成，同时又作为一个整体承担建筑上部荷载，因此，鲁棒性设计可分为两部分：第一部分为地基土承载力鲁棒性设计；第二部分为根据地基土的设计合理值，对可控刚度桩筏基础的鲁棒性进行分析。可控刚度桩筏基础的极限承载力设计目标函数为：

$$G_{SPR1} = q_u A + n P_u - S_G - S_L \tag{4.31}$$

式中，S_G 为恒载，S_L 为活载。

4. 设计方案的鲁棒性评价

本例中对于基于被动式刚度调节装置的可控刚度桩筏基础的分析，根据鲁棒性指标得到基础埋深设计合理值，具体设计值见表 4.16。为了对比分析，采用式（4.31）计算基于被动式刚度调节装置的可控刚度桩筏基础的总承载力极限状态的失效概率，并与确定性设计（$F_S=2$）方法进行对比。

确定性设计与鲁棒性设计合理值　　　　　　　　　　　表 4.16

设计方法	k_a/(kN/m)	桩数	安全等级	基础埋深/m
鲁棒性设计	260000	64	一级	13
	260000	64	二级	4
	260000	64	三级	1
确定性设计	260000	64	$F_S>2$	0.5

首先，鲁棒性设计方案始终满足安全系数 $F_S=2$。其次，在充分考虑岩土参数的不确定性的情况下，鲁棒性设计方案的失效概率较低。由图 4.41 可知，三个设计方案的失效概率满足各自对应的三个安全等级的建筑物鲁棒性指标，由此可得，鲁棒性设计满足建筑物安全性的要求。而确定性设计相比鲁棒性设计，失效概率较高，因此，确定性设计作为基于被动式刚度调节装置可控刚度桩筏基础的设计方法缺少精确性。

由图 4.41 可知，虽然设计后的基于被动式刚度调节装置可控刚度桩筏基础的整体失效概率较低，容易达到鲁棒性指标，但并不代表地基土部分能满足鲁棒性指标，需要先保证地基土的失效概率满足鲁棒性指标。

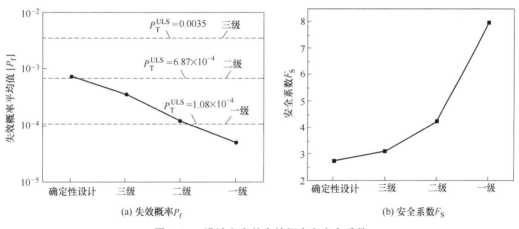

图 4.41　设计方案的失效概率和安全系数

参照阐述鲁棒性设计对不确定参数的充分考虑，以下讨论分别考虑参数 γ，φ'，c 的变异系数对设计后的基于被动式刚度调节装置可控刚度桩筏基础的安全度和地基土失效概率的影响，见图 4.42 和图 4.43。选取建筑物安全等级为三级的设计方案进行分析。从图中可以看出，内摩擦角 φ' 的变异系数对设计方案的安全系数和失效概率有很大的影响，土重度 γ 和黏聚力 c 的变异系数对设计方案的失效概率也存在影响。

当岩土参数的估计相对合理且取值合适时，基于被动式刚度调节装置可控刚度桩筏基础的鲁棒性设计方法可以完全满足设计安全要求。当现场勘测数据波动较大时，基于被动式刚度调节装置的可控刚度桩筏基础由于自身的条件限制，只能被动地根据承担的荷载提

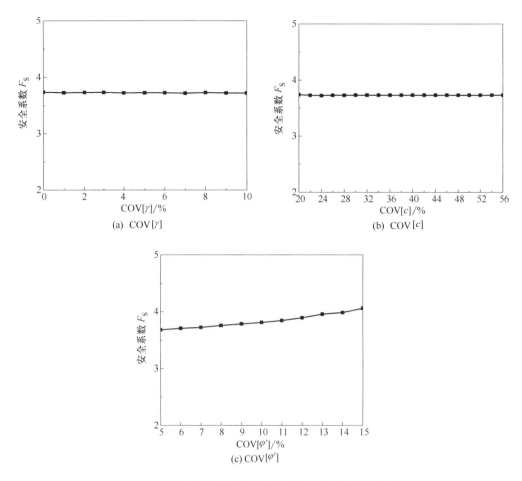

图 4.42　变异系数波动对桩筏基础安全系数的影响

供对应的刚度和变形，但并不能解决岩土参数的波动对桩筏基础的影响，也难以应对导致桩土分担比改变的突发情况。

通过以上分析可以看出，鲁棒性设计兼顾安全度及地基土参数的不确定性，可以有效

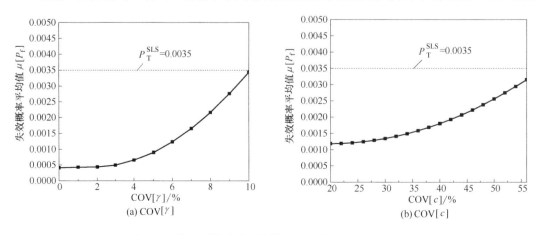

图 4.43　变异系数波动对桩筏基础失效概率的影响（一）

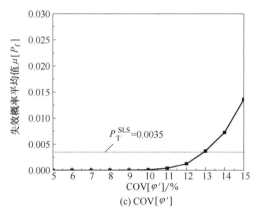

图 4.43 变异系数波动对桩筏基础失效概率的影响（二）

评价基于被动式刚度调节装置的可控刚度桩筏基础的鲁棒性。但是如何有效解决岩土参数波动较大的问题，是基于被动式刚度调节装置可控刚度桩筏基础鲁棒性设计的关键。

4.7 基于主动式刚度调节装置的可控刚度桩筏基础鲁棒性设计

4.7.1 影响建筑物全生命周期安全的因素

建筑物在使用过程中碰到的突发情况很多，如地下水位变化、基坑开挖、周边建筑物或构筑物施工以及地震、风载等。地下水位下降使地基土发生沉降，导致地基土的荷载分担比减小；基坑开挖造成周围建筑物地面变形，由于建筑物底部刚度比地基土刚度更高，造成建筑物底部变形和地基土变形不协调；周边建筑物施工往往会对建筑物产生一定的挤土效应，使建筑物的基础结构变得不稳定甚至发生破坏。本书以最简单的地下水位下降为例进行分析，当然，这也是最简单的情况。

由于地下水位的下降导致地基土发生沉降，地基土承担的上部荷载也因此减少。根据力的平衡方程，地基土减少的上部荷载将由桩基承担。这个过程中，地基土的荷载分担比减小。为了计算地下水位下降后地基土减少的荷载和沉降的变化，本书作以下推导：设土体的沉降计算深度为 L，总标高为 H_0，降水前水位标高为 H_1，降水后水位标高为 H_2，降水标高为 H，地下水位以上土体的湿重度为 γ_0（kN/m^3），地下水位以下土体的饱和重度为 γ_{sat}（kN/m^3），如图 4.44 所示。

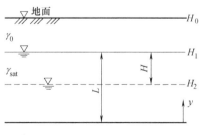

图 4.44 土体沉降示意图

降水前在标高 y 处所承受的总应力：

$$\sigma_1 = \begin{cases} (H_0 - y)\gamma_0 & H_0 \geqslant y \geqslant H_1 \\ (H_0 - H_1)\gamma_0 + (H_1 - y)\gamma_{sat} & H_1 > y \end{cases} \quad (4.32)$$

降水后在标高 y 处所承受的总应力：

$$\sigma_2 = \begin{cases} (H_0-y)\gamma_0 & H_0 \geqslant y \geqslant H_2 \\ (H_0-H_2)\gamma_0+(H_1-y)\gamma_{\text{sat}} & H_2 > y \end{cases} \tag{4.33}$$

降水前、后在标高 y 处之有效应力差：

$$\sigma_1-\sigma_2 = \begin{cases} 0 & H_0 \geqslant y \geqslant H_1 \\ (H_1-y)\gamma_{\text{w}} & H_1 \geqslant y \geqslant H_2 \\ H\gamma_{\text{w}} & H_2 > y \end{cases} \tag{4.34}$$

地下水位下降后，地基土的沉降量可根据国家标准《建筑地基基础设计规范》GB 50007—2011 中推荐使用的应力面积法计算，具体计算公式如下：

$$s = \psi_{\text{s}} \sum_1^n \frac{p_0}{E_{si}} (z_i\bar{\alpha}_i - z_{i-1}\bar{\alpha}_{i-1}) \tag{4.35}$$

式中，n 为沉降计算深度范围划分的土层数；p_0 为基底附加压力；$\bar{\alpha}_i$，$\bar{\alpha}_{i-1}$ 为平均竖向附加应力系数；ψ_{s} 为沉降计算经验系数；E_{si} 为土体的压缩模量。

由式（4.34）和式（4.35）可以得到地基土增加的沉降量计算公式为：

$$s_{\text{w}} = \eta \frac{\gamma_{\text{w}}H}{E_{\text{s}}} \left(1-\frac{H}{2}\right) \tag{4.36}$$

式中，s_{w} 为地基土沉降量；H 为降水标高；γ_{w} 为水的重度；E_{s} 为土的压缩模量；l 为土体深度；η 为折减系数（桩侧摩阻力减少了地基土的沉降量）。

可控刚度桩筏基础主要使用端承桩，所以桩侧摩阻力较小，可以忽略不计，折减系数也可取 1。根据文克尔地基模型"压力＝刚度系数×变形"可知，此时桩间土体的卸载量 Δp_{s} 计算公式为：

$$\Delta p_{\text{s}} = k_{\text{s}} \cdot s_{\text{w}} \tag{4.37}$$

式中，Δp_{s} 为桩间土体的卸载量；k_{s} 为地基土的刚度；s_{w} 为地基土沉降量。

由于地下水位下降导致地基土承担的上部荷载减少，桩土分担比也随之改变。这时的地基土失效概率很低，但会造成地基土承载力的浪费和对桩基的承载力造成较大压力，使原本的可控刚度桩筏基础设计方案变得不合理。为了充分利用地基土的承载力，需要对调节装置的刚度进行调节，调节桩土分担比，让地基土承担更多的上部荷载。

4.7.2　可控刚度桩筏基础设计方法

在可控刚度桩筏基础设计中，一般设计较大的桩间距，使群桩效应影响较小，所以一般不考虑群桩效应。首先计算出地基土竖向极限承载力：

$$q_{\text{u}} = cN_cs_cd_ci_cg_cb_c + \gamma_0dN_qs_qd_qi_qg_qb_q + 0.5\gamma bN_\gamma s_\gamma d_\gamma i_\gamma g_\gamma b_\gamma \tag{4.38}$$

桩的极限承载力计算公式为：

$$p_{\text{u}} = u\sum q_{sik} \cdot l_i + q_{\text{pk}}A_{\text{p}} \tag{4.39}$$

计算可控刚度桩筏基础的桩基数量：

$$n \geqslant \frac{F_{\text{k}}+G_{\text{k}}-f_aA_c}{R_a} \tag{4.40}$$

然后，根据地基土竖向极限承载力和桩的极限承载力计算出基于主动式刚度调节装置可控刚度桩筏基础的桩、土分担总荷载的比例系数，计算公式为：

$$\zeta = \frac{nP_u}{q_u A_c + nP_u} \tag{4.41}$$

$$\xi = \frac{q_u A}{q_u A_c + nP_u} \tag{4.42}$$

式中，ξ 为地基土分担上部荷载的比例系数；ζ 为桩基础分担上部荷载的比例系数；A_c 为承台底扣除桩基截面积的净面积，$A_c = A - nA_p$；P_u 为单桩极限承载力；q_u 为地基土竖向极限承载力。

由下式计算主动式调节装置刚度大小：

$$\frac{\xi}{A_c' k_s} = \frac{\zeta}{k_c} \tag{4.43}$$

$$k_c = \frac{A_c' \cdot k_s \zeta}{\xi} \tag{4.44}$$

可控刚度桩筏基础的桩土分担比可以随着调节装置的刚度变化而变化，而设计时得到的调节装置刚度应作为调节时的初始值并向下调节。由于地下水位下降导致地基土发生沉降，其承担的上部荷载减小，但地基土刚度并未发生改变，所以调节装置提供的桩土分担比并未发生改变，应将减少的地基土分担荷载从总荷载中分离，剩余总荷载由地基土和桩基础按照桩土分担比共同承担。设调节后的主动式刚度调节装置刚度为 k_c'，下面给出了主动式刚度调节装置调节后地基土承担的上部荷载 F_s 和桩基承担的上部荷载 F_p 的计算公式：

$$\xi' = \frac{A_c' \cdot k_s}{A_c' \cdot k_s + k_c'} \tag{4.45}$$

$$F_s = \xi' \cdot (Q - \Delta p_s) \tag{4.46}$$

$$F_p = \zeta' \cdot (Q - \Delta p_s) + \Delta p_s \tag{4.47}$$

式中，ξ' 为主动式刚度调节装置调节后的土荷载分担比；k_c' 为调节后的主动式刚度调节装置的刚度，范围为 $0 \sim k_c$；F_S 为调节后地基土承担的上部荷载；Q 为可控刚度桩筏基础承担的上部荷载；F_P 为调节后桩基承担的上部荷载；ξ' 为主动式刚度调节装置调节后的桩荷载分担比。

按照极限荷载抗力法建立地基土承载力鲁棒性设计的目标函数：

$$G = g(S,R) = R - S = 0 \tag{4.48}$$

$$G_s = q_u - F_S \tag{4.49}$$

式中，抗力 R 特指地基土极限承载力 q_u，S 为荷载效应组合。

黏土的土性参数 γ，c，φ' 的不确定性对地基土承载力均有较大影响，所以在进行鲁棒性设计时考虑的黏土不确定因素 θ 包括 γ，c，φ' 共 3 个参数。为了体现出主动式刚度调节装置的特性，设计变量设置为调节装置的刚度，地基土的荷载分担比 ξ' 根据式 (4.45) 求得。本章采用公式 (4.49) 作为地基土极限承载力的目标函数，如果调节方案的失效概率小于失效概率指标，则方案具有合理性，即 $P_f^{ULS} < P_T^{ULS}$。

主动式刚度调节装置调节后，其刚度降低，地基土的荷载分担比提高，地基土承担的上部荷载增加导致其失效概率随之提高，逐渐满足鲁棒性设计标准，地基土承载力利用率也随之提高，这便是主动式刚度调节装置按照地基土鲁棒性要求进行调节的过程。

4.7.3 基于鲁棒性设计的调节方案

1. 干扰因素的估计

1）计算岩土参数的变异系数

岩土工程鲁棒性设计的关键步骤就是对岩土工程参数的估算。现有的勘测数据提供了参数变化的范围，可用于岩土参数的估算，参数变化的范围通常用变异系数 COV 表示。变异系数的平均值和标准差可以通过三倍标准差法计算得到。

2）岩土参数的相关性

黏土的岩土参数 c，φ' 之间存在负相关性，相关系数范围为 $0\sim-0.75$。由三倍标准差法计算可得，相关系数的平均值为 $\mu_p=-0.375$、标准差为 $\sigma_p=0.1875$，应根据现场试验或工程经验进行选用。

3）变异系数的估计

本书采用 7 点估计法解决第三个问题，见表 4.17。当有 n 个不确定因素时，7 点估计法只需计算 $7n$ 次，既可保证精度又提高了计算效率。

估计点位与权重　　表 4.17

编号	u_1	$-u_2=u_3$	$-u_4=u_5$	$-u_6=u_7$
位置 u_i	0	1.1544054	2.3667594	3.7504379
权重 P_i	16/35	0.2401233	0.0307571	0.00054825

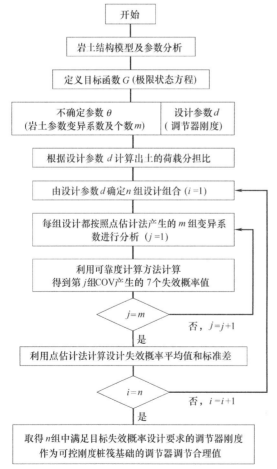

图 4.45　基于主动式刚度调节装置的可控刚度桩筏基础鲁棒性设计流程

根据以上三个解决方案，主要求解步骤如下：

（1）确定 3 个岩土参数的变异系数变化范围。

（2）将 3 个岩土参数的变异系数变化范围代入式（4.26）和式（4.27），计算出对应的变异系数标准差和平均值。

（3）确定不确定参数变异系数的分布形式。

（4）结合 Nataf 变换和表 4.17 中的估计点位与权重，计算得到不确定参数的验算初始点。

2. 鲁棒性设计流程

本书采用岩土工程鲁棒性设计进行地基土承载力设计，设计流程如图 4.45 所示，具体计算步骤如下：

（1）选择设计参数，将 3 个岩土参数 γ，c，φ' 作为不确定参数，确定设计参数的设计方案为调节装置刚度 k_a（人为调节调节装置刚度从 260000kN/m 到 60000kN/m，每隔 10000kN/m 取一组数据，共 21 组数据）。

（2）建立地基土极限承载力功能函数公式（4.49），求得第 i 组设计方案在极限状态下的失效概率。通过 7 点估计法求得 21 组变异系数组，循环计算求得各组的失效概率，结合一次二阶矩法求得第 i 组设计方案失效概率的平均值。

（3）建立外循环，重复步骤（2），循环计算 21 组设计方案的失效概率平均值。

（4）根据表 2.6 所示失效概率指标，确定符合指标的调节装置刚度。

4.7.4　典型算例分析

1. 典型算例

某工程的钢筋混凝土筏板为位于文克尔弹性地基上的矩形筏板，筏板长、宽均为 35m，厚度 $h=2$m，混凝土弹性模量为 30GPa，泊松比为 0.2。筏板上作用均布恒荷载 $S_G=[q_1=250\text{kPa},\ q_2=350\text{kPa}]$，桩径 $D=1$m。按照桩筏基础非线性共同作用对基于主动式刚度调节装置的可控刚度桩筏基础进行分析，如图 4.46 所示。

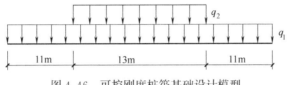

图 4.46　可控刚度桩筏基础设计模型

该工程中基于主动式刚度调节装置的可控刚度桩筏基础使用端承桩，桩长 20m，单桩承载力特征值为 4000kN，桩穿过黏土层贯入全风化花岗岩持力层，桩顶设置有主动式调节装置，具体的桩基设置和土层情况见图 4.47。

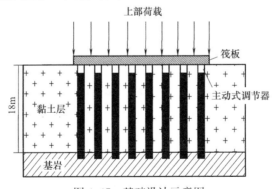

图 4.47　基础设计示意图

黏土地基参数见表 4.18。

表 4.18

黏土地基参数

土类型	参数	分布类型	平均值	变异系数范围
	γ	对数正态	19kN/m³	0.03～0.07
黏土	c	对数正态	10kPa	0.35～0.55
	φ'	对数正态	25°	0.05～0.1

由式（3.7）和式（3.8）结合地基土参数平均值计算得到地基土极限承载力和单桩极限承载力，由式（3.10）和式（3.11）计算得到可控刚度桩筏基础的桩分担比为0.4761，土分担比为0.5239，由式（3.13）求得调节装置刚度$k_c = 260000$kN/m。地基土承载力特征值为230kPa，地基土刚度为15000kN/m，根据可控刚度桩筏基础设计方法，计算得到设计案例，见表4.19。

工程设计方案　　　　　　　　　　　　　　　表4.19

基础埋深/m	桩径 D/m	桩长/m	桩数 n	k_c/(kN/m)	桩分担比	土分担比
5	1	20	64	260000	0.4761	0.5239

注：k_c 为刚度调节装置支承刚度。

地下水位下降10m，地基土的压缩模量为16MPa。由式（3.5）和式（3.6）求得地基土的沉降量变化、地基土的上部荷载减少量，然后求得地基土和桩基当前的上部荷载和桩土分担比。通过调节调节装置的刚度可以改变地基土和桩基的桩土分担比，提高地基土的分担比。

2. 调节装置调节方案

由于地基土的地下水位下降，地基土的失效概率降低为4.72×10^{-5}，虽然完全满足各安全等级的鲁棒性指标，但地基土分担的上部荷载较小，不符合桩筏基础的设计要求，对桩基部分造成了较大压力，不利于结构的稳定。为了解决地基土分担荷载较少的问题，

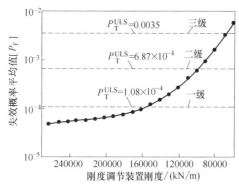

图4.48　调节方案的地基土失效概率平均值

本书通过降低调节装置的刚度来改变桩土分担比，使地基土承担更多荷载，同时使其失效概率符合设计要求的鲁棒性标准，具体计算结果见图4.48。

由上图可知，随着主动式刚度调节装置的刚度被人为降低后，桩土分担比发生改变，地基土承担的上部荷载增加，地基土的失效概率也因此提高，达到了鲁棒性设计的失效概率标准，地基土承载力的利用率也因此提高，降低了地下水位下降对整个系统的影响。

根据不同的建筑安全等级要求，设计主动式刚度调节装置需要调节到的刚度，考虑到岩土参数的不确定性，后续还需要调节主动式刚度调节装置以保证岩土参数的波动对失效概率影响较小，所以为调节装置刚度预留调节空间，具体的调节装置刚度调节方案见表4.20。

调节装置方案　　　　　　　　　　　　　　表4.20

建筑物安全等级	调节装置刚度 k_c/(kN/m)
一级	160000
二级	110000
三级	80000

3. 调节方案鲁棒性评价

由于岩土参数存在波动的情况，会对地基土的失效概率造成较大的影响，而主动式刚

度调节装置可以根据地基土失效概率进行刚度调节，减少岩土参数波动的影响，因此，本章计算了参数 γ，c，φ' 的变异系数对调节方案的影响，并根据变异系数变化后的地基土失效概率进行调节，调节后的结果见图 4.49。根据表 4.20，本章取建筑物安全等级为三级的调节装置刚度进行分析。

由图 4.49 可知，当现场勘测数据波动较大时，主动式刚度调节装置根据地基土的失效概率进行调节，降低岩土参数波动对地基土鲁棒性的影响，使地基土失效概率始终满足鲁棒性指标。

依据以上分析可以看出，基于主动式刚度调节装置的可控刚度桩筏基础可以降低地下水位下降对可控刚度桩筏基础的影响，提高地基土承载力的利用率，并且可以根据岩土参数的波动适当调节调节装置的刚度，使地基土满足鲁棒性标准。相比基于被动式刚度调节装置的可控刚度桩筏基础，基于主动式刚度调节装置的可控刚度桩筏基础具有更强的灵活性和实用性，可以应对工程中出现的多种情况，结合鲁棒性设计设计出的基于主动式刚度调节装置的可控刚度桩筏基础更安全可靠。

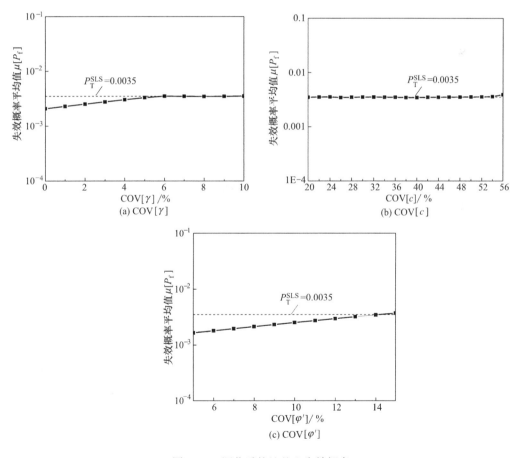

图 4.49 调节后的地基土失效概率

第 5 章　可控刚度桩筏基础连接构造及施工工艺

前已述及，可控刚度桩筏基础可有效解决大支承刚度桩的桩土共同作用、大底盘建筑或建筑群的变刚度调平、复杂地质条件下建设高层或超高层建筑等常规技术难以解决的工程难题。与天然地基以及常规桩基相比，上部结构—筏板—刚度调节装置—桩—土共同作用的过程更为复杂，此时应提出专用于可控刚度桩筏基础的连接构造及施工工艺，从而为实际工程提供指导。

5.1　工程实践的总体要求

在可控刚度桩筏基础工程实践过程中，一般应满足以下要求：

（1）刚度调节装置在可调节工作状态时，连接构造应保证刚度调节装置正常发挥作用；刚度调节装置退出可调节工作状态后，应通过注浆等措施封闭桩顶空腔；当有竖向抗拔和水平承载力要求时，桩顶连接构造应满足受力要求。

（2）刚度调节装置下方应设置钢板底座。底座钢板的厚度不宜小于 10mm，直径不应小于刚度调节装置的直径。底座应保持水平状态，且底座标高应符合设计文件的规定。

（3）刚度调节装置中的调节元件竖向高度不宜大于直径的 50%，当调节元件数量多于 1 个时，应均匀分布于基桩顶平面范围内，总面积不应大于基桩有效截面面积的 50%。

（4）可控刚度桩筏基础的基桩采用灌注桩时，刚度调节装置底座可采用预埋或植筋的方式与桩顶混凝土进行有效连接；采用预制桩时，刚度调节装置底座可采用预埋的方式与桩顶混凝土进行有效连接。

（5）当可控刚度桩筏基础基桩采用灌注桩，且刚度调节装置底座采用预埋方式与桩顶连接时，距离基桩桩顶 300mm 高度范围内混凝土应二次浇筑，二次浇筑前原桩身钢筋不应截断，在桩顶处应向内弯曲；二次浇筑混凝土强度等级不应低于桩身混凝土强度等级，且不应低于 C30；二次浇筑混凝土应设置两层钢筋直径不小于 10mm、间距不大于 150mm 的水平构造钢筋网；底座应通过不少于 4 根、直径不小于 12mm、长度不小于 200mm 的钢筋与桩顶连接。

（6）当可控刚度桩筏基础基桩采用灌注桩，且刚度调节装置底座采用植筋方式与桩顶连接时，应在桩顶种植 4 根直径不小于 14mm、长度不小于 200mm 的带肋钢筋，钢筋与底座应通过螺栓连接，底座与桩顶混凝土的空隙应采用高强无收缩的灌浆料灌注密实。

（7）可控刚度桩筏基础基桩采用预制桩时，距离基桩桩顶 300mm 高度范围内混凝土应二次浇筑，二次浇筑混凝土强度等级不应低于 C30，且应满足受力要求；桩顶二次浇筑混凝土应设置两层钢筋直径不小于 10mm、间距不大于 150mm 的水平构造钢筋网；底座应通过不少于 4 根、直径不小于 12mm、长度不小于 200mm 的钢筋与桩顶连接；预制桩桩顶嵌入二次浇筑段的长度不宜小于 50mm；采用预制空心桩时，应按现行行业标准《预应力混凝土管桩技术标准》JGJ/T 406 的有关要求进行灌芯处理，灌芯钢筋应锚入二次浇筑段。

（8）刚度调节装置安装完毕之后，桩顶侧护板与垫层之间的空隙应填充密实，材料可采用粗砂等。

5.2 可控刚度桩筏基础的桩顶构造

5.2.1 一般构造

当可控刚度桩筏基础的基桩采用灌注桩，刚度调节装置底座采用预埋方式与桩顶连接时，可参考图 5.1 所示构造示意，当底座采用植筋方式与桩顶连接时，除底座钢筋设置方

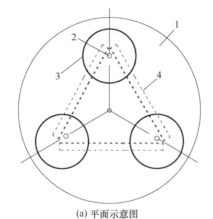

(a) 平面示意图

1—空腔；2—定位螺栓；3—10mm 厚钢板；4—角钢

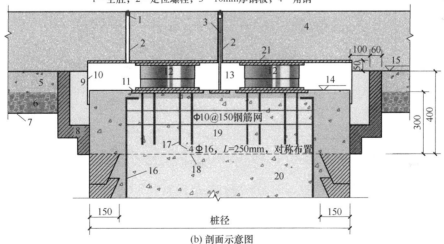

(b) 剖面示意图

1—防水用堵头；2—注浆管；3—变形标识杆(可选)；4—筏板；5—垫层；
6—倒滤层(可选)；7—土工布(可选)；8—砖胎膜；9—填砂；10—侧护板；
11—底座；12—刚度调节装置；13—空腔；14—基桩顶面；15—筏板底面；
16—主筋；17—传力筋；18—第一次浇捣混凝土面；19—二次浇捣混凝土；
20—基桩；21—上盖板

图 5.1 桩筏连接构造示意图（灌注桩）

式不同外，其余与图 5.1 所示类似，此处不专门列出。

当可控刚度桩筏基础的基桩采用预制桩时，其桩筏连接原理与基桩采用灌注桩时类似，具体可参考图 5.2 所示构造示意。

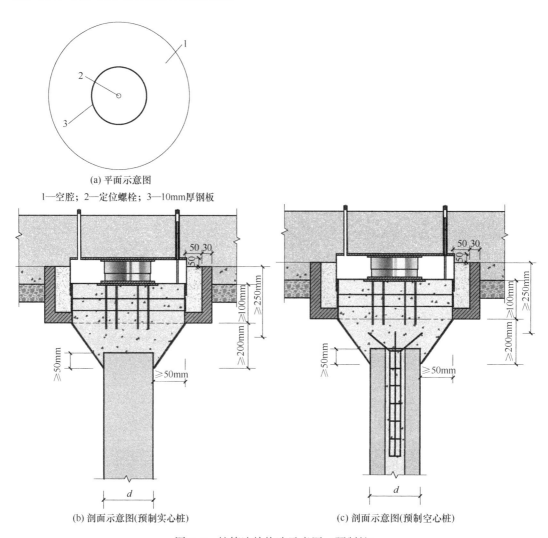

(a) 平面示意图

1—空腔；2—定位螺栓；3—10mm 厚钢板

(b) 剖面示意图(预制实心桩)　　　　(c) 剖面示意图(预制空心桩)

图 5.2　桩筏连接构造示意图（预制桩）

5.2.2　竖向抗拔构造

为使设置刚度调节装置的桩基础保持原有的抗拔能力（即抗拔能力不小于基桩桩身抗拔力），同时保证刚度调节装置工作过程中变形调节能力不受影响，可在桩顶设置一个或多个位移可调式钢筋连接器（专利号：ZL200920038105.0）。

钢筋连接器构造比较简单，主要由上拉筋、下拉筋、顶板和底板组成（图 5.3）。底板和上拉筋固定连接，顶板和下拉筋固定连接。上拉筋延伸到筏板内与筏板主筋相连，并保证一定的搭接强度，下拉筋为桩内主筋的延伸。在桩顶空腔注浆之前，顶板和底板可分别沿上拉筋和下拉筋做相对运动，完全不影响刚度调节装置的变形调节能力。

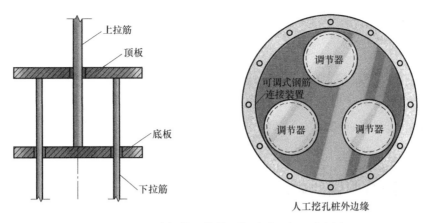

图 5.3 可调式钢筋连接器及桩顶平面布置示意图

安装了钢筋连接器的桩筏基础的抗拔能力，通过顶板和底板之间的混凝土受压来实现。桩顶空腔浇筑混凝土后，连接器的顶板与底板因混凝土的阻碍而无法做相对运动。在桩筏基础受拉时，顶板与底板之间的混凝土则表现为受压。顶板和底板的形状可根据桩形改变，一般情况下为环状（图 5.3），环形面积 A 可根据下式计算：

$$A = an\pi d^2 f_y / 4 f_c \tag{5.1}$$

式中，n 为基桩钢筋根数；d 为钢筋直径，mm；f_y 为钢筋强度设计值，N/mm²；f_c 为混凝土强度设计值，N/mm²；a 为考虑施工和环境等因素的调整系数，通常取 $a = 1.2 \sim 1.4$。

5.2.3 水平抗剪构造

为使设置刚度调节装置的桩基础保持原有的抗剪能力（即抗剪能力不小于基桩桩身抗剪力），同时保证刚度调节装置工作过程中变形调节能力不受影响，可在桩顶设置专门设计的抗剪装置[1]。

桩顶抗剪装置的抗剪能力主要由钢管混凝土提供，钢管混凝土上部镶嵌于筏板内（嵌入不少于 20cm），下部置于桩顶预留的圆柱形孔内，孔底放置不少于 1.5 倍极限调节位移高度的泡沫材料，以避免抗剪装置影响刚度调节装置的工作，具体如图 5.4 所示。

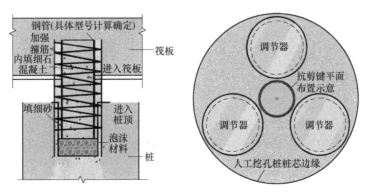

图 5.4 桩顶抗剪装置及桩顶平面布置示意图

桩顶抗剪装置所能提供的抗剪力 V 可按照下式计算[2]：

$$V = \gamma_v A_{Gc} f_{scvy} \tag{5.2}$$

式中，V 为横向抗剪承载力；γ_v 为构件截面抗剪塑性发展系数，当 $\xi \geqslant 0.85$ 时，$\gamma_v = 0.85$，当 $\xi \leqslant 0.85$ 时，$\gamma_v = 1$；A_{sc} 为构件横截面面积；f_{scvy} 为组合抗剪强度，$f_{scvy} = (0.385 + 0.25\alpha^{1.5}) \cdot \xi^{0.125} \cdot f_{scvy}$；$f_{scvy}$ 为轴压强度承载力指标，$f_{scy} = (1.14 + 1.02\xi) \cdot f_{ck}$；$\xi$ 为约束效应系数，$\xi = A_s \cdot f_y / A_c \cdot f_{ck}$，$A_s$ 为钢筋面积，A_c 为核心混凝土面积。

5.3　刚度调节装置的安装

刚度调节装置的安装大致可以分为如下过程：①桩头清理；②刚度调节装置下支座定位安装；③支模板、桩顶混凝土浇筑；④刚度调节装置定位安放；⑤变形标识杆与注浆孔的安装；⑥刚度调节装置侧护板与上盖板安装。

1. 桩头清理

桩顶标高超过设计标高的基桩，超出部分应去除，并应保留基桩中的竖向受力钢筋高出设计标高约 15cm 左右，以方便刚度调节装置下支座的安装；桩顶标高低于设计标高时，应用相同直径和等级的钢筋将基桩竖向受力筋引至高出设计标高 15cm 左右，以方便刚度调节装置下支座的安装。由于桩顶需要进行混凝土的二次浇筑，因此，桩头的清理应严格按照二次浇筑的要求进行，对于薄弱混凝土层或个别凸出骨料应用风镐凿去，并用钢丝刷或压力水洗刷以保证桩头的清洁。

2. 刚度调节装置下支座定位安装

由于单个刚度调节装置的最大承受荷载达到 200t 以上，因此，为了防止桩顶混凝土的局部压碎，在每个刚度调节装置的下面设置支座，支座垫板的直径适当大于刚度调节装置的直径，以分担刚度调节装置的压力。为了进一步将荷载传递到混凝土深部，又在每个支座垫板下设置 6 根 30cm 左右锚固、传力的钢筋，垫层下后浇混凝土中设两层构造钢筋网。另外，为方便自适应刚度调节装置的快速安装，在每个支座垫板的中心已经设有定位螺母。

考虑到桩顶进入筏板 50mm，根据刚度调节装置的具体高度，安装时应控制刚度调节装置下支座顶的标高比筏板底标高低 96mm，整个支座通过支座加固钢筋与基桩竖向受力钢筋的焊接固定，焊点不少于 6 个，以保证支座在二次浇筑过程中不被振捣棒振捣偏位。具体如图 5.5 所示。

3. 支模板、桩顶混凝土浇筑

刚度调节装置下支座安装完毕后，将桩顶清理干净并用水湿润后即可进行桩顶混凝土的二次浇筑。二次浇筑的混凝土应比桩身混凝土强度高一等级，并用振捣棒充分振捣。24h 后方可拆模，拆模后的外观如图 5.6 所示。

4. 刚度调节装置定位安放

刚度调节装置的临时固定螺栓主要在运输过程中起固定保护的作用，在出厂后至定位安装前一定不能拆除，以防止装置发生变形从而影响其受力性能，但是在定位安装后则必

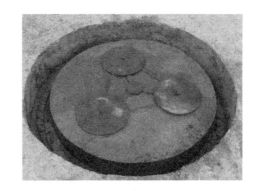

图 5.5 刚度调节装置下支座安装后外观　　　　图 5.6 拆模后的桩顶外观

须拆除，方可正常使用。另外，安装时应注意区分刚度调节装置的正反，应保持较薄一侧的盖板向上。刚度调节装置下盖板底设置有 $\Phi25mm$ 的定位孔，安装时可据此进行定位，上盖板表面亦设置有定位刻线，可用于检测仪器的定位与安装。刚度调节装置定位安放后的外观如图 5.7 所示。

5. 变形标识杆与注浆孔的安装

自适应刚度调节装置的 $Q\text{-}s$ 曲线近似呈线性变化，如果能够测得刚度调节装置的绝对变形量，便可推知基桩所承担的荷载，不仅可以对刚度调节装置的工作状态进行充分的了解，而且其与设计值的对比对设计理论的进一步完善与提高亦有很大的帮助。基于这样的考虑，在三个刚度调节装置下支座垫板中间设置了变形标识杆，该变形标识杆可直观量测到刚度调节装置的绝对变形压缩量。这里应该特别指出的是上述变形标识杆测出的变形值为刚度调节装置的绝对变形量，切勿与建筑物的沉降量相混淆。当基桩为嵌岩端承桩，桩端沉降可忽略不计时，上述两值可近似相等。

变形标识杆（中心处）与注浆孔（左右两侧）安装后的外观如图 5.8 所示。

6. 刚度调节装置侧护板与上盖板安装

刚度调节装置侧护板与上盖板的主要作用是将刚度调节装置封闭在独立的空间里，在建筑物沉降稳定前，确保混凝土或其他异物无法阻碍刚度调节装置发挥作用。应注意：在安装时应保证侧护板与上盖板焊缝的严密性。侧护板与上盖板安装后的桩顶外观同样可见图 5.8。

图 5.7 刚度调节装置安放后的桩顶外观　　　　图 5.8 安装后的自适应变形调节桩顶外观

5.4　桩顶空腔的后期封闭

5.4.1　后期封闭施工流程

建筑物的沉降发展过程大约为 2～3 年，在建筑物封顶及后期荷载基本施加到位，沉降稳定后，可通过注浆孔将桩顶设置调节装置形成的空腔封闭，替换调节装置，恢复桩顶压力（注浆体强度不低于桩身强度，无侧限抗压强度通常要求不低于 35MPa），同时提高耐久性。

桩顶空腔注浆封闭通常可分为如下过程：①注浆料配制；②除锈、洗管；③抽水、洗孔；④注浆；⑤注浆管清除。

1. 注浆料配制

桩顶空腔注浆无法振捣，注浆料必须保证较高的流动性，保证注浆料具有自密实的效果。注浆材料可采用如下建议配合比：P.O42.5 普通硅酸盐水泥，水灰比为 0.5～0.6：1，比重约为 1.7～1.8，水泥浆中掺入减水剂，10%U 型膨胀剂和 10%活性硅粉。

2. 除锈、洗管

注浆管埋设时间较长，地下水位升降频繁，注浆管及桩顶沉降观测管通常有锈迹，除锈、洗管是保证注浆质量的重要前提。采用特制钢丝刷人工除锈，并清洗注浆管中的泥沙，必要时可加入化学除锈试剂后再进行清洗、除锈。根据管口返出的水质情况，决定是否反复进行人工除锈及化学除锈试剂清洗、除锈，直到管口返出清水。人工除锈完成后，用高压水清洗，注浆管、桩顶沉降管均应清洗（为方便沉降管的清洗，桩顶沉降观测管内的变形标识杆应尽量拆除），清洗完成后立即进行抽水。

3. 抽水、洗孔

采用自吸泵或真空泵排出桩顶附近的地下水，消除桩顶地下水压力，保证桩顶注浆的注浆质量。抽水后开始洗孔，采用 1:1 水泥净浆洗孔，当管口有水泥浆返回时，即可停止洗孔。

4. 注浆

为保证注浆效果，弥补水泥浆凝固过程中的收缩性，注浆前将注浆管高度较低的接高至底板面以上 0.5m。注浆时，注浆管、沉降观测管顶部均设置阀门，各管应顺序、间歇注浆，且在一个管注浆时，其余管的阀门应在返浆后关闭，同时进行 0.5MPa 压力注浆。待桩顶注浆管、沉降观测管均完成注浆并稳压 2min 停止注浆后，将其全部进行封闭。待注浆体凝固后才可拆除阀门。

5. 注浆管清除

注浆完成后一个星期，在管底筏板表面凿 50mm 深、直径 100mm 的圆形小坑，将注浆管及桩顶沉降观测管割断并用钢板焊接封闭，封闭后的小坑用砂浆修补。

5.4.2　封闭效果试验研究

实际工况下，上部结构荷载施加完毕后（通常在建筑物封顶后），可控刚度桩筏基础桩顶空腔通过注入高强度自密实填充料来进行填充，填充后形成的注浆体的密实度和强度对建筑物的结构安全具有重要的影响。为了进一步验证可控刚度桩筏基础桩顶空腔注浆工艺在实际工程应用中的力学性能，根据工程实际进行桩顶空腔注浆的模拟试验，为工程现场的实际注浆施工提供参考。

1. 试验方法与试验方案

由于试验场地的限制，也为了方便设置刚度调节装置的桩顶空腔模型的加工运输与试验，设计模型尺寸与实际尺寸的比例为 1∶4。为了能在不同条件下的室内试验注浆过程中观察桩顶空腔填充的变化情况，可控刚度桩筏基础的桩顶空腔模型由透明硬质有机材料制作。在试验过程中，当桩顶空腔模型未与地下水接触时，设置注浆压力分别为 0.3MPa、0.5MPa、0.8MPa 和 1.0MPa；当桩顶空腔模型完全填充地下水时，注浆压力为 1.0MPa。注浆管分布在模型两侧或同侧，具体工况如图 5.9 所示。待出浆管有填充料流出时，即可停止注浆，等待填充料自密实后，将刚度调节装置模型放入水箱中，利用排水法测量并算出桩顶空腔模型的填充体积。

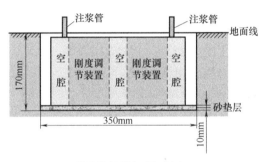

(a) 注浆管在两侧(无地下水)

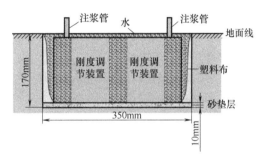

(b) 注浆管在同侧(有地下水)

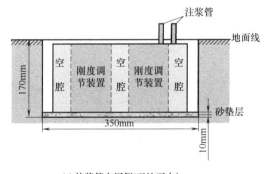

(c) 注浆管在同侧(无地下水)

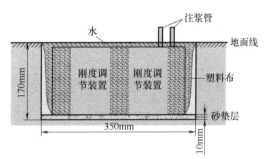

(d) 注浆管在两侧(有地下水)

图 5.9　试验工况示意图

2. 试验结果

1）注浆压力

在注浆压力为 0.3MPa 时，将自密实注浆模型放入玻璃水箱，玻璃水箱中水位的前后高度差为 8.3cm。通过换算得出刚度调节装置空腔内混凝土体积为 6789.83cm³，而理论体积为 7341.95cm³，因此，空腔密实度（注浆体占空腔体积分数）为 0.92。同理，分别可得注浆压力为 0.5MPa、0.8MPa 和 1.0MPa 时刚度调节装置的空腔密实度为 0.95、

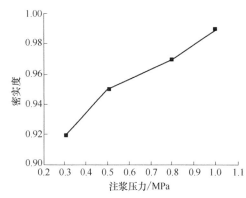

图 5.10　不同注浆压力下空腔填充密实度

0.97 和 0.99，如图 5.10 所示：注浆压力和空腔密实度近似呈线性关系，随着注浆压力的增大，刚度调节装置空腔密实度逐渐增大；当注浆压力为 0.5MPa 时，密实度已经达到 0.95，满足大部分设计要求；注浆压力达到 1.0MPa 时，密实度达到 0.99，空腔模型基本注满，实际注浆时设置更大的注浆压力已无必要。

2）注浆管位置

将注浆管在两侧的自密实注浆模型放入玻璃水箱，玻璃水箱中水位前后高度差为 8.7cm。通过换算得出刚度调节装置空腔内混凝土体积是 7268.53cm^3，此时理论体积为 7341.95cm^3，因此，空腔密实度为 0.99。同理，注浆管在模型同侧时，注浆体密实度为 0.97。可以看出，注浆管位置不同时，注浆填充效果不同，注浆管位于两侧时的注浆填充效果优于注浆管位于同侧时的注浆填充效果。实际上，当注浆管位于同侧时，注浆中心与空腔模型另一侧壁的距离变长，又由于两个注浆管之间距离过短，注浆范围重叠，注浆管整体的注浆范围减小，因此同侧注浆填充效果没有两侧填充效果好。

3）地下水填充情况

将注浆管在两侧、填充地下水的自密实注浆模型放入玻璃水箱，玻璃水箱中水位前后高度差为 8.7cm。通过换算得出刚度调节装置空腔内混凝土体积是 7268.53cm^3，此时理论体积为 7341.95cm^3，因此，空腔密实度为 0.99。同理可得，注浆管在同侧的空腔密实度为 0.97。与相同条件下的无地下水工况进行对比，可以看出地下水对填充效果没有影响。

5.5　检验、检测与验收

5.5.1　检测

在桩基础施工前，应根据设计文件和勘察报告，现场核查桩的平面布置、数量、类型、尺寸等。宜通过试桩，确定成桩可行性，施工机械、施工工艺及质量控制指标的可靠性，验证持力层性质与设计文件、勘察报告的符合性。当需要通过试桩来确定桩基承载力特征值时，宜采用静载试验法。嵌岩桩必须有桩端持力层的岩性报告；对于单柱单桩的大直径嵌岩桩，应检验桩底 3 倍桩径且 5m 范围内有无空洞、破碎带、软弱夹层等不良地质条件。工程桩应检验桩身完整性、竖向承载力，检验应符合现行行业标准《建筑基桩检测技术规范》JGJ 106、《建筑桩基技术规范》JGJ 94 的有关规定。

刚度调节装置的各项性能参数应符合设计文件的规定，对进场使用的单个调节元件应进行承载力、可调节变形能力及支承刚度的检验，检验数量不得少于总数的 1%，且不得少于 3 台；当总数少于 50 台时，检验数量不得少于 2 台。刚度调节装置安装质量应符合表 5.1 所示的规定。

刚度调节装置安装质量检验　　　　　　　　　　　　　表 5.1

序号	检验项目	检验指标
1	底座顶标高	误差≤5mm
2	底座平面位置	位置偏差≤10mm
3	变形标杆(可选)	螺栓连接后焊牢,螺栓接长
4	底座定位螺栓	螺栓连接后焊牢
5	二次浇筑外观	外观无瑕疵,呈圆形,偏差≤5mm
6	刚度调节装置	落于底座定位螺栓,水平不移动
7	上盖板	与底座中心重合,偏差≤5mm
8	注浆管安装	注浆管与上盖板栓接后满焊
9	注浆管接长	专用接头,如遇墙柱,90°弯头接出
10	侧护板	焊点间距≤10mm,与上盖板缝隙≤0.5mm

5.5.2　监测

采用可控刚度桩筏基础的建筑物或构筑物,在施工过程中及建成后,应进行沉降观测直至沉降稳定。当需要进行刚度调节装置压缩量监测时,可通过位移传感器进行监测,或通过变形标识杆直接量测。建筑物或构筑物沉降观测点的布置应结合地质情况、结构特点和荷载分布确定,并应能全面反映地基变形特征。沉降观测应符合下列规定:

(1) 在基础底板完成后开始观测,建筑物主体封顶前的沉降观测应随施工进度进行;

(2) 每施工完成一层应观测一次;

(3) 建筑物主体封顶至竣工验收前,沉降观测宜 1~2 个月进行一次;

(4) 竣工验收至沉降稳定期间,宜 2~3 个月观测一次。

建筑物或构筑物沉降的稳定标准应由沉降量和时间关系曲线判定。当竣工验收后连续3 次观测的平均沉降速率小于 0.01~0.04mm/d 时,可认为基本进入沉降稳定阶段,具体取值宜根据各地区地基土的压缩性能确定。

5.5.3　验收

可控刚度桩筏基础除应按国家现行标准《建筑地基基础设计规范》GB 50007、《建筑桩基技术规范》JGJ 94 的有关规定正常验收外,尚应进行专项验收,专项验收资料应包括下列内容:

(1) 岩土工程勘察报告、基础施工图、图纸会审纪要、设计变更单等;

(2) 调节元件的合格证明或出厂检测报告;

(3) 刚度调节装置安装质量检验记录;

(4) 调节元件性能检测报告;

(5) 其他需要提供的文件和记录。

第6章　可控刚度桩筏基础室内模型试验

可控刚度桩筏基础作为一种新型桩筏基础，其工作机理与常规桩筏基础有显著差异，为进一步分析可控刚度桩筏基础的工作机理，本章拟开展系列室内模型试验，研究刚度调节装置对基桩工作性状的影响，明晰可控刚度桩筏基础的荷载传递规律。

6.1　室内模型试验设计

6.1.1　模型试验相似规律

模型试验要按照相似理论进行设计[1-2]，具体要求为：模型与原型尺寸按一定比例保持几何相似；模型和原型的材料相似或具有某种相似关系；确定模型试验过程中各参与的物理量的相似常数，并由此求得反映相似模型整个物理过程的相似条件。因为只有模型和原型结构满足相似要求时，才能按相似条件根据模型试验获得的数据和试验结果直接推算到原型结构上去。本次试验遵循物理相似原则，兼顾便于试验操作，选取有机玻璃棒和玻璃板分别制作桩体和筏板，其几何、弹性模量、刚度、应力、变形及所加荷载与原型的相似比分别为 $1:30$、$1:10$、$1:300$、$1:10$、$1:30$、$1:300$。

6.1.2　试验模型设计

本次模型试验设计主要分为：模型箱、基桩模型与承台板模型、主/被动刚度调节装置模型、模型槽填料。

1. 模型箱制作

模型箱尺寸为：$2000\mathrm{mm}$（l）$\times 1000\mathrm{mm}$（b）$\times 1200\mathrm{mm}$（h），由角钢支架和钢化玻璃组装而成，见图 6.1。

2. 模型桩和筏板加工与安装

模型桩和承台板分别选用有机玻璃棒和有机玻璃板加工制作，有机玻璃的弹性模量为 $2.95\mathrm{GPa}$。距桩顶 $30\mathrm{mm}$ 位置处贴 $5\mathrm{mm}\times 3\mathrm{mm}$ 的应变片，应变片表面用 703 胶粘剂密封胶防水，再用 2 层纱布包裹严实，并在应变片表面涂上 504 胶保护，为保证 703 胶的防水质量，间隔 1 小时涂一次，至少均匀涂抹 703 胶 3 次，使胶水完全覆盖在应变片和端子表面，保证晾干后的防水层厚度大于 $3\mathrm{mm}$（正常气温下晾干 24 小时），基桩见图 6.2。为了使模型桩与土接触面达到一定的粗糙程度，桩表面用环氧树脂胶粘一层很薄的、颗粒均匀的洁净干细砂。筏板模型为厚 $10\mathrm{mm}$ 的有机玻璃板，为了把模型桩牢固地安装在筏板上，在筏板相应位置粘贴外径 $40\mathrm{mm}$、内径 $30\mathrm{mm}$、厚 $10\mathrm{mm}$ 的有机玻璃环。

采取埋入土体的方法进行整模的安装，埋入过程中应该注意细节工序。安装前应测量

图 6.1 模型槽装置

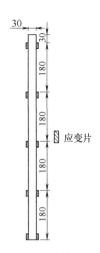

图 6.2 基桩模型

坑底标高，使其达到设计标高，保证模型埋入后不多余土，同时筏板距反力梁底之间的距离达到加载系统的安装要求。填土夯实过程中，用水平尺保证模型的平整度，用小铅坠保证模型的垂直度。

3. 被/主动刚度调节装置模型制作

被动式刚度调节装置用不同直径和厚度的硅胶垫制作，实拍图和荷载-位移曲线分别如图 6.3、图 6.4 所示。试验过程中，根据各桩的不同变形量分别选择不同刚度的被动式刚度调节装置。

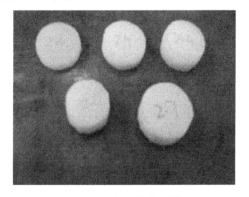

图 6.3 刚度调节装置模型

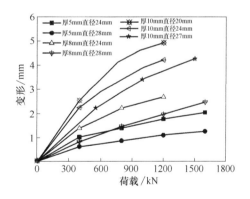

图 6.4 刚度调节装置模型荷载-变形曲线

主动式刚度调节装置用精制螺钉、螺母模拟，如图 6.5 所示，图 6.6 所示为其具体尺寸。需要说明的是，主动式刚度调节装置模型有主动上调和下调位移的能力，这与初步研制成功的主动式刚度调节装置原型仅仅具有下调位移的能力有一定差异，但是试验中，主动式刚度的调节装置模型的调节过程是首先由试验实测数据计算出差异沉降，然后再调节，这就保证了主动式刚度调节装置模型与原型均只具备下调位移的功能。为防止主动式刚度调节装置模型在土中静置时生锈，保证其在试验时调节自如，在埋入土体之前务必用黄油密封防锈。

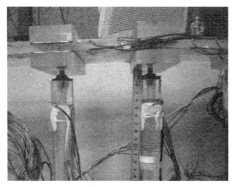
(a) 预留调节量

(b) 人工主动调节

图 6.5　主动式刚度调节装置模型

4. 地基土的选用与参数确定

试验采用的地基土为粉土，由室内土工试验确定的土体物理力学指标和 e-p 曲线分别如表 6.1 和图 6.7 所示。

地基土物理参数　　　　　　　　　　　　表 6.1

$\gamma/(\text{g/cm}^3)$	$w/\%$	e	S_r	$E_{s0.1\text{-}0.2}/\text{MPa}$	a/MPa^{-1}	c/kPa	$\varphi/\degree$
19.1	19.8	0.70	0.77	3.74	0.45	12.4	34

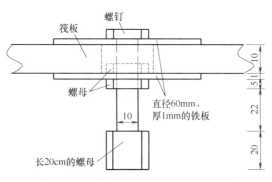

图 6.6　主动式刚度调节装置模型构造

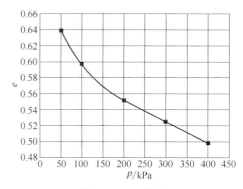

图 6.7　e-p 曲线

6.1.3　试验方案设置

本次试验方案由两大主题、三个系列共 11 个试验组成。第一个主题是理论研究，研究刚度调节装置安装后对基桩和桩基工作特性的影响，也就是设置刚度调节装置后，桩筏基础的荷载传递规律，包括两个系列：单桩承台系列试验研究和考虑桩土共同作用的桩筏基础系列模型试验，考虑桩土共同作用的桩筏基础按基桩受力特性又分为端承型桩系列试验和摩擦型桩系列试验。第二个主题是工程应用研究，主要面向刚度调节装置现实或潜在具有显著工程应用前景的工况的研究，研究刚度调节装置在该工程中的工作性状，验证刚度调节装置良好的工程效果，包括一个系列，即混合支承桩筏基础模型试验研究，由被动式刚度调节装置试验和主动式刚度调节装置试验组成。试验方案如表 6.2 所示。

室内模型试验方案 表 6.2

研究主题	系列试验	试验项目	刚度调节装置数量×直径×厚度	桩长/桩径/cm	基桩布置	筏板尺寸长×宽×高
理论研究	单桩承台系列试验	单桩	无	75/3	1	12cm×12cm×1cm
		单板	无	75/3	0	12cm×12cm×1cm
		单桩承台	无	75/3	1	12cm×12cm×1cm
		带刚度调节装置的单桩承台	1×24mm×10mm	75/3	1	12cm×12cm×1cm
	广义复合桩基系列试验	常规摩擦型桩基	无	75/3	1×6	70cm×12cm×1cm
		摩擦桩复合桩基	4×24mm×10mm	75/3	1×6	70cm×12cm×1cm
		常规端承型桩基	无	75/3	1×6	70cm×12cm×1cm
		端承桩复合桩基	6×24mm×10mm	75/3	1×6	70cm×12cm×1cm
工程应用研究	混合支承桩基试验	常规混合支承桩基	无	75/3	1×6	70cm×12cm×1cm
		带刚度调节装置的混合支承桩基	4×24mm×10mm	75/3	1×6	70cm×12cm×1cm
		带主动式刚度调节装置的混合支承桩基	2个主动式刚度调节装置	75/3	1×6	70cm×12cm×1cm

6.1.4 加载系统与加载程序

试验采用千斤顶加载，加载量用高精度压力传感器控制。试验要求加载装置不能影响筏板的差异沉降，也就是加载装置的刚度不能影响筏板的刚度。本试验的荷载特点是在各个桩顶加相对独立的集中荷载或垂直于筏板的线荷载以模拟实际工程中的柱荷载或墙荷载，又由于模型尺寸限制、千斤顶体积限制，最终采用一个千斤顶加两根桩，根据力的平衡原理，用特制铰支座把一个千斤顶上的力均分到两根桩上，试验结果显示这种加载效果良好。加载装置示意如图 6.8 所示。

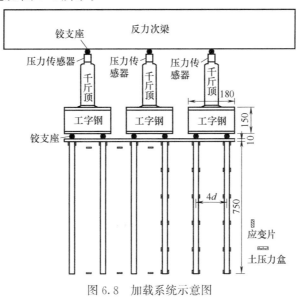

图 6.8 加载系统示意图

根据地基土的物理力学性质估算单桩极限承载力和地基土的极限承载力，每一次试验分 6～10 级加载。试验加载模式采用慢速维持荷载法。

每级荷载施加后第 5min、10min、15min、30min 各测读一次沉降，以后每隔 30min 测读一次沉降。当沉降 $s \leqslant 0.1$mm/h，并连续出现两次（从分级施加荷载后的第 30min 开始，按 1.5h 内连续三次每 30min 的沉降观测值计算），即认为达到相对稳定，开始加下一级荷载，每级荷载持续时间不少于 2h。每级荷载沉降稳定后测一次应变片和压力盒数据。

当达到下列条件之一时，即认为试验达到破坏，此时可终止加载：①当前一级荷载作用下的沉降量为上一级荷载下的沉降量的 5 倍；②当前一级荷载作用下的沉降量为上一级荷载下的沉降量的 2 倍，且经 3 小时沉降尚未达到相对稳定；③当前一级荷载作用下的沉降与时间 s-$\log t$ 曲线尾部出现明显向下弯曲。

6.1.5　试验测试与数据处理

（1）基础沉降测试。采用量程为 2cm、3cm 和 5cm 的电子位移计测量基础沉降，单桩承台试验在承台的 3 个角布置三个位移计，取其平均值作为承台沉降，群桩试验时，位移计布置在各桩桩顶对应筏板位置。

（2）承台应变和基桩桩顶轴力测试。承台应变的测定选用河北邢台金力传感器元件厂生产的电阻值为 (120 ± 2) Ω 的 2mm×3mm 和 3mm×5mm 两种规格的胶基应变片，应变片灵敏系数为 2.1。自桩顶部向下 3cm（包括伸入承台量）处对称布置 2 个电阻应变片，通过桩身应变测试，计算基础下不同部位桩身轴力分布。

（3）地基反力测试。地基反力的测定采用江苏溧阳电子仪器厂生产的 BW-2 和 BW-4 两种微型压力盒，规格分别为 16mm×5mm、26mm×6mm，量程分别为 200kPa 和 400kPa。试验过程中，将土压力盒布置在承台板下方 3cm 处的土体中，测定地基反力分布。

（4）荷载测试。荷重传感器标定系数为 $30 \mu\varepsilon$/kN，试验过程中采用红外线对中仪把传感器、千斤顶等加载设备放置在模型正中间。

（5）数据读取。应变片和土压力盒应变数据采用 DH3816 型静态电阻应变仪量测，荷重传感器数据采用 DH3818 型静态电阻应变仪量测。每级荷载施加后第 5min、10min、15min、30min 各测读一次，以后每隔 30min 测读一次。

在此基础上，根据试验测得位移计、压力传感器、梁板、桩顶应变片和土体中压力盒的数据，计算得到基础位移、梁板的弯矩、桩顶荷载、土反力，进而绘制相应的曲线。

6.1.6　试验保证措施

（1）在每次试验前必须对仪器设备进行检查和测试。

（2）模型箱填料过程中，为保证土体的均匀性，对土体分层夯实，土压力盒水平布置。模型埋设完成后，静置 7d 时间。

（3）为保证应变片粘贴质量，粘贴之后采用万用表进行检测。为保证压力盒位置放置正确，在模型承台至地基土表面预留 20cm 作为放置压力盒的操作空间，放置完压力盒经测试后，再将模型压入地基土中。

（4）为了减小环境的影响，每次试验前检查应变仪地线接触是否良好。

6.2 单桩承台系列试验对比分析

6.2.1 试验概况

根据试验目的设计试验模型和应变片的位置。模型加工如图 6.9 所示。

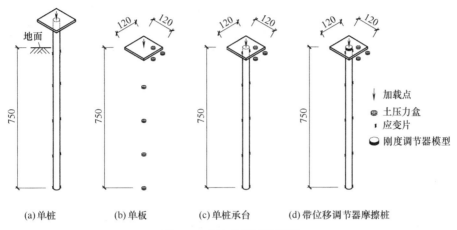

(a)单桩　　　　　(b)单板　　　　　(c)单桩承台　　　　(d)带位移调节器摩擦桩

图 6.9　单桩系列试验模型

单桩承台系列试验的具体加载分级和每级荷载量如表 6.3 所示。

试验加载程序　　　　　　　　　　　　　　　　　　　　　表 6.3

荷载级别	单桩/N	单板/N	单桩承台/N	带刚度调节装置的单桩承台/N
1	400	1000	1200	1400
2	600	1500	1800	2100
3	800	2000	2400	2800
4	1000	2500	3000	3500
5	1200	3000	3600	4200
6	1400	3500	4200	4800
7	1600	4000	4800	5600
8	1800	4500	5400	6300
9	2000	5000	6000	7000
10	—	—	6600	—
11	—	—	7200	—
12	—	—	8000	

6.2.2 沉降特性对比分析

静载试验所得 Q-s 曲线的形态随桩侧和桩端土层的分布与性质、成桩工艺、桩的形状和尺寸（桩长、桩径及其比值）、应力历史等诸多因素而变化。对静载试验 Q-s 曲线的分析是单桩承台系列试验分析的基础，也是刚度调节装置对基桩受力性状产生影响的宏观表现。本书通过桩基竖向静力荷载试验宏观评价桩的变形和破坏性状，取静载试验 Q-s 曲线斜率转变为常数或斜率减小的起始点荷载为极限承载力[4]，即 $\Delta s/\Delta Q$-Q 曲线的第二个拐点对应的荷载，并结合 Q-s 曲线的特征综合判断单桩承台系列试验的桩基极限承载力。

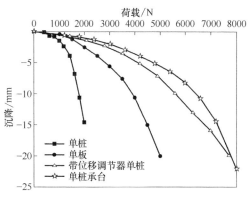

图 6.10　单桩承台系列静载试验 Q-s 曲线

单桩承台系列试验 Q-s 曲线如图 6.10 所示，单桩承台系列试验位移梯度-荷载曲线如图 6.11～图 6.14 所示。从图 6.10 中可以看出：单桩 Q-s 曲线为"陡降型"，最大加载值 2000N 对应沉降为 14.61mm，单板 Q-s 曲线为"缓降型"，最大加载值 5000N 对应沉降为 20mm。荷载为 2000N 时对应的单桩和单板沉降分别为 14.6mm 和 2.47mm，沉降为 3.8mm 时，单桩和单板的承载力分别为 1400N 和 3500N。依据图 6.11、图 6.12 可以判断，单桩极限承载

力为 1200N，单板极限承载力为 3500N，单板极限承载力是单桩极限承载力的 2.92 倍。应该指出，室内模型试验能定性地揭示桩土荷载的传递规律，但单桩和对应四倍桩径宽度的单板的承载能力与实际工程有一定差异，这种差异是模型试验设计时 15 个相似比中有 6 个不能满足而造成的[5]，其存在给桩土共同作用定量分析带来了较大的困难。

由图 6.10 所示单桩承台试验 Q-s 曲线可以看出，单桩承台 Q-s 曲线是"缓降型"。与单桩 Q-s 曲线相比，单桩承台 Q-s 曲线与单板 Q-s 曲线变化趋势更为接近，对比单桩、单板、单桩承台位移梯度-荷载曲线（图 6.11～图 6.13）可以看出，单桩承台 Q-s 曲线斜率变化规律与单板 Q-s 曲线斜率变化规律更为接近，表明单桩承台工作性状更多地表现了承台底土的工作性状。同时，单桩承台模型的极限承载力为 4800N，对应沉降为 5.1mm，单桩承台极限承载力 4800N 与单桩极限承载力 1200N 和单板极限承载力 3500N 之和基本一致。

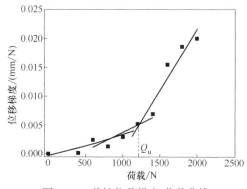

图 6.11　单桩位移梯度-荷载曲线

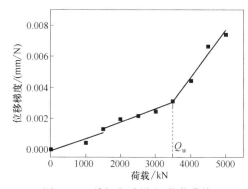

图 6.12　单板位移梯度-荷载曲线

由图 6.10 所示带刚度调节装置的单桩承台 Q-s 曲线可以看出，带刚度调节装置单桩承台 Q-s 曲线也为"缓降型"，曲线变化趋势与常规单桩承台相仿。由图 6.13 和图 6.14 可以看出，带刚度调节装置单桩承台与常规单桩承台的位移梯度-荷载曲线基本一致。进一步对比发现，加载初期带刚度调节装置单桩承台 Q-s 曲线在常规单桩承台的下方，即

加载初期相同沉降下带刚度调节装置单桩承台承载力小于常规单桩承台承载力，继续加载，常规单桩承台的沉降急剧增加并有破坏的趋势，而带刚度调节装置单桩承台的沉降缓慢增加，最终极限承载能力仍可进一步增强。除此以外，还可以发现带刚度调节装置单桩承台位移梯度-荷载曲线更平缓，表明带刚度调节装置单桩承台有较强的后期承载能力。文献［6］研究表明，"预留净空桩"也显示出了与上述类似的工作性状。

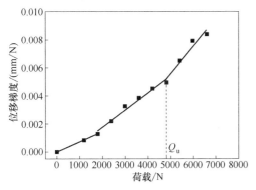 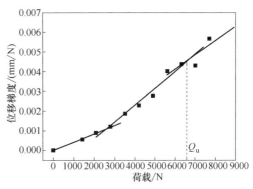

图 6.13 单桩承台位移梯度-荷载曲线　　图 6.14 刚度调节装置单桩承台位移梯度-荷载曲线

6.2.3 桩土荷载分担比对比分析

试验通过桩顶应变片的应变计算出桩顶荷载，通过基础底压力盒平均压强计算出基础底土体承担的荷载。整理分析得出，常规单桩承台与带刚度调节装置单桩承台的桩土荷载分担比如图 6.15 所示。

由图 6.15 中单桩承台荷载分担比可以看出，单桩承台随着荷载的增加，桩的荷载分担比从最初的 80% 逐渐减小并稳定至 51% 左右，承台底土的荷载分担比从最初的 20% 逐渐增加至 49% 左右。其中，当总荷载 $Q=(20\%\sim50\%)Q_u$（Q_u 为单桩承台极限荷载）时，承台分担荷载增长比较快；当 $Q=Q_u$ 之后，桩土分担比趋于稳定。

由图 6.15 中带刚度调节装置单桩承台荷载分担比可以看出，带刚度调节装置单桩承台随着荷载的增加，桩承担的荷载从最初的 24% 逐渐增加并稳定至 46% 左右，承台底土

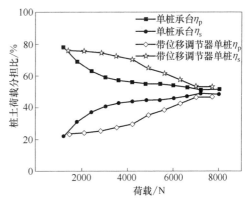

图 6.15 荷载分担比对比曲线
（η_p 为桩分担比；η_s 为土分担比）

的荷载分担比从最初的 76% 逐渐减小并稳定至 54% 左右。其中，总荷载 $Q=(20\%\sim70\%)Q_u$ 时，承台底土的荷载分担比变化缓慢，在 $Q=1.1Q_u$ 之后，承台底土的荷载分担比趋于稳定。

对比分析图 6.15 中单桩承台与带刚度调节装置单桩承台荷载分担比曲线，可以看出：刚度调节装置的存在改变了常规单桩承台中桩土承载的先后顺序。常规桩基中，桩先承担

荷载，桩达到极限荷载后，土体承载能力才得以发挥，文献［7］称其为"塑性支承桩"；而安装刚度调节装置的单桩承台，在 $Q=(20\%\sim70\%)Q_u$ 之前这一加载过程中，土体荷载分担比缓慢减小，桩荷载分担比逐渐增大，也就是说，桩和土的承载力是同时发挥作用的，排列顺序不分先后。同时，刚度调节装置还增大了承台底土荷载分担比，桩土荷载分担比稳定后，带刚度调节装置单桩承台的土体荷载分担比为 54%，而常规单桩承台的土体荷载分担比为 49%。

6.2.4　荷载传递规律分析

1. 单桩承台系列试验——桩身轴力和侧摩阻力分布

单桩试验中桩身轴力和侧摩阻力随荷载的分布曲线如图 6.16 和图 6.17 所示。图 6.16 所示桩身轴力沿桩长从上到下逐渐减小。图 6.17 所示桩侧摩阻力沿桩长从上到下先增大后减小，在 $0.35l$（l 为桩长）处达到最大，在桩端处最小，侧摩阻力随着荷载级别的提高而逐渐增大，在 1200N 级荷载之后侧摩阻力达到极限。

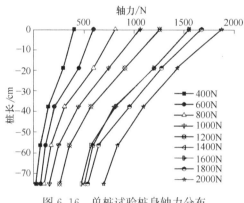

图 6.16　单桩试验桩身轴力分布

单桩承台试验中桩身轴力和侧摩阻力随荷载的分布曲线如图 6.18 和图 6.19 所示。可以发现，桩身轴力沿桩长从上到下逐渐减小；桩侧摩阻力沿桩长从上到下先增大后减小，在 $0.63l$（l 为桩长）处达到最大，在桩顶处最小，桩侧摩阻力随桩顶荷载的增加逐渐增大至 4800N 级荷载之后达到极限。除此以外，还可以发现，桩侧摩阻力达到极限荷载后，桩顶荷载继续增加，桩侧摩阻力有稍微减小的趋势。除此以外，还可以发现，单桩承台最大桩侧摩阻力深度大于单桩最大桩

侧摩阻力深度，这是承台板对上部桩身侧摩阻力削弱、对下部桩身加强的作用[8]。

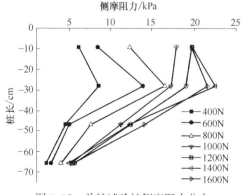

图 6.17　单桩试验桩侧摩阻力分布

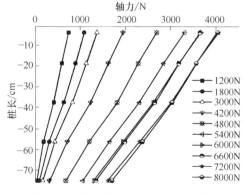

图 6.18　单桩承台试验桩身轴力分布

带刚度调节装置单桩承台试验中桩身轴力和侧摩阻力随荷载的分布曲线如图 6.20 和图 6.21 所示。可以发现，前 5 级荷载下，桩身轴力沿桩长从上到下先减小后增大，后 5

级荷载下，桩身轴力沿桩长从上到下逐渐增大；桩侧摩阻力沿桩长从上到下先增大后减小，$0.35l \sim 0.63l$ 处桩侧摩阻力最大，桩顶侧摩阻力最小。在前 5 级荷载作用下，桩顶 $6 \sim 7$ 倍桩径范围内有负摩阻力存在，并且随着荷载级别的提高先增大后减小，最后发展成正摩阻力，说明刚度调节装置的存在增大了筏板底土体的压缩，筏板底土相对桩顶有向下的位移，对桩端形成向下的拖拽力。

2. 单板试验——土中应力分布

单板试验中土中应力随深度的分布规律如图 6.22 所示。可以看出，各级荷载下，土中应力随深度增大而急剧减小，在 $3b$（b 为单板宽度）以下，土反力已经很小，说明承台板对板底 $3b$ 深度范围内土体的压缩有显著影响。

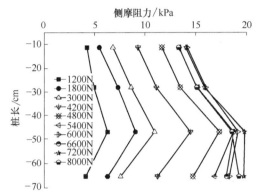

图 6.19 单桩承台试验桩身侧摩阻力分布

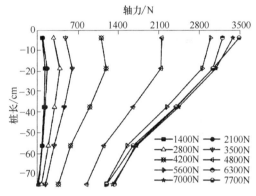

图 6.20 带刚度调节装置单桩承台桩身轴力分布

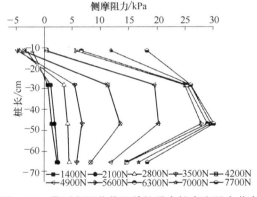

图 6.21 带刚度调节装置单桩承台桩身摩阻力分布

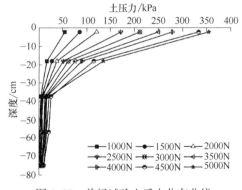

图 6.22 单板试验土反力分布曲线

6.3 端承型桩筏基础模型试验对比分析

6.3.1 试验概况

常规端承型桩筏基础和设置刚度调节装置的端承型桩筏基础（端承型桩复合桩基）的试验模型示意图和实拍图分别如图 6.23 和图 6.24 所示，试验加载程序如表 6.4 所示。

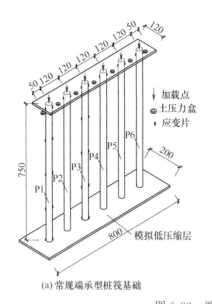

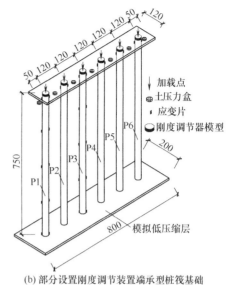

(a) 常规端承型桩筏基础　　　　　　　(b) 部分设置刚度调节装置端承型桩筏基础

图 6.23　端承型桩筏基础试验模型

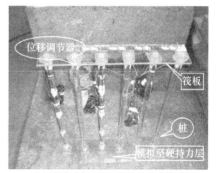

(a) 常规端承型桩筏基础　　　　　　　(b) 设置刚度调节装置端承型桩筏基

图 6.24　端承型桩筏基础模型照片

	试验加载程序										表 6.4
	荷载级别	1	2	3	4	5	6	7	8	9	10
常规端承型桩筏基础	各加载点荷载/kN	1	1.5	2	2.5	3	3.5	4	4.5	—	—
	累计荷载/kN	6	9	12	15	18	21	24	27	—	—
设置刚度调节装置端承型桩筏基础	各加载点荷载/kN	1	1.5	2	2.5	3	3.5	4	4.5	5	5.5
	累计荷载/kN	6	9	12	15	18	21	24	27	30	33

6.3.2　桩身轴力与桩侧摩阻力对比分析

由于端承型桩筏基础试验模型是对称的，在分析时取典型 P3 桩的轴力和侧摩阻力分布进行对比分析（下同），具体如图 6.25～图 6.28 所示。

常规端承型桩筏基础中 P3 桩的轴力和侧摩阻力分布如图 6.25 和图 6.26 所示。可以看出，P3 桩身轴力沿桩长变化不大，端阻力承担桩顶总荷载的 80% 左右，侧摩阻力承担桩顶总荷载的 20% 左右，这说明该试验中桩端阻力承担了主要荷载，符合常规端承型桩的工作性状。另外，常规端承型桩的侧摩阻力沿桩长逐渐减小，在 $0.37l$（l 为桩长）之后侧摩阻力沿桩长均匀分布。整体看来，常规端承型桩的侧摩阻力在前几级荷载作用下已充分发挥作用，后几级荷载下侧摩阻力变化不大。

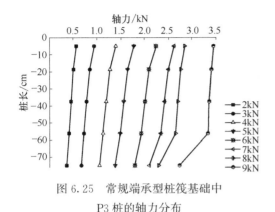

图 6.25 常规端承型桩筏基础中
P3 桩的轴力分布

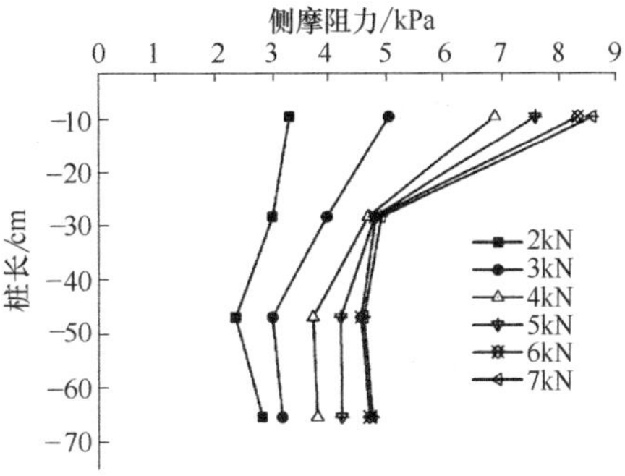

图 6.26 常规端承型桩筏基础中
P3 桩的侧摩阻力分布

设置刚度调节装置的端承型桩筏基础 P3 桩的轴力和侧摩阻力分布如图 6.27 和图 6.28 所示。可以看出，设置刚度调节装置的端承型桩身轴力沿桩长变化很小，端阻力承担桩顶总荷载的 80% 左右，侧摩阻力承担桩顶总荷载的 20% 左右。两种端承型桩的承载特性基本一致，但使桩身轴力达到同样大小，设置刚度调节装置端承型桩筏基础作用的荷载要大得多，说明和常规端承桩相比，刚度调节装置的存在使地基土分担了相当大的荷载。除此以外，还可以发现设置刚度调节装置的端承型桩由于刚度调节装置的作用，在受荷过程中桩顶有负摩阻力分布，负摩阻力随荷载的增加先增大后减小。究其原因，主要是受荷时刚度调节装置压缩变形，桩顶处土体沉降量大于桩顶沉降量，桩顶处桩周土相对于桩有向下运动的趋势，也可理解成桩顶有向上的"刺入"变形，负摩阻力的大小与相对位移量有关，受荷过程中负摩阻力先增大后减小，说明桩顶处桩周土相对桩表面位移先增大后减小。

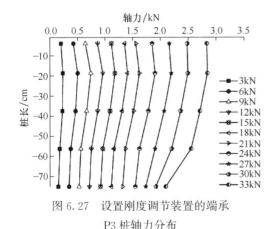

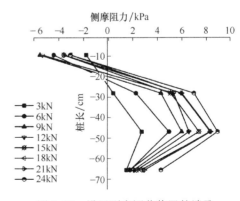

图 6.27 设置刚度调节装置的端承
P3 桩轴力分布

图 6.28 设置刚度调节装置的端承
P3 桩侧摩阻力分布

6.3.3　桩筏基础沉降规律对比分析

各级荷载作用下常规端承型桩筏基础和设置刚度调节装置的端承型桩筏基础的沉降分布曲线对称绘于图 6.29。

图 6.29 左侧为各级荷载作用下常规端承型桩筏基础模型 P1～P3 筏板沉降分布曲线，可以看出，随着荷载增加，筏板沉降逐渐增大，荷载达到 18kN 之前，各级荷载下筏板沉降呈水平分布，筏板差异沉降不明显。当荷载达到 27kN 时，筏板的差异沉降已达 3mm，并有破坏的趋势。除此以外，还可以看出，整个桩筏基础最大平均沉降达到 8mm 左右，说明该端承桩底土体仍有部分变形，非完全嵌岩桩。

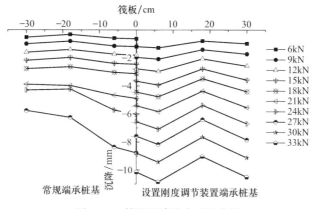

图 6.29　筏板沉降分布对比曲线

图 6.29 右侧为各级荷载作用下设置刚度调节装置的端承型桩筏基础模型 P4～P6 筏板沉降分布曲线，可以看出，随着荷载增加，筏板沉降逐渐增大，各级荷载之间相互比较，第一级荷载沉降增量较大，各级荷载下，筏板沉降呈水平分布，差异沉降不明显，即使荷载达到 33kN，其不均匀沉降最大值也仅为 1.5mm 左右。

对比分析来看，随着荷载的增加，两种桩筏基础的沉降量均呈增大趋势，但由于刚度调节装置支承刚度较小，设置刚度调节装置的桩筏基础在同级荷载下，沉降增大更为明显（如 6kN 时，沉降量由 0.53mm 增至 1.16mm，增大近 2.2 倍）。随着地基土逐渐参与承担上部结构荷载，在荷载水平相同的前提下，设置刚度调节装置的端承型桩筏基础的沉降速率小于常规端承型桩筏基础，在荷载达到 24kN 时，两者沉降已基本一致。常规端承型桩筏基础的差异沉降显著大于可控刚度桩筏基础，而且在下一级荷载下，常规端承型桩筏基础的差异沉降进一步加大，并有破坏的趋势（荷载只加到 27kN），而可控刚度桩筏基础继续加载后仍保持较小的整体沉降和差异沉降，这说明刚度调节装置的设置充分调动了地基土承载力，并显著减小了桩筏基础的整体沉降和差异沉降。

6.3.4　基底土反力对比分析

各级荷载作用下，常规端承桩和可控刚度桩筏基础的筏板底土反力分布曲线对称绘于图 6.30。

图 6.30 左侧为各级荷载作用下常规端承桩基模型 P1～P3 筏板底土反力分布曲线，

可以看出：随着荷载的增加，筏板位移逐渐变大，基底土反力也逐渐增大，加载初期，基底土反力比较均匀，在 24kN 级荷载之后，基底土反力突然增大。

图 6.30 右侧为各级荷载作用下设置刚度调节装置的端承桩基模型 P4～P6 半剖筏板底土反力分布曲线，可以看出：随着荷载的增加，土反力增大，在第一级荷载下，土反力增量较大，之后土反力增量减小，土反力分布曲线变稠密。

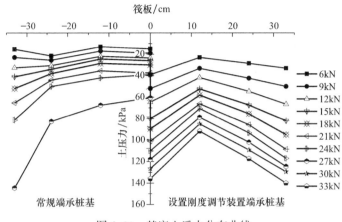

图 6.30　基底土反力分布曲线

对比分析来看，由于本书试验仅模拟端承型桩而非嵌岩端承桩，荷载作用下，基桩仍有少量沉降，因此，两种桩筏基础筏板底土反力仍随荷载增加而相应增大。由于刚度调节装置的存在，同级荷载下，设置刚度调节装置的端承型桩筏基础的筏板底土反力显著大于常规端承型桩筏基础，说明地基土承载力已得到很大程度的发挥。当荷载达到 27kN 时，常规端承型桩筏基础筏底反力急剧增大，且分布极不均匀，这主要因为桩筏基础此时已接近破坏。

设置刚度调节装置后桩筏基础筏板底土反力分布曲线逐渐由疏变密，原因是加载初期刚度调节装置压缩量显著，筏板沉降明显增大，筏板底土承载能力迅速得到发挥，而当加载量增大，装置的调节能力发挥完毕后，桩基的支承刚度迅速增大，筏板沉降趋于稳定，故筏板底土反力亦趋于稳定。

6.3.5　桩土荷载分担比对比分析

常规端承桩和可控刚度桩筏基础的桩土荷载分担比如图 6.31 所示。从图 6.31 中可以看出，常规端承桩基的桩土荷载分担比随着荷载的增加变化不大，桩承担总荷载的 80% 左右，土承担总荷载的 20% 左右。常规端承桩支承刚度相对较大，加载过程中，桩土都处在弹性阶段，桩土荷载分担比也就等于其支承刚度之比，所以，加载过程中桩土荷载分担比保持不变。除此以外，还可以发现，随着荷载的增加，设置刚度调节装置的端承桩筏基础筏板底土荷载分担比由最初的 56% 缓慢减小，最终稳定在 32% 左右，而随着荷载增加，桩荷载分担比由最初的 44% 缓慢增大，最终稳定在 68%。这说明设置刚度调节装置后，桩土同时发挥作用，在 18kN 级荷载后桩土荷载分担比趋于稳定。

总体看来，端承型桩筏基础中刚度调节装置可以起到优化桩土荷载分担比的作用，即

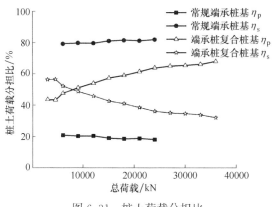

图 6.31　桩土荷载分担比

刚度调节装置能使土体首先发挥出承载优势（第一级荷载下，土荷载分担比为 72%），待土体承载能力被充分调动后，再逐步将后续荷载分至桩体承载（最后一级荷载下，桩荷载分担比约为 65%）。常规端承型桩筏基础的桩土荷载分担比相对固定，即桩荷载分担比始终约为 80%，而土荷载分担比始终约为 20%，应该指出，如果此处为嵌岩端承桩，则地基土承载力基本无法发挥作用。此处刚度调节装置的存在使上部结构总荷载在桩土之间优化调节，最终达到动态平衡，进而满足桩土协调变形并共同承担上部结构荷载。

6.3.6　设置刚度调节装置端承型桩筏基础工作特性

根据以上常规端承型桩筏基础和设置刚度调节装置的端承型桩筏基础的室内模型试验结果和对比分析，可控刚度桩筏基础应用于端承型桩基时，具有如下工作特性：

（1）刚度调节装置设置于端承型桩筏基础后，起到协调桩土变形、改善荷载传递特征、减小基础差异沉降、优化桩土荷载分担比等作用，同时，可顺利实现端承型桩筏基础的桩土共同作用。

（2）设置刚度调节装置的端承型桩筏基础桩顶下一定范围内有负摩阻力分布，且随上部荷载增加，其数值有先增后减之趋势，实际工程设计计算时应考虑其不利影响。

（3）刚度调节装置改变了常规端承型桩筏基础的荷载传递规律，优先调动筏板底土体承载能力的同时，合理地动态分配上部荷载，最终至优化状态，从而改善桩筏基础整体受力性能，提高基础安全等级。

6.4　摩擦型桩筏基础模型试验对比分析

6.4.1　试验概况

设计一组对比试验，模拟塔楼、裙楼大底盘结构（塔楼部分加载值大于裙楼部分），工况为使用常规摩擦型桩筏基础与部分设置刚度调节装置的摩擦型桩筏基础（只在裙楼位置设置），模型示意图和实拍图分别如图 6.32、图 6.33 所示，试验加载程序如表 6.5 所示。

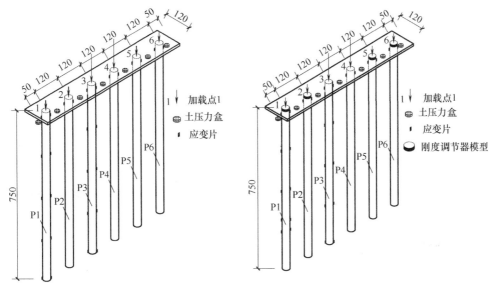

(a) 常规端承型桩筏基础   (b) 部分设置刚度调节装置端承型桩筏基础

图 6.32 摩擦型桩筏基础试验模型

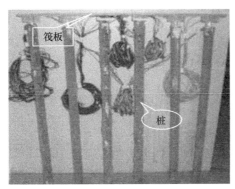 

(a) 常规摩擦型桩筏基础   (b) 部分设置刚度调节装置摩擦型桩筏基础

图 6.33 摩擦型桩筏基础模型照片

试验加载程序									表 6.5
荷载级别		1	2	3	4	5	6	7	8
常规摩擦型桩筏基础	1、2、5、6 加载点荷载/kN	0.45	0.75	1.25	1.75	2.25	2.25	2.25	2.25
	3、4 加载点荷载/kN	0.45	0.75	1.25	1.75	2.25	2.75	3.25	7.75
	总荷载/kN	2.7	4.5	7.5	10.5	13.5	14.5	15.5	16.5
设置刚度调节装置摩擦型桩筏基础	1、2、5、6 加载点荷载/kN	0.45	0.75	1.25	1.75	2.25	2.25	2.25	2.25
	3、4 加载点荷载/kN	0.45	0.75	1.25	1.75	2.25	2.75	3.25	7.75
	总荷载/kN	2.7	4.5	7.5	10.5	13.5	14.5	15.5	16.5

6.4.2 桩身轴力与桩侧摩阻力对比分析

摩擦型桩筏基础试验模型中，只在裙楼位置设置刚度调节装置，图 6.34（a）所示基

121

桩 P1 与 P3 和图 6.34（b）所示基桩 P3 均不设置，其桩身轴力和侧摩阻力分布规律相似，因此只对比分析图 6.34（b）所示基桩 P1 与 P3 的轴力和侧摩阻力分布规律。

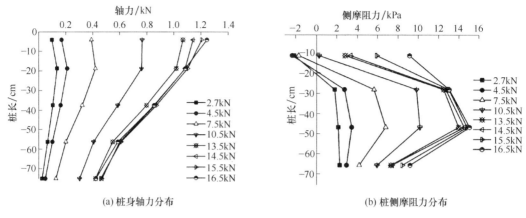

(a) 桩身轴力分布　　　　　　　　　　(b) 桩侧摩阻力分布

图 6.34　部分设置刚度调节装置摩擦型桩筏基础 P1 桩

图 6.34 所示为模拟裙房基础下设置刚度调节装置的基桩 P1 在各级荷载下的轴力分布和侧摩阻力分布。图 6.34（a）中 P1 桩在前 3 级荷载作用下桩身轴力沿桩长从上到下先增大后减小，后 5 级荷载作用下桩身轴力沿桩长从上到下逐渐减小，总体看来，桩身轴力随荷载增加而逐渐增大。由图 6.34（b）可看出，前 3 级荷载作用下桩顶 6 倍桩径范围内有负摩阻力的存在，且负摩阻力随着荷载的增加先增大后减小。总体看来，桩侧摩阻力随着荷载的增加而增大，在 $0.61l$（l 为桩长）深度处侧摩阻力最大。

图 6.35 所示为模拟主楼基础下不设置刚度调节装置的基桩 P3 在各级荷载下的桩身轴力和桩侧摩阻力分布曲线。由图 6.35（a）可以看出，P3 桩身轴力沿桩长从上到下逐渐减小，桩身轴力整体上随着荷载增加而逐渐增大。图 6.35（b）显示，P3 桩侧摩阻力沿桩长从上到下先增大后减小，在 $0.32l$（l 为桩长）深度处侧摩阻力最大，桩侧摩阻力整体上随着荷载增加而增大。

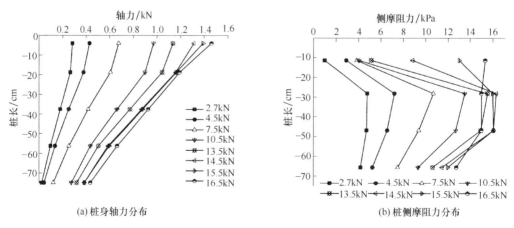

(a) 桩身轴力分布　　　　　　　　　　(b) 桩侧摩阻力分布

图 6.35　部分设置刚度调节装置摩擦型桩筏基础 P3 桩

对比分析摩擦型桩筏基础中设置刚度调节装置的基桩 P1 和不设置刚度调节装置的 P3

的桩身轴力，可以发现：同级荷载作用下，刚度调节装置能显著减小桩身轴力（如 7.5kN 级荷载下，桩身 18cm 处轴力由 0.6kN 降至 0.4kN），表明其能降低基桩荷载承载量，将更多荷载转由土体承担；刚度调节装置的设置使摩擦桩 P1 桩在前几级荷载下桩顶有负摩阻力分布，负摩阻力随荷载增加先增大后减小，最终变成正摩阻力，负摩阻力的形成机理同单桩试验相同。

6.4.3 桩筏基础沉降规律对比分析

各级荷载作用下模拟主、裙楼大底盘结构的常规摩擦型桩筏基础与部分设置刚度调节装置的摩擦型桩筏基础的沉降对比曲线对称绘于图 6.36 中。

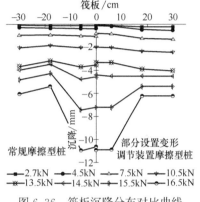

图 6.36 筏板沉降分布对比曲线

图 6.36 左侧为各级荷载下常规摩擦型桩筏基础模型 P1～P3 筏板沉降曲线，图中显示随着荷载的增加，筏板沉降逐渐增大。当各桩顶施加相同荷载（前 5 级荷载模拟主、裙楼同时施工）时筏板均匀沉降，差异沉降不明显，当仅增加 3、4 号加载点荷载（后 3 级荷载模拟主楼施工）时，3、4 号加载点对应位置的筏板沉降迅速增大，1、2 号加载点对应的筏板沉降增大缓慢，桩筏基础整体差异沉降迅速增大。

图 6.36 右侧为各级荷载下部分设置刚度调节装置的摩擦型桩筏基础模型 P4～P6 筏板沉降曲线。图中显示：随着荷载增加，筏板沉降同样逐渐增大。当各桩顶施加相同荷载（前 5 级荷载模拟主、裙楼同时施工）时，由于 P5、P6 桩顶设置了刚度调节装置，基桩支承刚度减小，筏板沉降表现为中间小、两边大，呈"马鞍形"分布，但差异沉降微小；当仅增加 3、4 号加载点荷载时（后 3 级荷载模拟主楼施工），3、4 号加载点对应位置的筏板沉降迅速增大，5、6 号加载点对应的筏板沉降也相应增大；在 14.5kN 级荷载下筏板沉降呈水平分布，随着主楼位置荷载继续增加，筏板最终沉降又呈现为中间大、两边小的"锅底形"分布形态。部分设置刚度调节装置的摩擦型桩筏基础模型在本试验加载程序下，筏板沉降分布的变化过程是从"马鞍形"分布到"水平"分布，再到"锅底形"分布。

此次试验中，刚度调节装置的刚度选择和加载值控制有所欠缺，试验结果所示差异不太明显，但仔细对比仍可看出，虽然随加载级数的提高常规摩擦型桩筏基础和部分设置刚度调节装置的摩擦型桩筏基础的沉降量均增大，但前者的差异沉降大于后者。进一步分析，部分设置刚度调节装置的摩擦型桩筏基础中，刚度调节装置在保证塔楼基桩支承刚度的同时，削弱了裙房基桩的支承刚度，实质为在可能发生差异沉降的部位（主、裙楼连接处）预留一定的"逆差异沉降"量，常规荷载作用下，支承刚度被削弱部位的沉降量相对较大，桩筏体系自动预留出足够的"逆差异沉降"量，以便与后期塔楼部分增加荷载时产生的差异沉降相互抵消，力求使整个筏板自适应接近或达到"直线形"的零差异沉降效果，达到变刚度调平的目的。

6.4.4　基底土反力对比分析

各级荷载作用下模拟主、裙楼大底盘结构的常规摩擦型桩筏基础与部分设置刚度调节装置的摩擦型桩筏基础的基底土反力对比曲线对称绘于图 6.37。

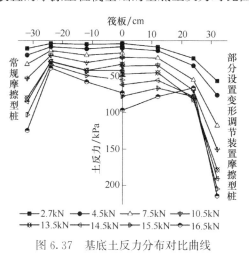

图 6.37　基底土反力分布对比曲线

图 6.37 左侧为各级荷载作用下常规摩擦型桩筏基础模型 P1～P3 基底土反力分布曲线，从图中可以看出，基底土反力整体随着荷载增大而逐渐增大，加载初期，基底土反力基本呈水平分布，加载后期，基底土反力渐呈"马鞍形"分布。图 6.37 右侧为各级荷载作用下设置刚度调节装置的摩擦型桩筏基础模型 P4～P6 基底土反力分布曲线，从图中可以看出，基底土反力整体随着荷载增大而逐渐增大；边跨上两基桩由于设置了刚度调节装置，基桩刚度减小，筏板沉降增大对应土反力较大，中间跨基桩为常规摩擦型桩，对应基底土反力较小，整个加载过程，基底土反力沿筏板均呈"马鞍形"分布。

对比分析用于主、裙楼的摩擦型桩筏基础基底土反力，刚度调节装置的设置改变了原有的土反力分布形式，总体看来，刚度调节装置优化了桩土支承刚度的分布，不仅减少了主、裙楼之间的差异沉降，同时在裙楼部位发挥了地基土的承载潜力。

6.4.5　桩顶反力对比分析

各级荷载作用下模拟主、裙楼大底盘结构的常规摩擦型桩筏基础与部分设置刚度调节装置的摩擦型桩筏基础的桩顶反力对比曲线对称绘于图 6.38。图 6.38 左侧为各级荷载下常规摩擦型桩筏基础模型 P1～P3 桩顶荷载分布曲线，可以看出：桩顶反力整体上随着荷载增加逐渐增大，当各桩顶施加相同荷载（前 5 级荷载模拟主、裙楼同时施工）时，桩顶反力基本呈水平分布，继续增加 3、4 号加载点荷载（后 3 级荷载模拟主楼施工），中间桩顶反力继续迅速增大，边跨桩顶反力基本保持不变。图 6.38 右侧为各级荷载作用下部分设置刚度调节装置的摩擦型桩筏基础模型 P4～P6 桩顶反力分布曲线，可以看出：桩顶反力整体上亦随着荷载增加逐渐增大，当各桩顶施加相同荷载（前 5 级荷载模拟主、裙楼同时施工）时，设置刚度调节装置的 P5、P6 桩顶反力较小，P4 桩顶反力相对较大，桩顶反力沿筏板呈中间大、边缘小的分布形态，继续增加 3、4 号加载点荷载

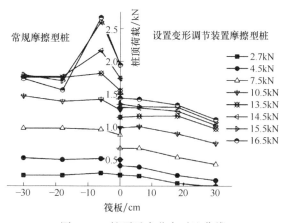

图 6.38　桩顶反力分布对比曲线

（后 3 级荷载模拟主楼施工），P4 桩顶反力继续增大，P5、P6 桩顶反力亦有所增大，但增幅不大。

通过对比分析可以看出，由于在 P1、P2、P5、P6 桩顶设置了刚度调节装置，部分设置刚度调节装置的摩擦型桩筏基础的桩顶反力远较常规摩擦型桩筏基础来得均匀，说明刚度调节装置在主、裙楼荷载不均匀的情况下，对优化桩土支承刚度分布、充分发挥地基土承载力以及减少基础的不均匀沉降起到了关键的作用。

6.4.6　设置刚度调节装置摩擦型桩筏基础工作特性

针对常规摩擦型桩筏基础与部分设置刚度调节装置的摩擦型桩筏基础用于主、裙楼的模型试验，通过以上对非均匀荷载作用下桩身轴力和侧摩阻力、筏板沉降、筏板底土反力和桩顶反力的对比分析，设置刚度调节装置的摩擦型桩筏基础用于主、裙楼大底盘结构具有如下工作性状：

（1）摩擦桩设置刚度调节装置后，加载初期，桩顶一定范围内仍存在负摩阻力，但随着荷载增加，负摩阻力大小和存在时间均远小于端承型桩的情况。

（2）对于上部结构荷载不均匀的情况，通过设置刚度调节装置削弱较小荷载区域对应筏板下的基桩支承刚度，发挥地基土的承载作用，优化整体桩土支承刚度分布。在荷载较小区域形成较大沉降（相当于预留了"逆差异沉降"），在荷载较大区域尽可能减小沉降，最终接近或达到零差异沉降。

（3）在上述情况下，除实现减小基础不均匀沉降这个主要目标外，设置刚度调节装置亦可起到充分发挥地基土承载能力、节约基础造价的作用。

6.5　混合支承桩筏基础模型试验对比分析

6.5.1　试验概况

所谓混合支承桩筏基础，是指在筏板范围内桩基的支承刚度不均匀，存在多种支承形式，如摩擦型桩和端承型桩共存的情况。除此以外，混合支承桩基中还有如不同桩径、不同桩长、不同桩距等情况。

不同桩径、不同桩长以及不同桩距等情况形成的混合支承情况，通常为人为设置，其主要目的是改善筏板的受力性能，进而减小基础的不均匀沉降，因此，这种形式的混合支承桩基是有利的[9-11]。而摩擦型桩和端承型桩共存的情况，则通常由以下原因所致：①目前桩基被大量使用，建筑物拆除时，由于土体固结作用，遗留在地基中完好的旧桩和新桩的支承刚度相差悬殊，如考虑旧桩的利用，则会形成混合支承桩基；②我国南方沿海的花岗岩残积土地区，地基土中通常会有不均匀的孤石存在，桩基部分支承于孤石，部分支承于地基土，形成摩擦型桩和端承型桩共存的情况。上述情况的混合支承桩基支承刚度差别较大，如不采取一定的措施，建筑物会产生较大的差异沉降，筏板的内力也会增大，不仅不安全，而且不经济[12]。

　　设计一组混合支承情况下常规桩筏基础与可控刚度桩筏基础的对比试验，分析利用可控刚度桩筏基础处理对摩擦型桩与端承型桩混合支承工程问题的工程效果，并总结其工作性状。模型示意如图 6.39 所示，模型照片如图 6.40 所示。试验加载程序如表6.6 所示。

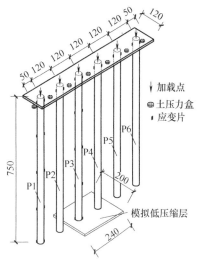
(a) 常规端承型桩筏基础

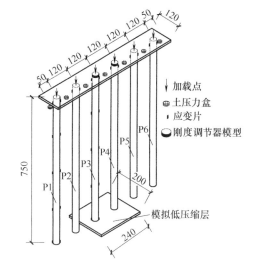
(b) 部分设置刚度调节装置端承型桩筏基础

图 6.39　混合支承桩筏基础的试验模型

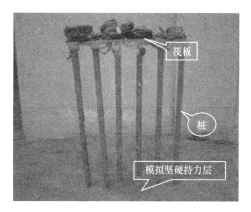
(a) 常规桩筏基础

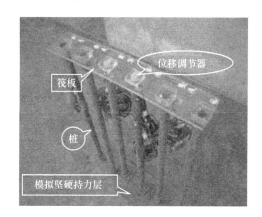
(b) 可控刚度桩筏基础

图 6.40　混合支承桩筏基础的试验模型照片

混合支承桩筏基础模型试验加载程序　　　　　　　　　　　　表 6.6

	荷载级别	1	2	3	4	5	6	7	8
常规桩筏基础	每个加载点荷载/kN	1	2	3	4	5	6	—	—
	总荷载/kN	3	6	9	12	15	18	—	—
可控刚度桩筏基础	每个加载点荷载/kN	1	2	3	4	5	6	7	8
	总荷载/kN	3	6	9	12	15	18	21	24

6.5.2 桩身轴力与桩侧摩阻力对比分析

常规混合支承桩筏基础 P1 和 P3 在各级荷载作用下桩身轴力和侧摩阻力分布分别如图 6.41 和图 6.42 所示。可以看出：P1 桩身轴力沿桩长从上到下逐渐减小，桩端阻力随着荷载增加而增大，最终，端阻力占桩顶总荷载的 35％ 左右，而侧摩阻力占桩顶总荷载的 65％ 左右，表现出典型的摩擦型桩工作特性；P3 桩身轴力沿桩长从上到下逐渐减小，但减小幅度不大，桩端阻力随荷载增加而增大，最终占桩顶总荷载的 75％ 左右，表现出典型的端承型桩工作特性。可以明确，以上试验结果与模型设计完全吻合。

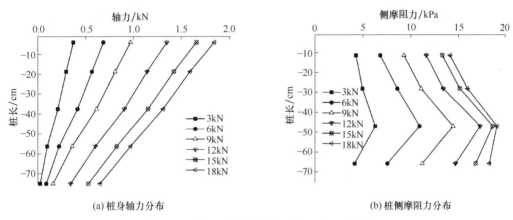

图 6.41 常规混合支承桩筏基础摩擦型桩 P1

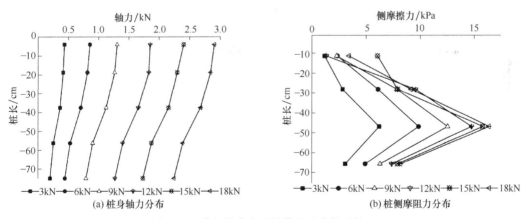

图 6.42 常规混合支承桩筏基础摩擦型桩 P3

设置刚度调节装置的混合支承桩筏基础 P1 和 P3 在各级荷载作用下的桩身轴力和桩侧摩阻力分布分别如图 6.43 和图 6.44 所示。可以看出：P1 桩身轴力沿桩长从上到下逐渐减小，桩侧摩阻力沿桩长从上到下先增大后减小，P1 桩端阻力随荷载增加而增大，最终占总荷载的 38％ 左右，侧摩阻力占总荷载的 62％ 左右，表现出了摩擦型桩工作特性。另外，P3 桩身轴力沿桩长变化不大，P3 桩最终端阻力占桩顶总荷载的 80％ 左右，侧摩阻力占 20％ 左右，表现出了端承型桩工作特性。试验结果同样与模型试验设计一致。

除此以外，还可以发现：设置刚度调节装置与否并不改变各桩的桩身轴力分布形态，也不改变承载特性，但是却改变了各桩桩侧摩阻力的分布形态。对于端承型桩来说，刚度调节装置的设置会在桩顶 7～8 倍桩径范围内产生负摩阻力，随着荷载增加，负摩阻力逐渐消失；对于摩擦型桩来说，刚度调节装置的设置虽没有在桩顶产生负摩阻力，但是由于刚度调节装置压缩桩侧土产生向下运动趋势，也使桩顶 8～10 倍桩径范围内的桩侧摩阻力较难得到发挥。

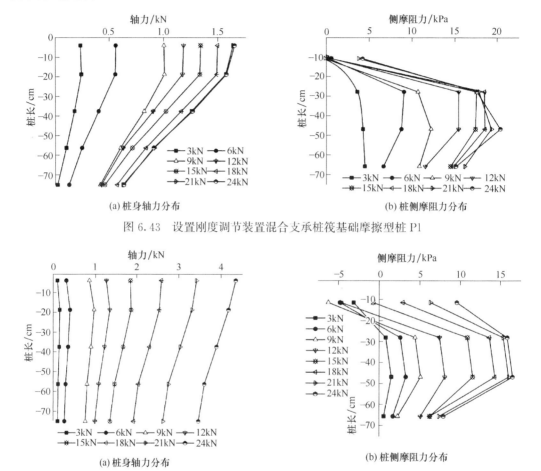

(a) 桩身轴力分布　　　　　　　　(b) 桩侧摩阻力分布

图 6.43　设置刚度调节装置混合支承桩筏基础摩擦型桩 P1

(a) 桩身轴力分布　　　　　　　　(b) 桩侧摩阻力分布

图 6.44　设置刚度调节装置混合支承桩筏基础摩擦型桩 P3

6.5.3　桩筏基础沉降规律对比分析

将各级荷载作用下常规与设置刚度调节装置的混合支承桩筏基础的沉降对比曲线对称绘于图 6.45。图 6.45 左侧为常规混合支承桩筏基础模型 P1～P3 沉降分布曲线。可以看出：随着荷载增加，筏板平均沉降逐渐增大，相同荷载级别下，支承刚度相对较小的摩擦型桩沉降较大，而支承刚度较大的端承型桩沉降较小，两者的沉降差随荷载增加而急剧扩大，最终筏板因为差异沉降过大（沉降差达 4.2mm）而断裂破坏。图 6.45 右侧为设置刚度调节装置的混合支承桩筏基础模型 P4～P6 沉降分布曲线。可以看出：随着荷载增加，筏板平均沉降逐渐增大，加载初期，在相同荷载级别下，端承基桩 P4 由于安装了刚度介于摩擦桩与地基土之间的刚度调节装置，基桩刚度减小，沉降大于摩擦基桩 P5、P6，筏

板沉降分布呈中间大、边缘小。继续加载到
18kN后，摩擦基桩P5、P6承载力达到极限
值而进入塑性状态，沉降急剧增大，此时筏
板沉降仍呈水平分布，差异沉降很小。继续
加载，刚度调节装置总体调节量完成，调节
功能丧失，P4桩呈现出端承型桩特性，沉降
较小，摩擦桩沉降持续增大，筏板沉降分布
呈中间小、边缘大，最终因为差异沉降过大，
筏板破坏。

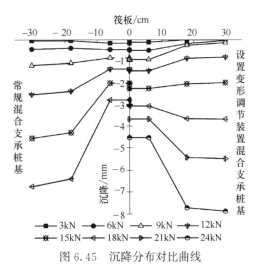

图6.45　沉降分布对比曲线

　　对比分析，混合支承桩筏基础引入刚度
调节装置后，可很好地解决由于桩土支承体
支承刚度不均匀引起的基础差异沉降过大的
问题。如在18kN级荷载作用下，常规混合支
承桩筏基础的差异沉降已达4.2mm，筏板因无法承担如此大的沉降差而破坏；设置刚度
调节装置后，同样在18kN级荷载作用下，桩筏基础的差异沉降仅为0.5mm，接近零差
异沉降，继续增加荷载到24kN，在刚度调节装置预留变形量完成、调节机制失效后，筏
板才发生破坏。可以预见，如设置合适的刚度调节装置参数，上述桩筏基础可进一步承担
更大的荷载，并保持较小的差异沉降。

6.5.4　基底土反力对比分析

　　图6.46左侧为常规混合支承桩筏基础模型P1～P3地基土反力分布曲线，可以看出：

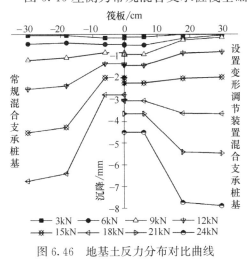

图6.46　地基土反力分布对比曲线

地基土反力呈中间小、边缘大的分布形态，该
分布形态与刚性基础典型地基土反力分布形态
有显著差异，是因为筏板中部沉降较小、边缘
沉降较大所致，也与P1、P2桩为摩擦型桩而
P3桩为端承型桩前后对应。图6.46右侧为端
承桩顶设置刚度调节装置的混合支承桩筏基础
模型P4～P6地基土反力分布曲线。可以看
出：类似于常规混合支承桩筏基础，设置刚度
调节装置的混合支承桩筏基础的地基土反力分
布规律与筏板沉降分布直接相关，加载初期呈
中间小、两边大分布，中间过程呈水平分布，
最终呈中间小、两边大分布。

　　对比分析，刚度调节装置优化混合支承刚度的同时，充分调动地基土承载力，相同荷
载下，可控刚度桩筏基础的地基土反力显著大于常规桩筏基础的地基土反力。

6.5.5　桩顶反力对比分析

　　图6.47左侧为常规混合支承桩筏基础模型P1～P3桩顶反力分布曲线，相同荷载级

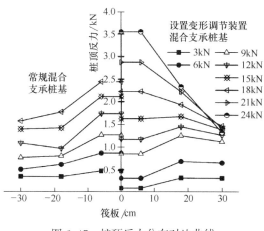

图 6.47　桩顶反力分布对比曲线

别下，支承刚度较小的摩擦型桩桩顶反力最大为 17kN，显著小于支承刚度较大的端承型桩桩顶反力 25kN，桩顶反力整体呈现中间大、边缘小的分布形态，与基地土反力中间小、边缘大完全一致。

图 6.47 右侧为可控刚度桩筏基础模型 P4~P6 桩顶反力分布曲线，可以看出：加载初期，端承型桩 P4 设置刚度调节装置后，支承刚度小于摩擦型，桩顶反力沿筏板呈中间小、两边大分布，但差异沉降较小；继续加载至 15kN 时，摩擦桩进入塑性阶段，此时，相同荷载增量下，桩顶反力增加值减小，地基土承载力得到发挥。另外，刚度调节装置调节量完成后，端承型桩桩顶反力增量开始变大，桩顶反力沿筏板基本呈水平分布；荷载继续增加，摩擦桩达到极限承载力后桩顶反力不再增大，端承桩桩顶反力继续增大，桩顶反力沿筏板呈中间大、边缘小的分布形态。

对比分析，刚度调节装置优化了混合支承桩基的刚度差异，在相同荷载级别下，地基土沉降略增大，地基土土反力增大，桩顶荷载相应减小，故总体来说，设置刚度调节装置的混合支承桩筏基础桩顶反力小于常规混合支承桩筏基础桩顶反力。

6.5.6　筏板弯矩对比分析

图 6.48 为各级荷载下常规混合支承桩筏基础模型 P1~P3 段筏板弯矩与可控刚度桩筏基础模型 P4~P6 段筏板弯矩对比曲线。总体看来，同样为混合支承桩筏基础，在相同荷载级别下，设置刚度调节装置前后，筏板峰值弯矩由 15kN·m 减少到 8kN·m，减少幅度接近 50%，由此可见，刚度调节装置在充分发挥地基土承载力的同时，对减小筏板的内力亦有较大作用，在工程实践中可取得显著的经济效益。

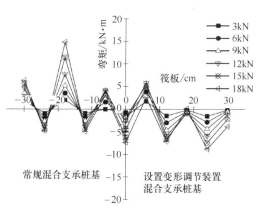

图 6.48　筏板弯矩分布对比曲线

6.5.7　桩土荷载分担比对比分析

常规混合支承桩筏基础与设置刚度调节装置的混合支承桩筏基础的桩土荷载分担比曲线如图 6.49 所示。

常规混合支承桩筏基础加载初期，摩擦型桩处于弹性阶段，端承型桩变形很小，故桩承担的荷载比例为 78%，筏板底土承担的荷载比例为 22%。随着荷载增加，摩擦型桩进入塑性阶段，桩承担荷载减少，筏板底土承担荷载增加，最终，桩承担荷载比例稳定在

63%左右，筏板底土承担荷载比例稳定在
37%左右。

可控刚度桩筏基础加载初期，由于刚度调节装置的作用，端承型桩和摩擦型桩均有一定的沉降，地基土承载能力得到发挥，承担荷载比例为51%，桩承担荷载比例为48%；继续加载，刚度调节装置调节量逐渐完成，桩承担荷载比例逐渐增大至71%，地基土承担荷载比例逐渐减小至29%；荷载继续增加，由于摩擦型桩进入塑性阶段，桩承担荷载比例有所减小并最

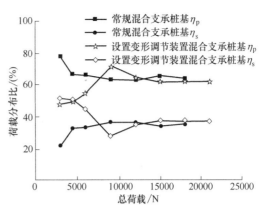

图 6.49 桩土荷载分担比对比曲线

终稳定在62%左右，对应筏板底土承担荷载比例稳定在38%左右。

需要指出的是：本次试验中，常规混合支承桩筏基础的极限承载能力小于可控刚度桩筏基础，因此，对两者的加载量也不一样，故最终极限状态下（此时调节装置已退出工作）桩、土分担比接近是合理的。可以明确，当调节装置仍处于工作状态时，设置刚度调节装置的混合支承桩筏基础的桩基承担荷载比例应高于前者。

6.5.8 设置刚度调节装置的混合支承桩筏基础工作特性

针对桩基混合支承情况下常规桩筏桩基与可控刚度桩筏基础的试验研究，对比分析两种桩筏基础筏板沉降分布、基底土反力、桩顶反力分布、筏板弯矩分布和桩土荷载分担比等试验结果，总结出设置刚度调节装置的混合支承桩筏基础的工作特性如下：①与前文研究成果一致，调节装置的设置会在桩顶一定范围内产生负摩擦力。②在桩基混合支承情况下，端承型桩设置刚度调节装置，可达到调节差异沉降、优化设计的目的。③可控刚度桩筏基础在调节桩基混合支承引起的不均匀沉降的同时，亦可一定程度上发挥地基土的承载能力。

6.6 主动式刚度调节装置试验探索

6.6.1 试验概况

针对本书第三章所讲主动式刚度调节装置的特点，开展试验研究，探索其工作机理和应用效果。设计一组混合支承情况下设置主动式刚度调节装置桩筏基础的模型试验，分析其对摩擦型桩与端承型桩混合支承工程问题处理的工程效果，并总结其工作性状。模型示意图和实拍图分别如图 6.50 和图 6.51 所示。

试验加载程序如表 6.7 所示。此处应该指出，本次试验是基于桩基混合支承的情况，通过主动变形调节来实现桩筏基础的差异沉降控制，因此，本次试验的加载程序与常规试验不同，除在桩顶施加荷载以外，桩顶调节装置还根据试验前估算和实测的差异沉降结果动态调整其桩顶变形。

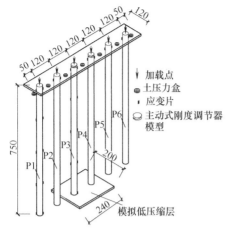

图 6.50　设置主动式刚度调节装置
桩筏基础试验模型示意图

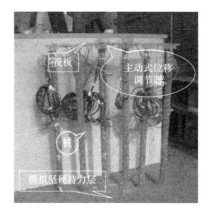

图 6.51　设置主动式刚度调节装置
桩筏基础试验模型照片

模型试验加载程序　　　　　　　　　　　　　　　　　　　　　　表 6.7

荷载级别	1	2	3	4	5	6
各加载点荷载/kN	0.5	1	1.5	2	2.5	3
总荷载/kN	3	6	9	12	15	18
SA3 调节量/mm	—	—	—0.6	—1	—0.8	—1.6
SA4 调节量/mm	—	—0.5	—0.6	—1.1	—1.3	—

注：SA3、SA4 指 P3、P4 桩顶对应的主动式刚度调节装置

6.6.2　桩身轴力和桩侧摩阻力分布

设置主动式刚度调节装置的桩筏基础在混合支承情况下，P1 桩身轴力分布和 P1 桩身侧摩阻力分布分别如图 6.52 和图 6.53 所示（图中实心标记点表示荷载的增加对应的轴力分布，空心标记点表示变形调节而引起轴力变化分布曲线，如：6kN/P4-0.5 表示在 6kN 级荷载下 P4 桩顶刚度调节装置调节量为 0.5mm，下图中标记点意义与该图相同）。可以看出：P1 桩身轴力总体随着荷载增加而增大，相同荷载级别下，P3、P4 主动变形调节后，P1 桩身轴力有所增大，因为 P3、P4 桩顶位移调节后相当于 P3、P4 基桩刚度相对减小，总荷载不变的情况下，P1、P2、P5、P6 承担的荷载增加，所以 P1 桩顶轴力增大。另外，受承台效应影响，其侧摩阻力沿桩长从上到下先增大后减小，深度 $0.4l$（l 为桩长）处侧摩阻力最大，且侧摩阻力随着荷载增加而增大；同一荷载级别下，P3、P4 位移调节后，使得 P1 桩侧摩阻力因桩身轴力的增加而增大。

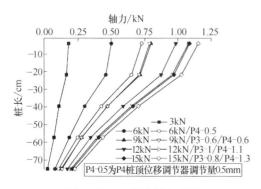

图 6.52　P1 桩身轴力分布

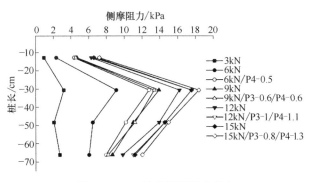

图 6.53 P1 桩身侧摩阻力分布

设置主动调节装置的 P3 桩身轴力分布和 P3 桩侧摩阻力分布分别如图 6.54 和图 6.55 所示。可以看出：桩身轴力沿桩长从上到下逐渐减小，整体随荷载增加而逐渐增大；同一荷载级别下，P3 桩顶进行主动变形调节后桩身轴力有所减小。P3、P4 主动变形调节后相当于其自身支承刚度降低，相同荷载级别下，桩身轴力小于调节前桩身轴力。另外，桩侧摩阻力沿桩长从上到下随荷载增加先增大后减小，整体随荷载增加逐渐增大；相同荷载级别下，基桩 P3 主动变形调节后侧摩阻力因其轴力减小而减小。

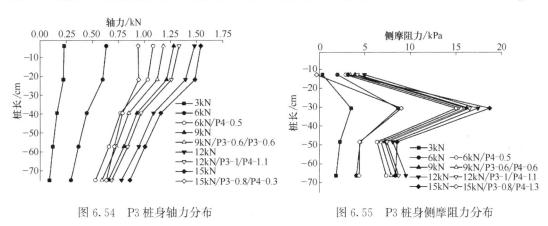

图 6.54 P3 桩身轴力分布　　　　　　　图 6.55 P3 桩身侧摩阻力分布

6.6.3 桩筏基础沉降分布规律

各加载程序下设置主动刚度调节装置的桩筏基础模型在混合支承情况下 P4～P6 筏板沉降分布曲线如图 6.56 所示。可以看出：由于边跨摩擦型桩支承刚度小于中间端承型桩，筏板沉降呈现中间小、两边大的分布形态，摩擦型桩与端承型桩之间出现显著差异沉降。为减小筏板的不均匀沉降，通过刚度调节装置对 P3、P4 进行主动变形调节，减小其支承刚度，结果显示，摩擦型桩与端承型桩桩顶筏板沉降均有所增大，但两者差异沉降减小。如在 12kN 级荷载下 P4 与 P5 的差异沉降为 1.1mm，P4 桩顶刚度调节装置调节量为 1.1mm，沉降稳定后差异沉降为 0.7mm。试验表明：主动式刚度调节装置的设置可以实现施工全过程中对筏板差异沉降的有效调控，变形调节量应该大于荷载稳定时的差异沉降量。但调节量与差异沉降量的定量关系，还需进一步开展研究。

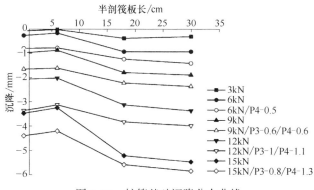

图 6.56　桩筏基础沉降分布曲线

6.6.4　主动变形调节过程对桩筏体系的影响

为了更细致地研究主动调节过程对整个桩筏体系的影响，对同一荷载（如 15kN）下变形调节前后桩筏体系荷载传递的变化规律进行了研究。

整理 15kN 级荷载下 P2 与 P3 桩顶对应的 W2 和 W3 筏板沉降、P2 和 P3 桩顶反力、T3 和 T4 土反力随时间变化规律分别如图 6.58～图 6.60 所示，图中 P3-0.8/P4-1.3 分别表示 15kN 级荷载稳定后 P3 和 P4 桩顶位移调节量分别为 0.8mm 和 1.3mm。其中测点位置布置如图 6.57 所示。

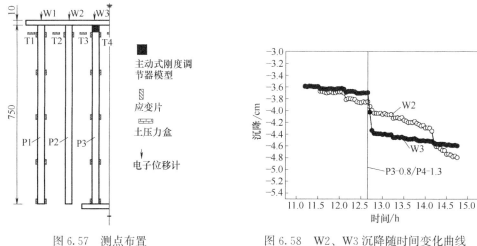

图 6.57　测点布置　　　　图 6.58　W2、W3 沉降随时间变化曲线

15kN 级荷载下 P2、P3 桩顶位移 W2 与 W3 随时间的变化规律如图 6.58 所示，可以看出，对 P3 桩进行主动变形调节的同时，W3 沉降大幅增加，变形调节后 W3 沉降继续增大直至稳定；而与设置主动刚度调节装置相邻 P2 桩顶位移 W2，在对 P3 桩进行主动变形调节时，沉降有小幅增加，变形调节后 W2 沉降继续增大直至稳定。

15kN 级荷载下，P2、P3 桩顶反力随时间的变化规律如图 6.59 所示。可以看出，在加载过程中 P3 桩顶反力随时间逐渐增大直至稳定，在对 P3 和 P4 进行主动变形调节的同时，P3 桩顶反力大幅度减小，变形调节完成后 P3 桩顶荷载逐渐增大，最终达到稳定；与

P3 桩相邻的摩擦型桩 P2 桩顶反力在变形调节的同时有小幅增加，然后随时间逐渐增大直至稳定。

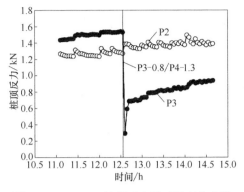

图 6.59 P2、P3 桩顶反力随时间变化曲线

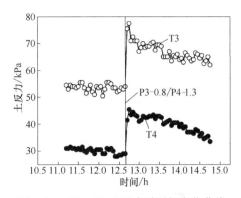

图 6.60 T3、T4 土反力随时间变化曲线

15kN 级荷载下，T3 和 T4 土反力随时间的变化规律如图 6.60 所示。可以看出，在对 P3 和 P4 进行主动变形调节的同时，T3 和 T3 土反力大幅增加，然后随着时间逐渐减小直至稳定。

综上可以发现，对某桩进行主动变形调节，实际上是对该桩承担的荷载进行卸除，多余的荷载（相对于整个桩筏基础来说，该荷载为局部荷载）最终由整个桩筏体系继续承担，该过程导致主动调节的桩顶筏板沉降增大、桩顶反力减小、相邻筏板基底土反力增大、筏板沉降小幅增大、桩顶反力略有增大。

6.6.5 设置主动式刚度调节装置桩筏基础混合支承条件下工作特性

通过在特定加载和调节程序下对设置主动式刚度调节装置的桩筏基础进行混合支承条件下的室内模型试验，总结其工作特性和荷载传递规律如下：

（1）混合支承中刚度较大的桩基设置主动式刚度调节装置，调节时，被调节基桩由于卸载作用，桩身轴力和桩侧摩阻力减小，未被调节的基桩荷载增加，桩身轴力和侧摩阻力增大。

（2）混合支承中刚度较大的桩基设置主动式刚度调节装置，调节后，筏板整体沉降增大，差异沉降减小，筏板基底土压力增大，被调节桩顶反力减小，其余基桩桩顶反力增大。

（3）设置主动式刚度调节装置的桩筏基础在混合支承情况下，对支承刚度较大、沉降较小的基桩进行主动变形调节，实际作用类似于对该桩进行卸载，卸载量大小决定于调节量大小，卸除的荷载改由整个桩筏基础来承担。上述整个过程类似于在桩筏基础的局部施加荷载，形成的"漏斗"形沉降与"倒漏斗"形沉降叠加，从而达到减小桩筏基础差异沉降的目的。上述过程的定量分析仍需进一步研究。

第7章 可控刚度桩筏基础工作性状的数值分析

通过室内模型试验对可控刚度桩筏基础在多种工况下的工作性状进行了研究，但受模型试验自身缺点的影响，上述试验得出的相关结论仍需进一步验证。本章拟应用功能强大的商用有限元分析程序，先对可控刚度桩筏基础的工作性状进行探索，在此基础上以实际试点工程为对象，适当简化后对其工作性状和应用效果进行分析与验证。

7.1 工作机理初步分析

7.1.1 摩擦端承单桩及单板分析

端承桩或者摩擦作用较小的摩擦端承桩，一般由于桩端有良好的持力层，沉降均较小。静载试验得出的 Q-s 曲线一般也属于缓变形。本书应用 Plaxis 3D Foundation 程序对端承单桩进行了分析，具体分析参数为：圆形截面桩，桩径 0.5m，桩长 10m，桩端进入持力层 1m，分级加载，最终加载 2000kN，其余参数如表 7.1 所示，根据分析结果绘制的单桩 Q-s 曲线如图 7.1（a）所示。

单桩分析参数   表 7.1

材料	模型	E/MPa	c/kPa	φ/°	μ	γ_{dry}/(kN/m³)	γ_{wet}/(kN/m³)	R_{inter}
桩	线弹性	29200			0.15	25.0		
土层 1	MC	20	37	15	0.3	19.6	21.0	0.6
土层 2	MC	50	32	35	0.25	20	22	0.6

从图 7.1（a）中可以看出，该桩属于典型的缓变形 Q-s，这和实际情况一致。该桩虽

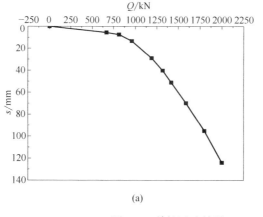

(a)   (b)

图 7.1 单桩试验结果

最大加荷到 2000kN，但是相应变形已达 125mm，远远超出了实际使用范围，并且从图 7.1（b）中也可以看出，当加载到 2000kN 时，桩端土体已经完全进入塑性状态而破坏。根据规范建议的方法，本书取 $s=40\sim60$mm 对应的荷载作为单桩的极限荷载，由此，$Q_u=1300\sim1500$kN，$Q_a=650\sim750$kN，相应变形为 $5\sim8$mm。

对同样土层上的单板进行分析，基础板尺寸为 1m×1m。图 7.2 所示为基础板的 $p\text{-}s$ 曲线。按规范建议的，取 $s/b=0.01\sim0.015$ 对应的荷载作为地基承载力特征值，则 $f_{ak}=275\sim350$kPa；如按本书第二章建议的方法，则 $f_{ak}=400\sim500$kPa。

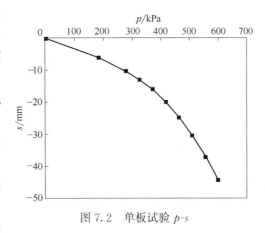

图 7.2 单板试验 $p\text{-}s$

7.1.2 常规桩距端承群桩

在上文的基础上，又设置了 6×6 桩桩筏基础，筏板尺寸为 4.5m×4.5m，厚 0.2m，线弹性模型，桩距为 $3d$，群桩受均布荷载，荷载水平按常规桩基设置（即保证基桩平均 $Q=Q_a$），取 $q=333$kPa，其余参数同上。由于模型对称，本书取其 1/4 进行计算，模型平面和立体布置示意如彩图 7.1 所示。

图 7.3 为 op 和 oq 方向筏板的沉降曲线。可以看出，虽然是摩擦端承群桩桩筏基础，但是基础的碟形沉降仍然不可避免，基础的最大沉降为 33.1mm，最小沉降为 22.9mm，差异沉降达 10.2mm（差异沉降率达 1.6‰）。彩图 7.2 为筏板沿水平方向的弯矩图，最大值为 100kN·m。应该明确的是，以上结果虽满足规范要求，但与零差异沉降的目标仍有很大的距离。

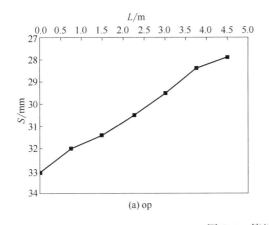

(a) op

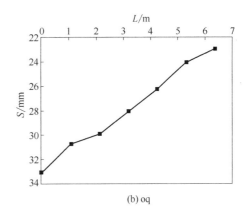

(b) oq

图 7.3 筏板的沉降曲线

另外，该算例筏板的平均沉降约为 25mm 左右。由于群桩效应，地基土的承载力有所发挥，但不充分。计算显示，此时桩 A～桩 E 所承担的平均荷载约为 620kN，桩承担了总荷载的 83% 左右，余下由地基土承担，地基土反力约为 60kPa，这样的结果与文献 [1-2] 中 s 所得结果相似。另外，由于桩距较小，群桩效应明显，和单桩相比，相同荷载水平下，群桩沉降明显增大；和单板相比，相同变形条件下，地基土承载力发挥明显偏低。

综上，常规桩距的端承群桩碟形沉降仍不可避免，由于群桩效应明显和桩基沉降较小，地基土承载力虽有所发挥，但仍不充分。此外，本算例桩端持力层并非基岩，基桩属摩擦端承桩，故可以预见，当桩端持力层为基岩时，地基土承载力将更难发挥。

7.1.3　大桩距摩擦端承群桩

和上文相似，设置 4×4 桩桩筏基础，筏板尺寸变为 5.25m×5.25m，桩距变为 6d，

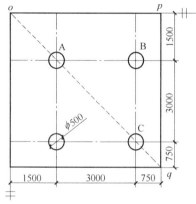

图 7.4　大桩距摩损端承群桩
平面布置示意图

群桩受均布荷载，荷载水平仍按常规桩基设置（即保证基桩平均 $Q=Q_a$），取 $q=108$kPa，其余参数同上。由于模型对称，取其 1/4 进行计算，平面布置如图 7.4 所示。

图 7.5 为 op 和 oq 方向筏板的沉降曲线。可以看出，同样的荷载水平，大桩距群桩相比常规桩相距群桩的差异沉降进一步加大，最大差异沉降达到 15mm（差异沉降率达 2‰），但平均沉降减小到 18mm，说明由于桩距的增大，桩筏的群桩效应在显著减小，这也可以从角桩 C 的沉降和相同荷载水平下的单桩相似以及彩图 7.3 所示常规桩距群桩和大桩距群桩桩端土体应力水平的比较中得到印证。

彩图 7.4 为筏板的弯矩图，和常规桩距相比，最大弯矩值基本相等，只略有增大。

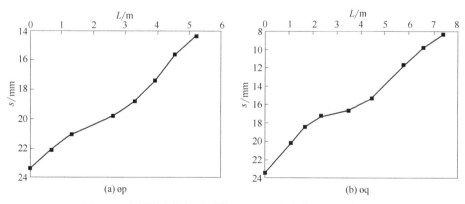

图 7.5　大桩距摩擦端承群桩 op 和 oq 方向筏板的沉降曲线

由于该算例的平均沉降进一步减小，地基土承载力发挥程度也进一步减小，计算表明桩 A～桩 C 所承担的平均荷载为 700kN 左右（桩承担了总荷载的 93% 左右），由于基础差异沉降较大，地基土只在板中位移较大部分分担了部分荷载。

综上，和常规桩距端承群桩相比，群桩效应随着桩距的增大而显著降低。在相同荷载水平下，基础的平均沉降明显减小，这对提高单桩的利用率有一定的帮助。但是加大桩距

后，基础的差异沉降却进一步加大，离零差异沉降的目标也相差更多。另外，无论是常规桩距还是大桩距，地基土承载力均无法充分发挥。

7.1.4 变形调节下大桩距端承群桩

为了更明确地分析刚度调节装置的设置对改善整个桩筏体系的作用，本节算例采用完全端承桩（即桩端直接支承于基岩，此时，若桩顶荷载在极限值范围内，其沉降基本可认为等于零），在桩顶与筏板之间安装自适应刚度调节装置。计算中，桩距取为 $6d$，其余参数同上，土层参数如表 7.2 所示，计算模型示意如图 7.6 所示。

土层分析参数   表 7.2

材料	模型	E/MPa	C/kPa	$\varphi/°$	μ	γ_{dry}/(kN/m³)	γ_{wet}/(kN/m³)	R_{inter}
土层 1	MC	20	37	15	0.3	19.6	21.0	0.6
土层 2	线弹性	2000			0.1	22	22	0.6

为便于与上文算例比较，筏板荷载水平仍按常规桩基设计设置，均布荷载 $q = 100\text{kPa}$，取全部刚度调节装置刚度为 7500kN/m 进行计算。可以想象，如果没有地基土的作用，则筏板的平均沉降约为 $Q/nk = 100\text{mm}$。

图 7.7 为筏板沿 op、oq 方向的沉降分布，可以看出，由于地基土承载力的发挥，基础沉降较 100mm 显著减小。基础的最大沉降为 38mm，平均沉降为 28mm，最大差异沉降为 24mm（较大，但差异沉降率仍保持在 2‰）。计算表明，桩 A～桩 F 承担的荷载分别为 255kN、240kN、225kN、180kN、165kN 和 120kN，平均约为 200kN，桩基仅承担了总荷载的 30%，余下荷载由地基土承担，基底反力约为 70kPa，可以看出，地基土承载力得到了较充分的发挥。分析原因，除了由于其为嵌岩端承桩且桩距较大，群桩效应基本可以忽略外，刚度调节装置的设置也起到了重要作用。另外，算例中，筏板的弯矩也较小，最大弯矩值仅为 60kN·m，具体如彩图 7.5 所示。

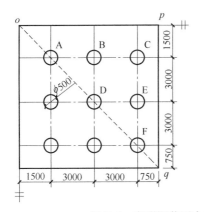 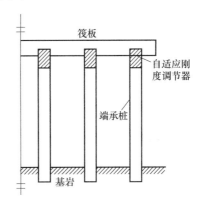

图 7.6 变形调节下大桩距端承群桩平面和剖面布置示意图

这里不该忽略的是，虽然刚度调节装置的设置在嵌岩群桩中实现了地基土承载力的充分发挥，但是基础的差异沉降仍然过大。实际上，保证地基土承载力充分发挥的同时，仍然做到零差异沉降控制，可以通过分别设置刚度调节装置的刚度来实现，其作用机理和变

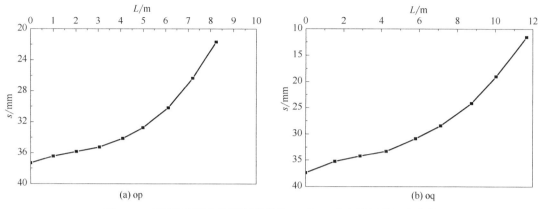

图 7.7　变形调节下大桩距端承群桩 op 和 oq 方向筏板的沉降曲线

刚度调平的摩擦群桩相似。如将图 7.6 中桩 A 的支承刚度调整为 22500kN/m，桩 B、桩 D 的支承刚度调整为 15000kN/m，其他桩支承刚度调为 7000kN/m，进行分析，图 7.7 为调整前后筏板沿 op、oq 方向的沉降对比。由图可以看出，将刚度调节装置的刚度进行调整后，筏板的受力性能有了很大的改善，平均沉降为 26mm，基本不变并略有减小，保证了地基土承载力的发挥，差异沉降显著减小。进一步地，如果取消筏板外围布桩，桩 A 的支承刚度调整为 20000kN/m，桩 B、桩 D 的支承刚度调整为 15000kN/m，则筏板的沉降曲线仍如图 7.8 所示，近似达到零差异沉降。

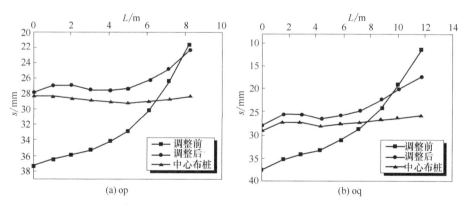

图 7.8　变形调节下大桩距端承群桩调整前后筏板的沉降曲线

7.1.5　变形调节下的大桩距摩擦端承群桩

除了嵌岩桩外，摩擦端承桩由于桩端变形有限，同样面临桩土变形难以协调的问题。为此，本书分析了设置刚度调节装置的摩擦端承群桩的受力特性。计算模型和上节相类似，不同的是土层计算参数按表 7.2 选用，这样，刚度调节装置的支承刚度将和摩擦端承桩的刚度竖向叠加。刚度调节装置刚度同上，仍然取为 7500kN/m。

图 7.9 所示为筏板沿 op、oq 方向的沉降分布，可以看出，摩擦端承桩的竖向支承刚度虽然很大，但毕竟有限，和刚度调节装置的刚度竖向叠加后，整个桩基的竖向支承刚度有所减小，因此，基础和嵌岩桩相比略有减小。基础的最大沉降为 42.5mm，平均沉降为

33mm，最大差异沉降为 25mm（和嵌岩桩相比，基本相等）。计算表明，桩 A～桩 F 所承担的荷载平均约为 180kN，桩基承担了总荷载的 24%，余下荷载由地基土承担，基底反力约为 76kPa。可以看出，虽然整体沉降变大，但是桩、土承担荷载并没有同步变化，而是桩承担荷载减小，地基土承担荷载增大。究其原因，主要是由于基桩为摩擦端承桩，在荷载的作用下，基桩产生了少量的向下变形，导致了桩顶沉降增大、基桩支承刚度减小，因而承荷减小的现象。由于沉降增大，地基土承载力得到进一步的发挥。另外，和上节相比，筏板的弯矩略有增大，但增幅不大。

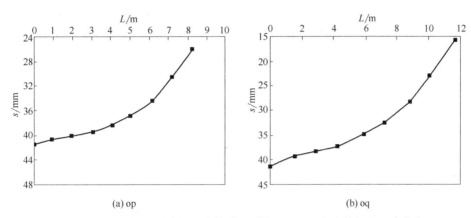

图 7.9　变形调节下的大桩距摩擦端承群桩 op 和 oq 方向筏板的沉降曲线

　　和嵌岩群桩相类似，由于基桩支承刚度基本一致，导致基础碟形沉降明显。同样可以通过分别设置刚度调节装置的刚度来保证地基土承载力的充分发挥，其作用机理和变刚度调平的摩擦群桩相似。如将图 7.6 中桩 A 的支承刚度调整为 22500kN/m，桩 B、桩 D 的支承刚度调整为 15000kN/m，其他桩的支承刚度调为 6000kN/m，进行分析，图 7.9 为调整前后筏板沿 op、oq 方向的沉降对比。由图可以看出，将刚度调节装置的刚度进行调整后，筏板的受力性能有了很大的改善，平均沉降为 32mm，基本不变并略有减小，仍可保证地基土承载力的发挥，差异沉降显著减小。如果将桩 A 的支承刚度调整为 20000kN/m，桩 B、桩 D 的支承刚度调整为 15000kN/m，筏板外围桩取消，则筏板沉降如图 7.10 所示，基本达到零差异沉降控制的目标。

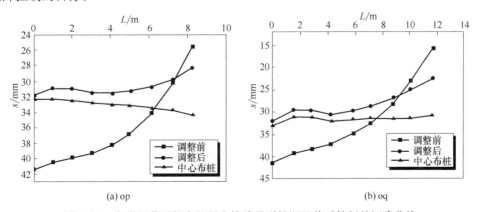

图 7.10　变形调节下的大桩距摩擦端承群桩调整前后筏板的沉降曲线

7.2　数值计算模型的建立

以可控刚度桩筏基础的工程试点项目"厦门嘉益大厦"为原型，在此基础上适当简化，建立数值计算模型。

7.2.1　原项目主体结构概况

嘉益大厦由两幢对称布置的 30 层住宅组成，总高度 94 m。其下部通过 2 层地下室和 3 层裙房连成整体，裙房与地下室的外包尺寸一致，地下室占地面积为 $3200m^2$，宽 41.4m、长 81.4m，埋深 10.5m。地面 ± 0.00 以上建筑物设缝断开，两栋主楼的投影面积总计为 $1560m^2$。建筑物平面如彩图 7.6 所示。计算到基础筏板表面，主楼荷载的标准组合总值为 1007884.6kN，裙房的标准组合总值为 878233.0kN。基础底面标高处的自重应力为 104kPa。

主楼底板厚 1.60m，基础埋深（室外地面以下）：$d = 9.4$m，地下水位埋深：$d_w = 1.90$m，故底板底面的水浮力为：$10 \times (9.40 - 1.90) = 75.0$kPa。因此，可得基础底板和板面的荷载标准值如表 7.3 所示。

基础底板和板面的荷载标准值　　　　　　　　　　　　　　表 7.3

板面 30mm 厚滤水层：	$0.3 \times 20 = 6.0$kPa
活荷载（车库，双向板）：	2.5kPa
基础板自重：	$1.6 \times 25 = 40.0$kPa
小计：	48.5kPa

考虑到裙房荷载较小，主楼底板在有关验算中为控制因素，按地基持力层为花岗岩残积砂质黏土 A 亚层，可得到基础底面总荷载和有效总荷载如表 7.4 所示。

基础底面总荷载和有效总荷载　　　　　　　　　　　　　　表 7.4

主楼基础底板底面荷载标准值：	562.97kPa
基础底板自重和板面荷载标准值：	48.50kPa
主楼筏板底面平均总荷载（标准值）：	611.47kPa
扣除浮力：	−75.00kPa
地基土承担的有效总荷载（标准值）：	536.47kPa

7.2.2　原项目工程地质概况

嘉益大厦工程场地地质条件异常复杂，分别于 1992 年和 1994 年进行过两次详细勘探。现根据两次勘察报告和试验资料可知，位于基础底板以下的场地地质情况主要是花岗岩残积砂质黏土，系由花岗岩原地风化而成，呈褐黄、紫红夹灰白色，褐灰色，可辨原岩结构，埋藏深度为 1.2～9.1m，总厚为 36.3～58.9m，残留石英颗粒约 $10\% \sim 20\%$，局部高达 $40\% \sim 50\%$。根据野外土芯状态、原位测试结果及室内土工试验结果进行综合分析，将该土层按物理力学性质进一步划分为 A、B、C 三个亚层，其土质相对关系为：C

亚层相对最好，B 亚层次之，A 亚层相对较差。总的变化规律为土层随深度增大而逐渐变好，但也有一些特殊变化。分述如下：

A 亚层：位于残积土顶部，其绝大部分位于深度 15m 以内，厚 3.5~27.0m，一般厚约 10m。褐黄夹灰白色，残留石英颗粒约 20%，局部达 30%，稍湿，可塑—硬塑状态。

B 亚层：位于残积土中部，A 亚层之下，大多数位于 15~30m 深度范围内，厚 2.1~22.7m，一般厚度为 15m，局部较薄。褐色、灰白色，残留石英颗粒约 30%，局部高达 40%，稍湿，硬塑—坚硬状态。

C 亚层：位于残积层的底部，多数位于 30m 深度下，厚 15.0~43.5m，受基岩起伏影响而变化较大。褐色、灰黄色，残留石英颗粒约 20%，局部高达 50%。底部局部夹强风化花岗岩块，稍湿、坚硬状态。

7.2.3 数值分析的结构建模

为便于用有限元软件建模，将嘉益大厦按刚度等效的原则简化为框架结构，工程主体结构由梁和柱组成。依据实际结构的平面图，整幢建筑物结构依 10 号轴对称，为合理减少计算工作量，在分析过程中，取半边结构进行分析。单侧结构中共有 36 根柱子，图中红色区域筏板厚度为 1.6m，蓝色与红色组合区域筏板厚度为 1.2m。单侧结构的柱分布和梁分布分别如彩图 7.7、彩图 7.8 所示。

依据上述简化后的结构平面图以及实际结构的立面图，利用有限元软件 ABAQUS 建立如图 7.11 所示的数值分析结构模型图，模型中如显示楼板，则不便于观察模型的力学特性，在以下的模型中均将其隐藏，不显示楼板。考虑到数值计算过程中的边界影响，除对称边外，其余三边均取建筑基础底板 1/2 边长的 3 倍为计算影响区域，地基厚度取基础底板以下 4 层岩土体，分别为花岗岩残积砂质黏土的 A、B、C 三个亚层和第 7 层的强风化花岗岩。利用有限元软件 ABAQUS 可建立如图 7.12 所示的嘉益大厦数值计算模型。

依据嘉益大厦现有的地质勘察报告和上部结构的设计文件，对建筑数值模型中的各部件赋予相应的材料参数，整个模型主要包括上部结构的楼板、梁、柱，4 层地基和土层中的孤石以及桩基础，具体材料参数如表 7.5 所示。

数值模型各部件的材料参数   表 7.5

模型部件	重度/(kN/m³)	弹性模量/ MPa	泊松比	本构关系
结构的梁、柱、板	50.0 *	42000	0.33	线弹性
A 亚层地基	18.5	12.0	0.23	理想弹塑性
B 亚层地基	19.4	25.0	0.26	理想弹塑性
C 亚层地基	19.9	38.0	0.28	理想弹塑性
岩石地基	21.5	1000	0.30	线弹性
孤石	21.5	1500	0.31	线弹性
桩基础	25.0	30000	0.33	线弹性

注：* 上部结构的重度设置为 50kN/m³ 是为了使不考虑填充墙的数值模型结构自重与实际结构相同。

建立数值计算模型后，进行地基基础的应力应变和沉降分析前需要加载。为保证与工程实际一致，本研究通过给上部建筑结构加重力实现加载。为保证所加重力与前述报告中的荷载相同，通过计算结构的模态以获取结构重量，同时也可验证结构数值模型的合理性，然后调整结构材料的密度参数，最终达到计算加载值与结构实际荷载相等。

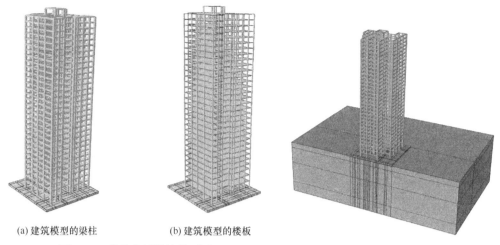

(a) 建筑模型的梁柱 (b) 建筑模型的楼板

图 7.11 数值分析结构模型图　　　　　图 7.12 数值计算整体计算模型

彩图 7.9 所示为计算得到的数值计算模型 1～6 阶模态图，结构 1～2 阶的振型为左右向晃动，3～4 阶的振型为平面内扭动，5 阶以上的振型为晃动与扭动耦合。其振动模态与现有常规高层建筑的振动模态一致，表明了上部结构数值模型的合理性。

7.2.4 数值计算工况

实际工程中，由于地质条件异常复杂，地基中随机分布着大小不一的孤石，常规桩基无法施工，只能采用天然地基（计算工况一）或者可控刚度桩筏基础的设计方案。因此，本书着重对设置刚度调节装置（计算工况二）的情况进行分析，以用于调整上部结构荷载不均匀引起的差异沉降，同时实现端承型桩的桩土共同作用。另外，为进一步验证刚度调节装置实现端承型桩桩土共同作用和变刚度调平的良好效果，本书又对和计算工况二相同桩数的常规桩基（计算工况三）进行了分析，用于比较。

总而言之，本章数值分析的主要内容是验证与对比可控刚度桩筏基础在实现端承型桩桩土共同作用、桩筏基础的变刚度调平设计以及混合支承桩筏基础等方面的应用机理和应用效果。据此，数值分析主要分几种工况进行，具体如表 7.6 所示。

数值计算分析工况　　　　　　　　　　　　表 7.6

工况	基础（方案）形式	分析目的
工况一（GK1）	天然地基	计算天然地基的沉降分布，为后续工况的沉降分析提供依据
工况二（GK2）	部分桩基设置刚度调节装置	分析端承型桩桩土共同作用机理及通过刚度调节装置实现变刚度调平
工况三（GK3）	局部遇孤石的常规端承型桩筏基础	计算局部带孤石桩基础的沉降分布，分析孤石对基础沉降的影响以及不在桩顶设置刚度调节装置时的桩土应力和沉降分布情况

7.3 不同方案下计算结果对比与分析

基于上述三种工况，依次计算天然地基（基础底板直接放置于地基之上）、带刚度调节装置的复合桩基（依据工程设计方案，在柱下设置 34 根基桩，并在桩顶上设置刚度调节装置）和局部遇孤石的常规桩基础（在柱下设置 34 根等刚度的基桩，且其中 4 根基桩下有孤石存在）的应力和沉降分布。

7.3.1 天然地基计算结果

首先计算将基础底板直接放置于地基之上的天然地基沉降分布，如彩图 7.10 所示。可见，天然地基在上部结构荷载作用下呈抛物线变形曲线，影响深度在 1 倍基础宽度范围左右，且上部土层沉降大，下部土层沉降小；就建筑周边环境而言，沉降影响范围也在 1 倍基础宽度范围左右，且由基础底板中心向外逐步递减。

为分析基础底板下地基土层的沉降情况，现截取该区域的土层，如彩图 7.11 所示。可见，土层最大沉降达到 167mm，位于建筑的东南角；另外，东南角下部土层的沉降也较大，而西北角的地基表面沉降较小，相应地，该区域下部土层的沉降较东南角也较小，计算表明该建筑结构的荷载中心偏东南角。

为直观了解整幢建筑的沉降情况，将计算模型的半边结构通过镜像化处理，得到如彩图 7.12 所示的嘉益大厦整幢结构的数值模型，并绘制地基表面的沉降分布等值线图，如彩图 7.13 所示，可见，对整幢结构而言，地基沉降的中心位于基础底板中心偏东南方向（图中蓝色区域），并以此为中心向外递减，在基础边缘位置处的等值线非常密集，表明此处的沉降变化相差很大。在基础底板外围的地基沉降较小，但存在一定的影响，且影响范围呈现出南北方向大、东西方向小的状态，这与基础底板的形状有关。

通过上述计算发现，建筑物位于天然地基上将出现两个问题：一是地基沉降过大，达到 167mm；二是基础底板下的沉降不均匀。上述两点难以满足现行规范中的地基变形验算要求，为减小地基的沉降量以满足其刚度要求，需在柱下设置桩基。

7.3.2 可控刚度桩筏基础方案计算结果

数值分析背景工程地基中随机分布的孤石，无法查明且无法预测，因此，数值分析无法模拟，故仅分析刚度调节装置用于变刚度调平设计和实现端承型桩桩土共同作用时的工作机理。分析模型仍参考原建筑基础，桩基设计参数和数量均相同，不同的是，模型仅在基础沉降较小区域的桩基处设置刚度调节装置（支承刚度为 120000kN/m）。依据背景工程的基础设计方案，在场地内共设置 34 根基桩，刚度调节装置的平面布置如彩图 7.14 所示。

经计算可得到可控刚度桩筏基础的沉降分布，如彩图 7.15 所示。可以看出，在桩基部分位置设置刚度调节装置后，地基在上部结构荷载作用下的整体沉降分布范围呈局部较大（基桩周土体）、其余部分较小的状态，影响深度在 1.5 倍基桩长（含桩身长度）范围左右；就建筑周边环境而言，沉降影响范围也在 1 倍基础宽度左右，且由基础底板中心向外逐步递减。

为分析基础底板下地基土层的沉降情况，现截取该区域的土层，如彩图 7.16 所示。可见，土层的沉降分布比较均匀，最大沉降位置位于东北角，最大沉降量在 46.5mm 左右。其下部土层的沉降，除桩周土体因桩的拖拽作用沉降较大外，其余部位差别不大。总体而言，基础底板作用区域的沉降比较均匀，当然，其均匀程度取决于刚度调节装置的位置和调节刚度。

计算结果表明，在成桩比较困难的特殊场地，变刚度桩基可通过设置刚度调节装置实现，其同样可以起到基础调平的作用，且合适的刚度调节装置数量和合理的调节刚度可使得基础底板的沉降趋于均匀。

彩图 7.17 所示为桩土沉降分布情况，由图可见，桩体上的沉降分布基本在 13mm 左右，而桩底土体的沉降由于桩身的插入，基本在 7mm 左右，因此，桩身的压缩量很小，桩体的沉降主要是桩底戳入下层土体而产生的，桩顶沉降主要由刚度调节装置被压缩所致。

为直观了解整幢建筑物基础的沉降情况，对计算模型的半边结构进行镜像化处理，并绘制地基表面的沉降分布等值线图，如彩图 7.18 所示，在桩基部分位置设置刚度调节装置后，地基沉降的中心移至中心位置（图中蓝色区域），并以此为中心向外递减，且沉降分布比较均匀。同样，在基础边缘位置处的等值线非常密集，表明此处的沉降变化量相差很大，在基础底板外围的地基沉降较小，但存在一定的影响。

总之，刚度调节装置能够在特殊场地实现变刚度桩基的基础调平作用，且相对天然地基而言，能够大大减小沉降量。

7.3.3　局部遇孤石的常规端承型桩筏基础计算结果

为了更好地分析类似于嘉益大厦实际工程中孤石的影响，在彩图 7.19 中虚线位置处的局部四根桩下设置孤石，以分析孤石的存在对桩筏基础沉降的影响。

经过计算，可得到桩基础沉降的分布，如彩图 7.20 所示。可见，地基在上部结构荷载作用下，沉降呈局部较大（基桩周土体）、其余部分较小的状态，影响深度在 1.5 倍基桩长（含桩身长度）范围左右；就建筑周边环境而言，沉降影响范围在 1 倍基础宽度左右，且由基础底板中心向外逐步递减。此外，孤石对地基沉降的影响深度和影响范围基本无影响。

为分析基础底板下地基土层的沉降情况，现截取该区域的土层，如彩图 7.21 所示。可见，若不加刚度调节装置，基础的最大沉降量减小了，最大沉降量为 31mm 左右，不过沉降分布不均匀，在基础底板周边出现多个最大沉降点。此外，孤石位置处的底板沉降相对其他位置更小一些。

彩图 7.22 所示为桩土沉降分布情况，由图可见，桩体上的沉降分布基本在 16mm 左右，而桩底土体的沉降由于桩身的插入，基本在 9mm 左右，因此，相对带刚度调节装置的复合桩基而言，由于上部荷载全部由桩基承担，使得其桩身的压缩量和桩底刺入量变大。

为直观了解整幢建筑的沉降情况，对计算模型的半边结构进行镜像化处理，并绘制地基表面的沉降分布等值线图，如彩图 7.23 所示，可见，对带孤石的常规桩基础而言，地基最大沉降区域有三块，即基础西侧、西南侧和东北角，沉降分布不均匀。孤石所在位置处的沉降偏小。同样，在基础边缘位置处的等值线非常密集，表明此处的沉降变化相差很大；在基础底板外围的地基沉降较小，但存在一定的影响。

7.4 不同工况下计算结果对比与分析

在计算各工况应力和变形的基础上，对上述数值计算的三种工况，即天然地基、可控刚度桩筏基础及带孤石常规端承型桩筏基础的计算结果进行比较。

7.4.1 不同工况下基础沉降对比分析

对比上述天然地基、可控刚度桩筏基础以及带孤石常规端承型桩基础，依次截取三种工况底板下地基区域的沉降等值线云图，如彩图 7.24～彩图 7.26 所示。

由彩图 7.24～彩图 7.26 所示三种工况下筏板基础的沉降分布云图可以看出，天然地基筏板的沉降最大，最大沉降量达到 170mm，且沉降不均匀，差异沉降达到 120mm；可控刚度桩筏基础的沉降次之，最大沉降量为 49mm，且沉降相对均匀，差异沉降约 16mm；常规端承型桩基筏板的沉降最小，最大沉降量约 33.5mm，沉降较均匀，差异沉降约 18mm；略大于可控刚度桩筏基础。三种工况下，筏板基础沿中心断面的沉降分布对比如图 7.13 所示，图中也反映出相同的变化规律。总体看来，如仅从控制筏板基础的沉降来看，可控刚度桩筏基础和常规端承型桩筏基础均可取得良好的效果。

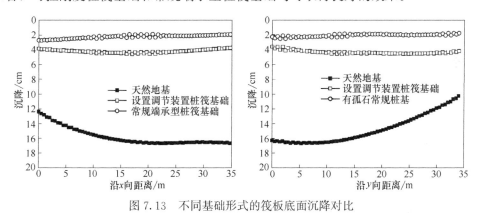

图 7.13 不同基础形式的筏板底面沉降对比

7.4.2 不同工况下筏板应力对比分析

Mises 应力是基于剪切应变能的一种等效应力，其遵循材料力学第四强度理论（形状改变比能理论），类似于屈服应力，适用于大部分情况。筏板基础的 Mises 应力，客观上更能反映筏板的实际受力状态。计算所得基础筏板表面 Mises 应力如彩图 7.27～彩图 7.29 所示。可见，最大应力区域均位于柱与底板连接位置处，其中天然地基中筏板的应力较大，应力集中区域相对分散，复合桩基和常规桩基由于在柱子下设置桩基，故荷载经柱附近区域筏板直接传递给基桩，因此，柱子附近区域的筏板应力明显集中，其他区域筏板上的应力相对较小，尤其是常规桩基中孤石位置处的筏板应力，使得常规桩基的筏板应力分布较复合桩基趋于不均匀。

三种工况条件下，筏板基础沿中心断面的 Mises 应力对比如图 7.14 所示。

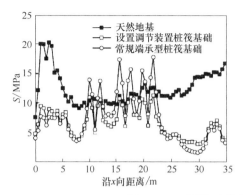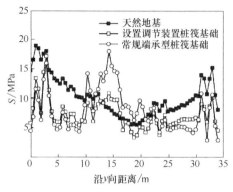

图 7.14　不同基础形式下筏板基础 Mises 应力对比

从图 7.14 中可以看出，天然地基上的筏板基础表现出典型的整体弯曲特性，而且筏板部分位置的 Mises 应力值已经达到 20MPa 左右，说明天然地基不仅沉降较大，而且筏板中产生了很大的内应力，后期配筋量亦会很大；可控刚度桩筏基础和常规端承型桩筏基础筏板的受力模式与天然地基有显著差异，为局部弯曲，但是认真对比两者 Mises 应力值的变化规律，可以发现常规端承型桩筏基础筏板应力变化幅度较大，为可控刚度桩筏基础的 1.5 倍左右，基本达到了天然地基上筏板的应力水平。由于筏板配筋按照应力最大值计算，故常规端承型桩筏基础筏板的配筋量也会很大。

综上所述，从能直观反映筏板受力性能的 Mises 应力来看，可控刚度桩筏基础的筏板应力显著小于天然地基和常规端承型桩筏基础，表现出较高的优越性。

另外，可分别绘制上述三种情况下，沿筏板 D 轴线（x 向）和⑦轴线（y 向）的三向主应力值来进一步验证上述结果，具体如图 7.15～图 7.17 所示。

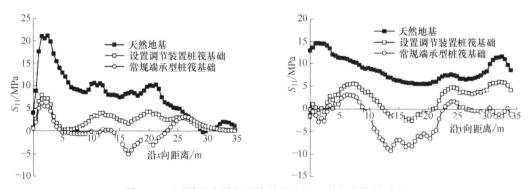

图 7.15　不同基础形式下筏板基础 S_{11} 主应力分量对比

从图 7.15 中可以看出，在这两条轴线位置上，筏板底面的主应力分量 S_{11} 为天然地基最大（拉应力）、常规端承型桩筏基础次之（拉、压应力均有分布）、可控刚度桩筏基础最小（拉应力）。另外，常规端承型桩筏基础筏板中的应力在大小和方向上均不均匀。

从图 7.16 中可以看出，可控刚度桩筏基础和常规端承型桩筏基础筏板上的 S_{22} 应力比较复杂，顶、底面均有受压、受拉区域，尤其是常规端承型桩筏基础，由于基桩的刚性承载使得筏板上的应力突变较大，分布不均。筏板底面的主应力分量 S_{22} 为天然地基最大（拉应力）、可控刚度桩筏基础和常规端承型桩筏基础相差不大，且均存在拉、压应力分布区域，不过，比较而言，后者筏板中的受力在大小和方向上更趋不均匀。

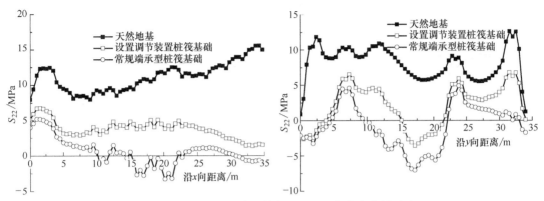

图 7.16　不同基础形式下筏板基础 S_{22} 主应力分量对比

由图 7.17 所示筏板底面 S_{33} 主应力分量可见，三种基础形式下的筏板底面的主应力分量 S_{33} 均比较复杂，其中以常规桩基筏板中的应力变化最复杂，突变最多，变化最不均匀。但应明确，在筏板的受力分析中，以 S_{11} 和 S_{22} 应力为主。

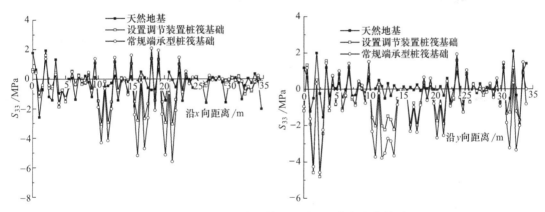

图 7.17　不同基础形式下筏板基础 S_{33} 主应力分量对比

不同基础形式下筏板的主应力分量分布规律与 Mises 应力分布规律一致，筏板上的应力以天然地基工况下最大，可控刚度桩筏基础和常规端承型桩筏基础的筏板应力在数值上相差不大，但常规端承型桩筏基础的筏板应力分布最不均匀，出现突变的区域较多，而可控刚度桩筏基础的筏板应力则相对较均匀。

7.4.3　不同工况下地基应力对比分析

分别将天然地基、可控刚度桩筏基础和常规端承型桩筏基础工况下基底土体的垂直向应力（S_{33}）分布图提取出来（彩图 7.30～彩图 7.32），加以对比分析，研究三种工况下地基土承载力的发挥程度。

对比彩图 7.30～彩图 7.32 可以看出，天然地基基底土压力平均值达到 400kPa，呈现中间大、边缘小的分布形态；可控刚度桩筏基础基底土压力平均值达到 160kPa，与设计值比较接近且分布比较均匀，说明通过刚度调节装置的设置，基底地基土承载力较均匀地得到了预期的发挥；常规端承型桩筏基础基底土压力平均值仅 30kPa 左右，且分布不均，说明地基土承载力基本没有得到发挥，上部结构荷载基本全部由桩基础承担。分析模型的背景工程桩数是按照考虑地基土承载力分担 150kPa 的荷载来确定的，因此，本算例中常规端承型桩筏基础中基桩承担的荷载已超过其承载力特征值，桩基础的整体安全度已经无法满足规范要求，存在较大的安全隐患。

7.4.4　各层土的沉降对比分析

分别将天然地基、复合桩基和常规桩基工况下各层土体的垂直向沉降（U3）分布图提取出来，并加以分析。

彩图 7.33 所示为天然地基工况下 A、B、C、D 四层土表面垂直向沉降（U3）分布情况。可见，各层土均向下沉降，其中土层 A 表面的最大沉降量在 170mm 左右，土层 B 则随深度增大而递减，局部沉降量较大区域在 86mm 左右，土层 C 递减至 3.6mm 左右，土层 D 则基本无沉降。上述四层土体的沉降较大区域均分布在东南侧。

彩图 7.34 所示为带刚度调节装置复合桩基工况下 A、B、C、D 四层土表面垂直向沉降（U3）分布情况。可见，各层土的沉降均向下，其中土层 A 表面的沉降量在 46.5mm 左右，且整个场地内的沉降分布比较均匀；土层 B 的沉降量随深度增大而递减，中心区域的沉降量基本分布在 20mm 左右，其分布与基桩的布置有关，在基桩分布比较密集的区域，由于荷载由桩承担，使得土体的沉降较小；土层 C 为桩端持力层，因此在桩端分布区域的土体沉降量较大，达到 14mm 左右，中心区域的沉降量一般在 6.5mm 左右；土层 D 的最大沉降量在 0.9mm 左右，且位于场地中心，表明刚度调节装置和桩位搭配比较合理。

彩图 7.35 所示为局部下伏孤石常规桩基工况下 A、B、C、D 四层土表面垂直向沉降（U3）分布情况。可见，除土层 C 出现拉向上的变形外，其余各层土均为向下的沉降。其中土层 A 的中心区域由于桩的作用，沉降量较小，在 20mm 左右，场地周边由于桩数比较少，则最大沉降量达到 31mm，且最大沉降分布在三个位置，可见，由于荷载基本由桩基承担，地基土所受荷载很小，相应的沉降也较小；土层 B 的沉降量随深度增大而递减，中心区域的沉降量基本在 20mm 左右，且最大沉降均位于桩体附近，这主要是由于桩的拖拽作用导致的，当然，在基桩分布比较密集的区域，由于荷载由桩承担，使得土体的沉降较小，尤其是孤石所处位置；土层 C 为桩端持力层，因此在桩端分布区域的土体沉降量较大，达到 13.5mm，中心区域的沉降量一般在 7.0mm 左右，值得指出的是孤石所在位置，由于孤石的上顶，使得其沉降量较小，此外，该层中的部分土体由于桩尖的刺入而向外围隆起，形成了向上的变形；土层 D 则主要承担桩端平面传递下来的荷载，且位于孤石之下，因此，除孤石下侧的沉降达到 1.5mm 外，其他区域的沉降均比较小。

综上所述，就天然地基、复合桩基和常规桩基三种工况相比而言，各层土体的沉降以天然地基工况下最大，复合桩基次之，常规桩基最小，原因是桩基承担了主要荷载。在地基土表面的沉降分布上，以复合桩基工况最为均匀。

第8章 大支承刚度桩桩土共同作用的工程实践

通过厦门市嘉益大厦工程（2004 年竣工）详细介绍可控刚度桩筏基础在首次解决端承型桩实现桩土共同作用以及特殊地质条件下建造高层建筑等方面的应用及现场测试情况。

8.1 工程概况与地质条件

8.1.1 工程概况

嘉益大厦位于厦门市嘉禾路 160 号，由两幢对称布置的 30 层住宅组成。其下部通过 2 层地下室和 3 层裙房连成整体，裙房与地下室的外包尺寸一致。地面±0.00 以上建筑物设缝断开。建筑物总高度 94m，地下室埋深 10.5m。建筑物外观概况如图 8.1 所示。

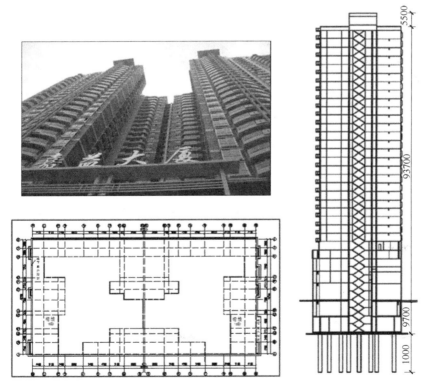

图 8.1 嘉益大厦外观、平面、剖面示意图

151

8.1.2　工程地质概况

本工程场地地质条件异常复杂，分别于 1992 年和 1994 年进行过两次详细勘探。现根据两次勘察报告和实验资料对本工程场地地质情况作一简单描述。

场地地层自上而下为：

①人工填土：厚 0.5～4.8m。杂色，由碎石、砖块、砂等建筑垃圾及生活垃圾等组成，局部以黏性土为主，底部局部呈软塑状态，新近堆填，松散，不均匀。

②新近冲积层：包括粉质黏土及粗砂。

②-1 粉质黏土：有 18 个钻孔遇到，厚 0.5～2.4m。灰色—暗褐色，土质较纯，局部含少量有机质，稍湿，可塑，局部硬塑状态。

②-2 粗砂：有 9 个钻孔遇到，厚 0.4～2.2m。灰黄—褐灰色，混约 20%～30% 的黏性土，局部含少量有机质，很湿，饱和，松散—稍密状态。

③海积层：包括淤泥与粗砂层。

③-1 淤泥：仅有 4 个钻孔遇到，厚 0.6～1.0m。深灰—灰黑色，含有机质，具腐臭味，不均匀含少量石英质砂，饱和，软塑—流塑状态。

③-2 粗砂：仅有 3 个钻孔遇到，厚 1.0～2.5m。褐黄或深灰色，主要成分为石英质，混约 20% 的黏性土，局部夹黏性土薄夹层，偶含少量有机质，饱和，松散—稍密状态。

④冲积粉质黏土：有 10 个钻孔遇到，厚 0.4～2.3m。土黄夹灰白色，含石英质砂约 30%～40%，局部为砂粒团块或薄层透镜体，稍湿，硬塑状态。

⑤坡积黏土：有 12 个钻孔遇到，厚 0.8～2.5m。褐红—黄褐色，含砂 20%～30%，湿，可塑状态。

以上各地层总厚 1.2～9.1m，均在地下室基坑开挖深度之内。

⑥花岗岩残积砂质黏土：埋藏深度 1.2～9.1m，总厚 36.3～58.9m。系由花岗岩原地风化而成，呈褐黄、紫红夹灰白色，褐灰色，可辨原岩结构。残留石英颗粒 10%～20%，局部高达 40%～50%。根据野外土芯状态、原位测试结果及室内土工试验结果进行综合分析，将该土层按物理力学性质进一步划分为 A、B、C 三个亚层，其土质相对关系为 C 亚层相对最好，B 亚层次之，A 亚层相对较差。总的变化规律为土层随深度增加而逐渐变好，但也有一些特殊变化。分述如下：

A 亚层：位于残积土顶部，其绝大部分位于深度 15m 以内，厚 3.5～27.0m，一般厚约 10m。褐黄夹灰白色，残留石英颗粒约 20%，局部达 30%，稍湿，可塑—硬塑状态。

B 亚层：位于残积土中部，A 亚层之下，大多数位于 15～30m 深度范围内，厚 2.1～22.7m，一般厚度为 15m，局部较薄。褐色—灰白色，残留石英颗粒约 30%，局部高达 40%。稍湿，硬塑—坚硬状态。

C 亚层：位于残积层的底部，多数位于 30m 深度下，厚 15.0～43.5m，受基岩起伏影响而变化较大。褐色—灰黄色，残留石英颗粒约 20%，局部高达 50%，底部局部夹强风化花岗岩块。稍湿、坚硬状态。

⑦燕山期花岗岩：为拟建场地基岩。新鲜岩面呈灰白色夹黑色斑点，风化后呈褐黄色夹灰白色，紫褐色。其主要矿务成分为长石、石英及云母等粗粒结构，块状构造。按风化

程度可分为强风化、中风化和微风化三层。其风化层的一般规律为随着深度增加，风化程度由强风化向中风化至微风化过渡。但由于风化作用不均匀及球形风化作用的影响，个别地段出现了基岩球状风化体或中、强风化层缺失等现象。

⑦-1 强风化花岗岩：除 4 孔缺失而直接进入中（微）风化层外，其余 31 孔均遇到，并钻入其中 2.2～4.8m。褐色夹灰白色，长石类矿物已显著风化变质，岩心多呈砂砾及碎块状，少数为土柱状。合金钻具较易钻进。

⑦-2 中风化花岗岩：仅有 6 个钻孔钻至该层，并钻入其中 1.0～9.7m。褐色—褐紫色，长石类矿物风化较明显，岩心呈短柱及碎块状，节理、裂隙很发育，并浸染铁猛质氧化物。合金钻具很难钻进。

⑦-3 微风化花岗岩：仅有 5 个钻孔钻至该层，并钻入其中 0.9～11.7m。灰白夹紫黑色斑点。岩质新鲜，致密坚硬，岩心多呈柱状，少数呈块状，锤击声脆，钢砂亦难钻进。

为了直观起见，截取典型的地质剖面图（原勘察报告 4-4 剖面），如图 8.2 所示。

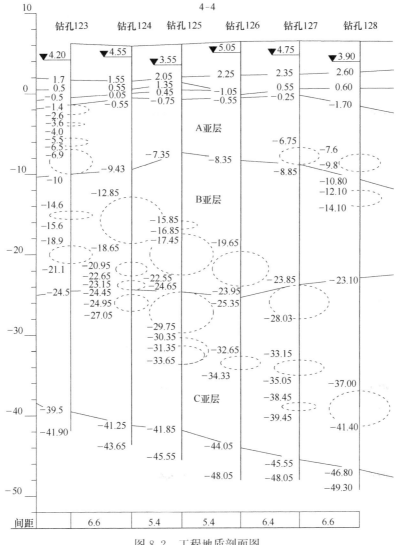

图 8.2 工程地质剖面图

8.1.3 孤石分布情况

本工程地质条件复杂，土层中分布有大量直径不等的未风化完全的孤石。两次勘探过程中，有94%的钻孔遇到孤石。孤石水平方向随机分布，且密度较大，纵深方向呈串珠分布，单个钻孔揭露孤石最多的达到7个，单个孤石的钻孔内厚度为0.4～17.4m（如图8.2中虚线及图8.3所示）。孤石的岩性多为微风化花岗岩，也有中、强风化花岗岩。部分孤石岩性为微风化花岗岩核心，外包中、强风化外壳。

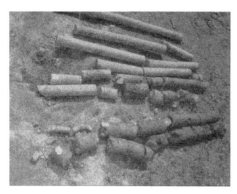

图8.3 孤石串状分布及其外观

上述孤石的存在对常规基础的施工和检测造成了巨大的困难，实践也证实，采用常规方法根本无法施工（如残积土地区普遍使用的冲凿桩也由于成孔困难、成孔时间过长、造价过高等原因而无法使用）。

8.1.4 岩土层物理力学指标

由于①-⑤层地基土均在基坑开挖范围内，所以主要考虑影响基础设计的花岗岩残积土各亚层的地质情况。该工程地质条件复杂，为了更好地完成基础的设计不仅进行了两次常规的地质勘察，还进行了包括螺旋板载荷试验、载荷板试验、旁压试验以及标贯试验在内的多种现场原位试验。

其中需要说明的是，本工程在4个点位进行了载荷板试验，其中有一个点位的地基承载力非常低，只有其他点地基承载力的1/3左右，后经仔细分析和现场勘察后认定，该点土体已经被水浸泡2天左右，载荷试验结果实为花岗岩残积土浸水后的残余强度。由于花岗岩残积土的残余强度已严重偏离地基土的承载力，因此本书分析时，将该点数据剔除，仅对其余3点的正常试验曲线进行分析。由此应清醒地意识到，花岗岩残积土承载力虽较高，但如需利用，必须保护地基土在施工过程中不被扰动破坏。

现将各种检测结果分述如下：

1. 勘察报告

该工程主要受力土层基本物理力学指标综合对比如表8.1所示（综合两次勘察报告和原位试验）。

2. 载荷板试验

本工程2002年对地基土进行了平板载荷试验（1m×1m，板底标高−9.0m），三个点的深层载荷板试验数据如图 8.4 所示。

（1）如按将沉降为 0.02B 时的荷载作为地基土承载力特征值的原则，则本工程三个点的地基土承载力特征值分别为：380kPa、294kPa 和 343kPa。

（2）如考虑取用 $f_n \leqslant (0.6 \sim 0.65) p_{max}$，本工程地基土承载力约可分别取为 500kPa、450kPa 和 490kPa。

主要物理力学指标综合对比   表 8.1

土层名称	花岗岩残积砂质黏土		
	A 亚层	B 亚层	C 亚层
天然重度 $\gamma /(kN/m^3)$	18.5	19.4	19.9
天然含水量 $W/(\%)$	30	25	20
液性指数 I_L	0.12	0.10	0.01
标贯击数 N	13	21	32
天然孔隙比 e	0.895	0.743	0.631
旁压模量 E_m/MPa	14.1	34.8	76.1
极限压力 P_l/kPa	1088	2163	3668
临塑压力 P_f/kPa	467	938	1590
压缩模量 E_{s1-3}/MPa	5.4	6.2	7.0
E_{s3-5}	8.5	10	11
E_{s5-7}	11.8	14	16
变形模量 E_0/MPa	12	25	38
承载力 f_k/kPa	250	300	400

3. 螺旋板载荷试验

本工程于 2002 年共进行了 5 个点的螺旋板载荷试验（螺旋板面积 1、2、3 为 $0.01m^2$，螺旋板面积 5、6 为 $0.02m^2$，板底标高为 $-6.8m$），试验结果如图 8.5 所示。根据试验结果可得到地基土承载力的特征值，稍作整理如表 8.2 所示。

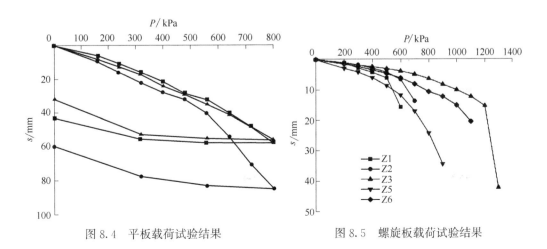

图 8.4　平板载荷试验结果　　　　图 8.5　螺旋板载荷试验结果

螺旋板载荷试验结果分析　　　　　　　　　　　　　表 8.2

点号	比例界限压力 p_0/kPa	极限压力 p_u/kPa	变形模量 E_0/MPa	承载力特征值(确定方法) f_{ak}/kPa	备注
Z1		500	10.1	241(s/d=0.015 对应荷载)	$E_0 = \omega Pd/S$
Z2	300	600	10.8	300(p-s 比例界限荷载)	
Z3	400	1200	9.0	400(p-s 比例界限荷载)	
Z5	300	900	5.4	300(p-s 比例界限荷载)	供参考
Z6		877	11.7	387(s/d=0.015 对应荷载)	

4. 旁压试验

本工程于 1994 年共进行了 181 个点的旁压试验，其试验结果统计和典型试验曲线分别由表 8.3 和图 8.6 所示。

旁压仪测试指标统计　　　　　　　　　　　　　表 8.3

土层名	花岗岩残积砂质黏土								
	A 亚层			B 亚层			C 亚层		
统计指标	μ	σ	CV	μ	σ	CV	μ	σ	CV
P_f/kPa	467	138.8	0.297	938	243.0	0.259	1596	204.7	0.185
P_l/kPa	1088	219.4	0.202	2163	550.0	0.254	3668	929.5	0.253
E_m/MPa	14.1	2.96	0.209	34.8	11.35	0.327	76.1	24.05	0.316

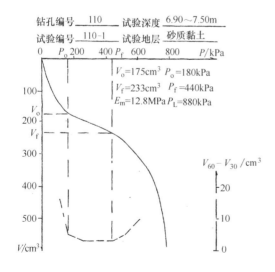
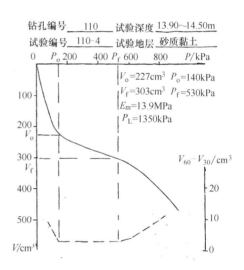

图 8.6　旁压试验典型试验曲线

整理旁压试验结果时发现，旁压模量随着地基土深度的加大逐渐增大，其增大的规律有线性增长，也有抛物线性增长，本书近似取线性。图 8.7 是几个典型试验孔的旁压模量随深度的增长示意图。

5. 标贯试验

本工程于 2002 年对拟建场地 6 个点进行钻探施工并进行标贯试验，整个试验自揭露

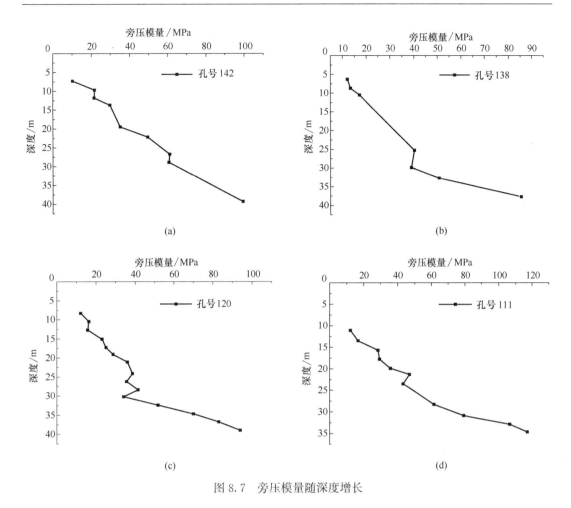

图 8.7　旁压模量随深度增长

残积层（基底持力层）起，每 1m 做一次标贯试验，得出的主要规律是随深度增大，标贯击数随之增大（图 8.8）。

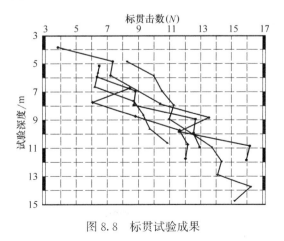

图 8.8　标贯试验成果

表 8.4 为结合 1992 年、1994 年勘察报告和 2002 年补充试验（图 8.8）得出的标贯基础平均值。

标贯试验统计结果　　　　　　　　　　　　　　　　　　　表 8.4

土层名	花岗岩残积砂质黏土								
	A 亚层			B 亚层			C 亚层		
统计指标	μ	σ	CV	μ	σ	CV	μ	σ	CV
N(击)	13	4.25	0.324	21	3.34	0.156	32	5.22	0.161

8.2　基础设计方案及创新点

8.2.1　基础设计参数

嘉益大厦地下室占地面积为 3200m², 宽 41.4m、长 81.4m。其中两栋主楼的投影面积总计为 1560m²。主楼为 30 层住宅, 有三层满布的裙房。计算到基础筏板表面, 主楼荷载的标准组合总值为 1007884.6kN。裙房的标准组合总值为 878233.0kN。基础底面标高处的自重应力为 104kPa。

1. 结构荷载

底板面以上总荷载:（$D+L$ 标准值）　　　　$N_总 = 1007884.6kN$

其中, 裙房:　　　　　　　　　　　　　　　$N_裙 = 129651.6kN$

　　　　主楼:　　　　　　　　　　　　　　$N_主 = 878233.0kN$

主楼投影面积:　　　　$A_0 = 1560m^2$　　　　土压力为: $P_1 = 562.97kPa$

裙房投影面积:　　　　$A_1 = 1640m^2$　　　　土压力为: $P_2 = 79.06kPa$

地下室总面积:　　　　$A_2 = 3200m^2$　　　　平均土压力为: $P = 314.96kPa$

2. 基础底板和板面的荷载标准值

主楼底板厚 1.60m; 基础埋深（室外地面以下）: $d = 9.4m$; 地下水位埋深: $d_w = 1.90m$。故底板底面的水浮力为: $10 \times (9.40 - 1.90) = 75.0kPa$, 如表 7.3 所示。

3. 基础底面总荷载和有效总荷载

考虑到裙房荷载较小, 主楼底板在有关验算中为控制因素（按地基持力层为花岗岩残积砂质黏土 A 亚层）, 如表 7.4 所示。

8.2.2　天然地基承载力估计与分析

地下室底板坐落于 A 亚层上, 地质勘察报告（1994 年补充报告）显示, A 亚层的天然地基承载力 $f_{ak} = 250kPa$。

(1) 按国家标准《建筑地基基础设计规范》GB 50007—2002[1], 进行计算

$$f_a = f_{ak} + \eta_b \gamma (b-3) + \eta_d \gamma_m (d-0.5)$$　　　　(8.1)

根据基底土质, 参数可分别选为: $\eta_b = 0.3$; $\eta_d = 1.6$; $\gamma_m = 9.4kN/m^3$; $d = 10.5m$。则:

$$f_a = 250 + 0.3 \times 8.5 \times (6-3) + 1.6 \times 9.4 \times (10.5-0.5) = 408.05kPa$$

天然地基满足率 $\psi=408.5/536.47=0.76$，说明地基土承载力能分担上部结构荷载的 75%，非常适合采用考虑桩土共同作用的复合桩基。

（2）按弹塑性地基进行估算

陆培炎[2] 从弹塑性地基的假定出发，提出过一种用土工试验指标 c、φ 值来估算土体的容许承载力的方法。按此计算：

c、φ 值的取定：由 $\bar{c}=44$，$\delta_c=0.51$；$\bar{\varphi}=22°$，$\delta_\varphi=0.33$；试样 11 组；按国家标准《建筑地基基础设计规范》GB 50007—2002[1] 中附录 E 求抗剪强度指标标准值：

$$\psi_c=1-\left(\frac{1.704}{\sqrt{n}}+\frac{4.678}{n^2}\right)\cdot\delta_c=0.902 \tag{8.2a}$$

$$\psi_\varphi=1-\left(\frac{1.704}{\sqrt{n}}+\frac{4.678}{n^2}\right)\cdot\delta_\varphi=0.93 \tag{8.2b}$$

$c=\bar{c}\psi_c=39.6\text{kPa}$，取为 38kPa；$\varphi=\bar{\varphi}\psi_\varphi=20.46°$，取为 20°。

地基强度 P_λ 的一般公式为[2-3]：

$$P_\lambda=A_\lambda\gamma b+B_\lambda\gamma_o h+D_\lambda c \tag{8.3}$$

式中，A_λ、B_λ、D_λ 是土的内摩擦角 φ 及危险度 λ 的函数，具体可按表 8.5 取值。当 $\lambda=0$，$P_\lambda=P_{cr}$，称为临塑压力；当 $\lambda=1$，$P_\lambda=P_u$，称为极限平衡压力；当 $0<\lambda<1$，P_λ 称为弹塑性混合客体的弹塑性压力。

A_λ、B_λ、D_λ 的取值			表 8.5
危险度 λ	A_λ	B_λ	D_λ	承载力 p_λ/kPa
0.0	0	3.06	5.66	391
0.2	0.34	3.75	7.55	586
0.4	0.68	4.42	9.04	763
0.6	1.02	5.09	11.22	968

λ 取值：高压缩性土，$\lambda=0.2\sim0.4$；中等压缩性土，$\lambda=0.3\sim0.6$；低压缩性土，$\lambda=0.4\sim0.7$；冲击荷载，$\lambda=0.7\sim0.9$。

另外：$\gamma=8.5$；$\gamma_o=9.4$；$b=30$；$h=6$。

鉴于本场地为硬塑、低压缩性土质，故 $\lambda=0.3$ 或 0.4。

根据式（6.3）：当 $\lambda=0.3$ 时，地基土承载力容许值为：670kPa；

当 $\lambda=0.4$ 时，地基土承载力容许值为：763kPa；

当 $\lambda=0.6$ 时，地基土承载力容许值为：968kPa。

从地基承载力弹塑性角度计算，就地基强度而言，$P_\lambda=670\text{kPa}>536\text{kPa}$，本工程可以采用天然地基。可以看出，通过这种理论假定得到的容许承载力是很大的，或许是在提示我们在这个问题中有很大的潜力可挖，但是这种方法过于理论化，缺少试验的佐证，同时它又有太多人为的系数，这种未讲明出处的系数又显示出其经验性；另一方面，公式给出的是容许值，又不知道它所包含的总安全度是多少，在工程实践中，真正采用者尚少。前些年在东莞有一些成功的经验。

（3）按载荷板试验结果计算

根据载荷板试验结果综合分析，取用相对保守的按 $s/b=0.02$ 确定的地基土承载力特征值的平均值作为地基土承载力特征值 $f_a = 340\text{kPa}$，按此结果，天然地基无法满足要求，但天然地基满足率 $\psi = 340/536 = 0.63$，地基土承载力仍然可以承担大部分上部结构荷载，适合采用桩土共同作用的复合桩基。

（4）按螺旋板试验结果计算

根据螺旋板试验结果综合分析，保守估计地基土承载力特征值 $f_a = 350\text{kPa}$，按此结果，天然地基亦无法满足要求，但天然地基满足率 $\psi = 350/536 = 0.65$，地基土承载力仍然可以承担大部分上部结构荷载，适合采用桩土共同作用的复合桩基。

（5）按旁压试验值进行计算[4]

根据旁压试验特征值，地基承载力特征值为：

临塑荷载法：$f_{ak} = p_f - p_0 = 317\text{kPa}$

经深宽修正为：$f_a = f_{ak} + \eta_b \gamma (b-3) + \eta_d \gamma_m (d-0.5) = 475\text{kPa}$

极限荷载法：$f_{ak} = (p_l - p_0)/F_s = 313\text{kPa}$

经深宽修正为：$f_a = f_{ak} + \eta_b \gamma (b-3) + \eta_d \gamma_m (d-0.5) = 471\text{kPa}$

从旁压试验结果计算值来看，就地基强度而言，本工程基本可采用天然地基，只需补充极少数量的桩基。

（6）按标贯试验进行计算

根据标准贯入试验结果，可以确定黏性土的承载力，表 8.6 列出了黏性土标贯击数 N 与地基承载力的关系，表中的锤击数 N_k 为由现场试验锤击数 N 经杆长修正后的锤击数标准值。

黏性土 N 与承载力的关系　　　　　　　　　　　　　　　　表 8.6

N_k（修正）	3	5	7	9	11	13	15	17	19	21	23
f_{ak}/kPa	105	145	190	220	295	325	370	430	515	600	680

由表 8.6，本工程基底持力层的承载力为 325kPa，天然地基满足率 $\psi = 325/536 = 0.6$，适合采用复合桩基。

综合以上分析，本工程修正后地基土承载力特征值取用 400kPa。

8.2.3　基础方案讨论

本工程所处场地地质条件异常复杂，花岗岩残积土层特别厚，土层中分布有大量直径不等的孤石，故对于本工程基础，各种常规的或习惯的方法都无法实施。连大家认为最有可能施工成功的冲凿桩，打了十几根，最终还是因失败而退场！

值得一提的是，曾经有设计单位提出采用基底下大面积 CFG 桩、遇孤石钻孔穿过、桩底旋喷注浆加固的方案。处理费用可能高达 1000 万元以上。经分析，该方案除费用高外，地基加固施工的质量也不易控制，且施工后没有可靠的检测方法对施工质量进行检查。另外，该方案最大的问题是旋喷桩加固施工过程中还存在高压水对花岗岩残积土的扰动，可能会大大降低土体的承载力从而给工程留下隐患。由于该方案相对风险较大、可靠性较低且总价昂贵，故不宜采用。

所以，适合本工程地质条件且能顺利进行施工的基础方案只能有两个：

（1）天然地基。花岗岩残积土在没有扰动的情况下，实际强度有较大的潜力，沉降也不会太大。但能否使用勘察报告提出的承载力特征值为 250kPa 的土层来承担实际达到 536kPa 的基底压力？从理论上讲，有这种可能。但是，重要的不是理论计算，工程实践是靠经验逐步积累和在可靠的范围内逐步外推来取得突破的。在厦门地区采用天然地基建造 30 层的高层建筑毕竟没有先例，该方案有一定的风险。

（2）考虑桩土共同作用的复合桩基。鉴于本工程有两层地下室，通过深、宽修正，放大地基土承载力值；同时，考虑底板的应力扩散，缩小了板底的平均压力，使天然地基能承担绝大部分的上部结构荷载；不足部分由主楼下引入少量的桩来承担，同时也利于确保沉降量满足要求。另外，在主楼下布置少量的桩，不仅可以减少主楼和裙房的差异沉降，还可减小底板中的弯矩，使基础底板的厚度和配筋都可进一步减小。

基础底板厚度取为 1.60m，其下有 300mm 厚的滤水层。为了使设计能得到实施，必须尽量用短桩和减少桩数。最后在两栋 30 层的高层住宅下总共仅布置了 65 根直径为 900mm，有效长度为 10m 的人工挖孔桩。

本工程的复合桩基设计与以往的所谓沉降控制的复合桩基不同，以往的沉降控制复合桩基中的桩均为摩擦型，而本工程复合桩基中的桩为端承型桩，需要采取一定措施保证桩土变形协调，才能最终实现桩土的共同作用。另外，在实施中，和事先估计的一样，大部分桩在挖孔过程中还是遇到了孤石。为了缩短工期，减少施工期间对土体的扰动，设计规定：当能用风镐探明孤石直径大于 2m 时，就终止挖孔，将桩底可靠地连接和支承在孤石上。为了保证桩土共同工作和解决桩基支承刚度差异过大的问题，在每根桩顶部设置了刚度调节装置，这是一项全新的尝试。

8.2.4 本项目创新点

（1）提高花岗岩残积土的承载力值：充分利用花岗岩残积土具有结构性以及在原始状态下具有高强度和低压缩性的特性，以花岗岩残积土层作为 30 层高层建筑的基础持力层。同时，采取了一系列构造措施和施工措施以防止由于花岗岩残积土泡水扰动所引起的强度急剧下降。

（2）考虑桩土共同作用的复合桩基：在 30 层的高层建筑下采用复合桩基设计。将复合桩基的设计概念扩大应用到较硬的土层——花岗岩残积土层中。与以往的沉降控制复合桩基不同，在沉降控制的复合桩基设计中均为摩擦型桩，桩土变形协调比较容易满足，而本工程由于花岗岩残积土层较硬，为端承型桩，通过设置刚度调节装置才能实现桩土变形协调，实现桩土共同作用。因此，本工程的复合桩基也可称为设置刚度调节装置的端承桩复合桩基。

（3）连接可靠的桩顶刚度调节装置：由于工程场地残积土层中孤石异常的多，大部分桩仍不得不直接落在大孤石上，造成各桩支承刚度不仅远大于地基土的支承刚度，且相互之间大小相差悬殊。因此，在桩顶设置可调节桩支承刚度的刚度调节装置，既保证了各桩顶部与基础底板的可靠连接和可靠传力，又保证了各桩支承刚度变化幅度不大于 20%。

8.3　可控刚度桩筏基础设计

8.3.1　桩基础承载力和数量计算

考虑到工程地质复杂，本工程采用 $\phi 900$ 人工挖孔桩，衬砌厚度 150mm，实际桩径 1200mm，桩长 10m。单桩极限承载力按下式计算：

$$Q_{uk} = Q_{sk} + Q_{pk} = u \sum q_{sik} l_i + q_{pk} A_p \tag{8.4}$$

式中，q_{sik} 为桩侧第 i 层土的极限侧阻力标准值；q_{pk} 为极限端阻力标准值。

计算得单桩极限承载力为 3820kN，承载力特征值为 1910kN。

按上文计算，主楼部分作用于基础的总荷载为 880000kN，修正后地基土承载力特征值为 400kPa，适当考虑上部结构荷载通过地下结构和基础向外扩散，保守取扩散距离为 1.5m，则有效基础面积为 $A = 1893m^2$，桩基数量 n 按照下式计算：

$$n \geqslant \frac{F_k + G_k - f_a A_c}{R_a} \tag{8.5}$$

式中，F_k 为荷载效应标准组合下，作用于承台顶面的竖向力；G_k 为桩基承台和承台上土体自重标准值，对于稳定的地下水位以下部分，应扣除水的浮力；A_c 为承台底面积扣除桩基截面积的净面积，$A_c = A - A_p \cdot n$；A 为筏板基础的基底面积；A_p 为桩基中单桩的截面积；f_a 为经修正后的地基土承载力特征值；R_a 为单桩竖向承载力特征值。

计算得到基桩数量 n 为 84 根。应该指出，上文计算的单桩承载力是人工挖孔桩直接支承于花岗岩残积土时的承载力，实际上，大部分桩将为支承于孤石和岩石上的端承桩，极限承载力远不止 3820kN（估算约为 9600kN）。因此，考虑到上述因素，尽量减少桩基施工对花岗岩残积土的扰动，并按柱网和实际布置需要，确定实际布桩为 65 根，此时，桩承担总荷载的 14%，平均每根桩承担荷载约为 2468kN。具体布桩方案如图 8.9 所示。

8.3.2　桩基础的安全度计算

本工程桩基础承载力采用特征值进行计算，地基土承载力也采用特征值进行计算，桩筏基础在保证桩土共同作用，充分发挥各自承载力的基础上，整体安全度 K 应满足不小于 2 的要求。

8.3.3　桩基础的沉降计算

（1）按简化修正实体深基础方法计算沉降[5]：

$$s = \psi \cdot \psi_e \cdot \frac{p_0}{E_s} \left(\frac{Z_n}{2} + \frac{B}{8} \right) \tag{8.6}$$

按上式取单幢计算，其中：$p_0 = 400kPa$；$Z_n = 25m$；$B = 33.4$；$\psi \approx 1.0$；$\psi_e = 0.521$；$\overline{E_s}$ 分别按表 8.7 取值代入计算得出 s。

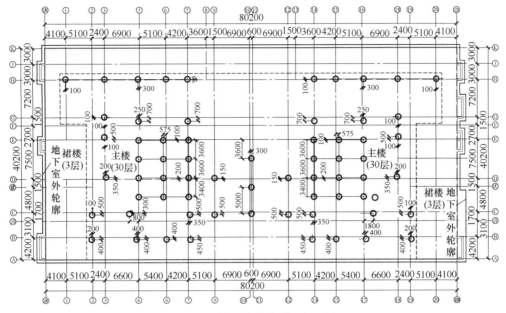

图 8.9 桩基础桩位平面布置图

按简化修正实体深基础法计算沉降   表 8.7

	常规方法按 $\overline{E}_{s,5-7}$ 取	2.2N	经验法			旁压仪	
			$5E_s$	$7E_s$	$10E_s$	$\alpha=1/3$	$\alpha=1/4$
$\overline{E}_s$/MPa	14.9	56.3	74.5	104.3	149	157.1	210
s/m	0.233	0.062	0.047	0.033	0.023	0.022	0.016

（2）按复合桩基方法计算沉降[5]

只考虑基础底板引起的沉降，忽略桩引起的沉降，则 $p_s=400\mathrm{kPa}$，$p_{s0}=296\mathrm{kPa}$，计算结果如表 8.8 所示。

按复合桩基方法计算沉降   表 8.8

	常规方法按 $E_{s,5-7}$ 取	2.2N	经验法			旁压仪	
			$5E_s$	$7E_s$	$10E_s$	$\alpha=1/3$	$\alpha=1/4$
$\overline{E}_s$/MPa	14.9	56.3	74.5	104.3	149	157.1	210
s/m	0.19	0.08	0.063	0.048	0.032	0.040	0.032

比较以上计算结果可以看出，本工程可控刚度桩筏基础的沉降在 30～60mm。

8.3.4 刚度调节装置支承刚度计算

考虑到本工程基础方案为地基土承担绝大部分荷载的复合桩基形式，建筑物可能会产生大于常规桩基础的沉降，另外，复合桩基础中采用的人工挖孔桩一部分为支承于孤石顶部的端承桩，一部分为支承于花岗岩残积土层的端承摩擦桩，这样，桩与周围底板以及桩与桩之间容易产生较大的差异沉降，从而提高基础的造价，并给建筑物带来一定的安全隐患。根据上述分析，本工程应在桩顶和筏板之间增加一刚度调节装置，按可控刚度桩筏基础设计，以调节差异沉降，减小筏板中的应力，达到优化设计的目的。

本工程中由于地质条件特殊，桩基中有直接支承于花岗岩残积土层的摩擦端承桩，有支承于较小孤石上的摩擦端承桩，也有支承于大孤石上的嵌岩端承桩，因此，无法做到精确计算刚度调节装置的刚度，可近似按照下式计算：

$$\frac{\xi}{A'_c \cdot k_s} = \frac{\zeta}{k_c} \tag{8.7}$$

式中，ξ 为地基土分担荷载的比例系数；ζ 为桩基础分担荷载的比例系数；A'_c 为桩土共同作用时，与每根桩协同工作的地基土面积的平均值；k_s 为单位面积地基土的支承刚度，近似等于地基土的基床系数；k_c 为设置刚度调节装置的基桩复合支承刚度，由基桩支承刚度 k_p 和刚度调节装置的支承刚度 k_a 串联而成，当基桩为嵌岩端承桩时，$k_c \approx k_a$。

计算得到的单根桩刚度调节装置支承刚度近似为 160000kN/m。

8.3.5　差异沉降控制方法及施工要点

（1）布桩原则：在主楼柱下及剪力墙下布桩，布桩时应尽可能使桩顶反力和上部结构荷载作用力的位置相重合。

（2）因桩只在柱下和剪力墙下布置，故基础底板可采用梁板式板，做在梁的下部，梁高 2.0m，板厚 0.6m。梁间的填土推迟到施工后期进行。根据实测沉降资料，可将填土作为一种调节沉降的手段，采用不均匀回填或者架空的方法。另外也可使用整板，但厚度可减至 1.6m，挑出部分最小厚度为 1.2m。

（3）人工挖孔桩遇小孤石或者孤石边缘不到桩孔截面积的 1/4 时，应越过孤石施工。当遇到大孤石时，桩底做 10～15cm 厚的人工碎石垫层。当孤石边缘超过桩孔截面积的 1/4 时，在孤石上植入 5φ16 的钢筋。

8.4　工程现场测试分析与研究

本工程于 2002 年进行设计并动工；2002 年底进行基坑的土方施工；2003 年 3 月土方工程结束并开始在坑底混凝土垫层上进行工程桩施工（人工挖孔桩）；2003 年 5 月初完成地下二层垫层及人工挖孔桩施工；2003 年 7 月完成基础筏板的浇筑；2004 年 5 月建筑物主体结构封顶；2005 年 4 月交付使用。

本工程在基础筏板浇筑前埋设了大量桩顶集中反力传感器和基底土压力反力传感器。在施工过程中及封顶后近 3 年时间内，对建筑物进行了全方位、全过程的监测，主要包括建筑物沉降观测、基底土压力观测、桩顶反力监测、刚度调节装置变形监测等。其中，建筑沉降及桩顶刚度调节装置变形观测点布置见图 8.10，土压力盒和桩顶反力计布置见图 8.11（土压力盒和桩顶反力计仅布置在建筑物对称一侧）。本书集中了 2003 年 6 月到 2006 年 12 月 3 年半的观测资料。

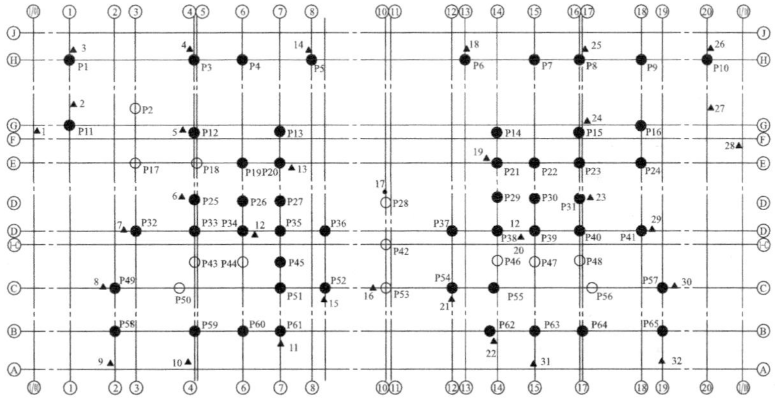

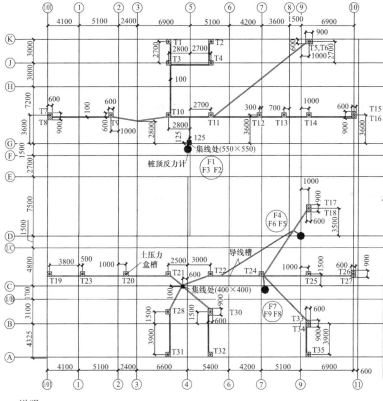

图例 ▲32沉降观测点；● P32桩顶刚度调节装置变形观测点；○P2未进行弹簧变形观测的桩

图 8.10 建筑沉降及桩顶刚度调节装置变形观测点布置示意图

说明：

1. 导线槽规格为 100mm×100mm（宽×深），要求采用切割机切割后凿除；

2. 土压力盒槽埋设单个土压力盒的规格为 600mm×600mm（长×宽），两个为 600mm×900mm，深度要求为切透并凿除垫层的混凝土及钢筋，并去除垫层下碎石层；

3. 集线处的凿除深度为 150mm；

4. 土压力盒槽底采用 5cm 中砂铺垫；

5. 土压力盒、桩顶反力计、导线埋设好后采用水泥砂浆回填。

图 8.11 土压力盒及桩顶反力计埋设施工图

8.4.1　建筑物沉降

本工程中设置刚度调节装置的人工挖孔桩主要起控制建筑物总沉降以及调节差异沉降的作用，同时还作为建筑物的安全储备，建筑物沉降主要还是由地基土的支承刚度来控制。本工程共布置沉降观测点 32 个，建筑物封顶后，沉降观测点减少为 16 个。建筑物封顶两年后的实测最大沉降为 53mm，最小沉降为 24mm，平均沉降为 37mm。

图 8.12 为建筑物平均沉降随时间的变化曲线，从图中可以看出，建筑物沉降已趋于稳定，预计最终沉降约为 45mm，这与最终沉降估算值 3～5cm 非常吻合。这就说明本工程可控刚度桩筏基础设计是合理的，同时也说明了在了解建筑场地地质条件的基础上，深入分析、合理计算，较准确地估算出考虑桩土共同作用的桩筏基础的最终沉降也是可能的。

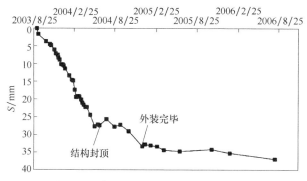

图 8.12　建筑物平均沉降随时间变化曲线

图 8.13（a）～图 8.13（d）分别为施工过程中及封顶后不同时刻的沉降等值线图（图中每条等值线间隔代表差异沉降 1mm），可以看出，在施工的最初阶段，建筑物最大沉降

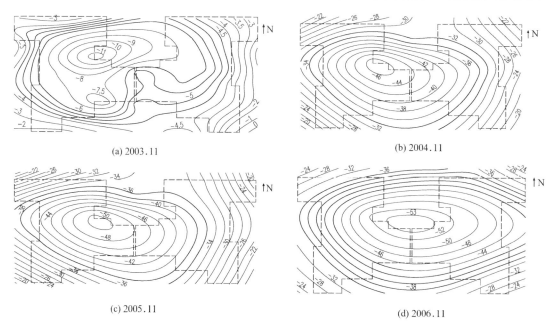

(a) 2003.11

(b) 2004.11

(c) 2005.11

(d) 2006.11

图 8.13　建筑物沉降等值线图

并没有像上部结构一样呈对称分布，而是略向左偏。初步分析，可能是由于建筑物地下室左侧在开挖时基底土受到一些扰动，而右侧有大孤石上露，刚度较大引起的。另外，从图 8.13 中可以看出，建筑物施工过程中，由于地基两侧的差异，沉降并不均匀对称，但是随着时间的推移，在桩顶刚度调节装置自适应调节作用下，建筑物朝着最终使上部结构次应力最小的方向发展，并且建筑物 80m 纵向边长的差异沉降从 20mm 左右逐渐减小到 10mm 左右，说明在自适应调节作用下本建筑的基础设计基本达到了零差异沉降的目标。

8.4.2　基底土压力

本工程主、裙楼基底共布置土压力盒 35 只，土压力监测从 2003 年 6 月开始，2005 年 8 月结束，历时 2 年 3 个月。上述过程中，受施工影响，逐渐出现土压力盒损坏的情况，至监测结束时尚存活 28 只。剔除部分数据明显异常点，实测基底最大土压力为 417kPa，最小土压力为 152kPa，图 8.14 为⑨轴线的土压力分布，图 8.15 为 H 轴线的土压力分布。结合图 8.11 土压力盒的埋设位置可知，最大土压力出现在电梯井附近，而最小土压力则出现在裙楼部位，说明实测结果是可信合理的。另外，从图 8.14 和图 8.15 中可以看出，基底土压力在施工初期比较均匀，随着荷载的逐渐增加，基底土压力逐渐形成了刚性基础比较典型的"马鞍形"分布。

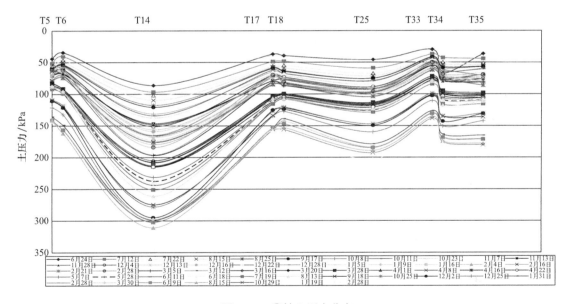

图 8.14　⑨轴土压力分布

基底平均土压力随时间的变化曲线如图 8.16 所示，可以看出，基底土压力在建筑物主体施工及外装期间总体上明显增大，在建筑物外装完成后增大程度趋缓，但仍有少量的增大。主楼部分基底最终土压力平均值约为 322kPa，小于设计值，考虑到土压力实测结果通常会小于实际值，且建筑物的实际荷载也小于设计荷载，因此，上述结果也是合理的。

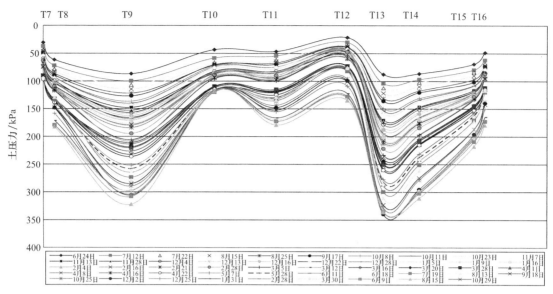

图 8.15　H 轴土压力分布

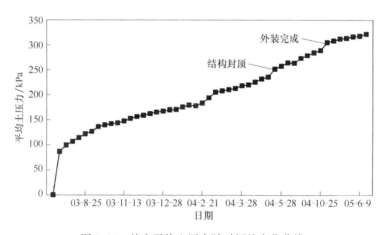

图 8.16　基底平均土压力随时间的变化曲线

8.4.3　桩顶刚度调节装置

本工程中对全部 65 根桩布置了桩顶刚度调节装置变形量观测装置，由于施工的原因，只能观测到 52 根桩。观测时间从 2003 年 9 月开始，2005 年 3 月结束，历时 1 年 6 个月。

至 2005 年 3 月 30 日，桩顶刚度调节装置最大变形量为 25.00mm，接近设定的位移调节量，说明嵌岩桩完全按设计意图发挥了作用；但刚度调节装置平均变形量仅为 15.42mm，说明桩基中摩擦端承桩和直接支承于小孤石上的摩擦端承桩占了较大的比例，另外也说明桩端土体实际变形量比估算值大，如图 8.17 所示。分析具体原因，可能是由于估算变形时，只考虑了基桩荷载作用下的桩端土体压缩量，而忽略了建筑物对桩端土体变形的影响。实际上，本工程由于桩长较短，建筑物筏板又较宽（主楼部分接近 30m，裙楼部分为 40m），因此桩端以下土体大部分仍在建筑物的沉降影响范围之内，这部分的牵连沉降不能忽略。

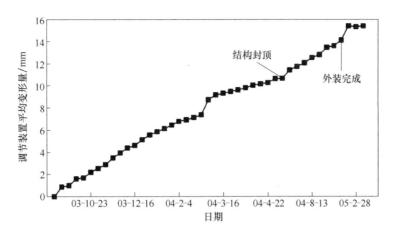

图 8.17 刚度调节装置平均变形随时间的变化曲线

8.4.4 桩顶反力

本工程仅对 3 根桩进行了桩顶反力监测。桩顶平均反力随时间的变化曲线如图 8.18 所示,从图 8.18 中可以看出,桩顶平均反力在建筑物主体施工及外装期间明显增大,至 2004 年 12 月外装完成,桩顶平均反力最大值为 1730kN;建筑物外装完成后,桩顶反力总体呈缓慢减小趋势,至 2005 年 8 月监测结束,桩顶平均反力最大值为 1530kN。将桩顶反力随时间的变化趋势与土压力变化情况作对比,可以看出,外装完成后,桩、土荷载分配情况仍随时间变化而进一步调整。

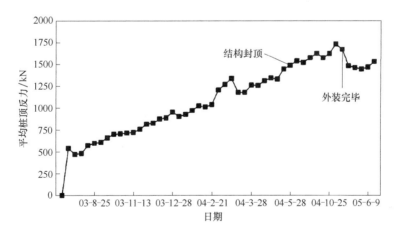

图 8.18 建筑物平均桩顶反力随时间变化曲线

刚度调节装置的受力性状大致呈线性变化,因此,根据调节装置的支承刚度和平均变形量可近似推算出桩顶的平均反力,将推算结果与实测的桩顶反力随时间变化一起绘于图 8.19 中。由于刚度调节装置平均变形量由 53 根桩得到,而实测桩顶平均反力仅由 3 根桩得到,导致根据平均变形量推算出的桩顶平均反力与实测值存在一定差异。但从图 8.19

中仍可以看出，两者随时间的变化趋势基本一致，在某些情况下，上述两组数据可相互印证合理性。

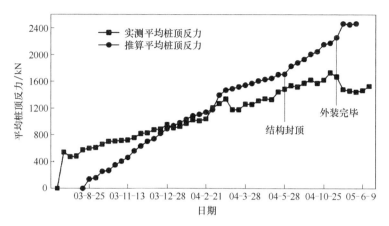

图 8.19　建筑物平均桩顶反力随时间变化曲线

8.4.5　桩、土荷载分担比

本工程地基土承载力有较高的利用潜力，因此，对于其桩筏基础，按照桩土共同作用理论进行设计。设计时考虑地基土分担 400kPa 的荷载，达到上部结构总荷载的 85%。

根据实测的平均土压力和实测的平均桩顶反力，换算出全过程中地基土分担荷载的比例随时间的变化曲线，具体如图 8.20 所示。可以看出，地基土实际分担荷载比例略小于设计值，平均在 83% 左右。另外，地基土分担荷载比例虽随时间不断变化调整，但幅度不大，说明在桩顶刚度调节装置的作用下，端承型桩与地基土基本同步发挥作用。

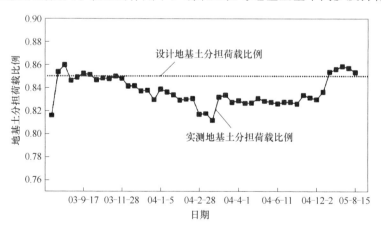

图 8.20　地基土分担荷载比例随时间的变化曲线

综上所述，建筑物封顶 2.5 年后的实测结果显示，建筑物的各项性能指标基本满足当初的设计要求，并且自适应刚度调节装置改善筏板性能、减小不均匀沉降的能力超出预期，基本做到了零差异沉降。可以讲，本工程应用的可控刚度桩筏基础是合理的，其设计也是成功的。

8.5 经济效益分析

本工程地质条件特殊，经反复论证，能够实施的方案只有两种：旋喷桩复合地基和可控刚度桩筏基础。由于其他方案无法实施，本书仅对上述两种方案进行经济性比较（可控刚度桩筏基础方案按实际发生额计算，复合地基方案按估算），具体如表8.9所示。

经济效益分析   表8.9

项目	旋喷桩复合地基方案 A		可控刚度桩筏基础 B	
	内 容	造价/万元	内容	造价/万元
地基处理	旋喷桩穿越孤石	614	—	—
桩基础	—	—	人工挖孔桩	49
筏板	2.5m 厚	1000	1.2～1.6m 厚	700
刚度调节装置	—	—	刚度调节装置及配套构造	39
地下室	一层地下室	a(相对)	两层地下室(车位冲抵后)	a－175
工期	9～12 个月	b(相对)	3 个月左右(投资利息)	b－432
合计：	方案 A－方案 B＝1433 万元			

上文仅对可能实施的方案进行了经济性分析，从表8.9中可以看出，可控刚度桩筏基础方案比旋喷桩复合地基方案省节造价1400余万，效益显著。实际上，还应该指出的是，相对于那些无法保证一定能够实施的方案（如冲孔灌注桩方案），可控刚度桩筏基础方案由于施工简单、快速、方便，对周边环境无污染，因此不仅具有明显的经济效益，而且社会效益和环境效益亦非常显著。

第9章　大底盘高层建筑变刚度调平设计的工程实践

通过厦门七星公馆（2013 年竣工）进一步介绍可控刚度桩筏基础在变刚度调平设计中的应用及现场测试情况。

9.1　工程概况与地质条件

"新景·七星公馆"项目位于厦门体育路和七星路交汇处，由 1 号～5 号高层住宅和部分商业配套组成，其下部设两层地下室相连，总建筑面积为 148439m^2。其中，2 号楼地上 37 层，总高度 115.0m，本书分析即以 2 号楼为例，其基础平面如图 9.1 所示。

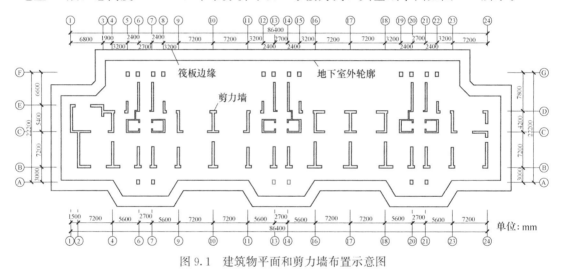

图 9.1　建筑物平面和剪力墙布置示意图

本工程场地为山麓斜坡堆积阶地，地势较平缓开阔，基底以下土层依次为：残积砂质黏性土、全风化花岗岩、散体状强风化花岗岩、碎块状强风化花岗岩及中风化花岗岩，场地典型地质剖面及各土层主要物理力学参数分别如图 9.2 和表 9.1 所示。

主要地层物理力学性质　　　　　　　　　　　　　　　　　　表 9.1

土层名称	层号	γ /(kN/m^3)	c/kPa	φ/°	E_0/MPa	f_{ak}/kPa	q_{sik}/kPa	q_{pk}/kPa
残积砂质黏性土	4b	19	25	22	17	230	40	—
全风化花岗岩	5b	20	26	28	35	350	90	2700
散体状强风化花岗岩	6b-1	21	—	—	70	500	110	3200
碎块状强风化花岗岩	6b-2	22.5	—	—	90	750	130	6500
中风化花岗岩	7b	25	—	—	—	1700	180	11000

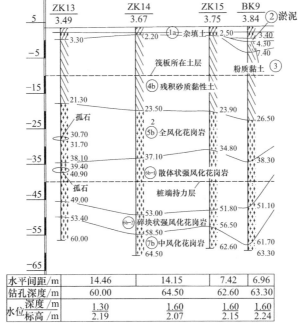

图 9.2 地质路径示意图

9.2 基础方案可行性分析与计算

结合本工程特点及具体工程地质条件，对该工程可能的基础形式的可行性进行论证、分析。

9.2.1 天然地基

本工程±0.000相当于黄海高程8.100m，地下室底板面标高为−9.950m，相当于黄海高程−1.850m，基底位于残积砂质黏性土层，勘察报告显示，该层地基承载力为230kPa，考虑深宽修正后地基承载力为350kPa。根据当地工程经验，花岗岩残积砂质黏性土属灵敏性土，而勘察报告提供的承载力参数由室内土工试验推算获得，与实际情况存在一定出入。为较准确地评估本工程基底残积土的承载性能，在现场取3个点对残积砂质黏性土层进行了载荷板试验，具体结果如表9.2所示。综合考虑，保守取残积砂质黏性土层的承载力特征值为350kPa。

	地基承载力的对比		表 9.2
方法		极限承载力/kPa	特征值/kPa
地区规范值		700	350
载荷板试验	1号	866	433
	2号	722	361
	3号	678	339

本工程主体采用现浇钢筋混凝土剪力墙结构。主楼平面尺寸为86.4m×22.2m，接近

于矩形平面，高宽比为 3.7，剪力墙全部落到基础上，基础形式为筏板基础。基坑开挖以后发现地下室底板下土层均为残积砂质黏性土，可作为天然地基的持力层。为减小板底的平均应力，基础筏板面积按结构外轴线外扩 2.5m 考虑，为 2200m² 。荷载效应标准组合下，基底以上结构总荷载约为 1060000kN，折算成作用于基底的压力，为 482kPa。从现场试验看，本工程残积黏性土在没有扰动的情况下，其实际强度有较大的潜力，但能否用修正后的承载力特征值为 350kPa 的土层来承担实际达到 482kPa 的基底压力？从理论上讲有这种可能[1-2]，但有较大风险，需进一步论证分析。

9.2.2　常规桩基

PHC 管桩是厦门地区常用的基础形式，但本工程桩基需要穿越大量孤石，PHC 管桩无法成桩，不宜在本工程中应用。对于人工挖孔桩，根据厦门市有关文件：自 2008 年 5 月 1 日起，严格限制使用人工挖孔桩，人工挖孔桩桩长不得超过 15m。在本工程中，当桩长为 15m 时，桩端持力层为残积砂质黏性土，单桩承载力不高，无法满足布桩要求。如采用常规冲孔灌注桩，选择中风化花岗岩层作为桩端持力层，桩长约为 50m，施工周期较长且施工困难，从造价和施工工期方面考虑，本工程采用常规冲孔灌注桩不是最佳方案。

9.2.3　可控刚度桩筏基础

本工程设有两层地下室，地基承载力较高，如采用可控刚度桩筏基础，配合考虑扩大筏板面积，可进一步减小板底平均压力，最大限度发挥天然地基的承载潜力，使天然地基能承担绝大部分的上部结构荷载，不足部分由主楼下引入的少量桩基来承担。从静载试验（图 9.4）中可以看出，本项目桩基承载力较高，桩土支承刚度差异显著，虽有一定的桩端变形，但这部分变形不能保证地基土承载力的充分发挥。本项目通过在桩顶设置刚度调节装置来保证桩土的变形协调，实现桩土共同作用，此外还可以减少主楼和裙房的差异沉降及筏板弯矩，使基础筏板厚度和配筋进一步减小。

可控刚度桩筏基础的桩基数量可按式（9.1）计算：

$$n \geqslant \frac{F_k + G_k - f_a A_c}{R_a} \tag{9.1}$$

式中，F_k 为荷载效应标准组合下，作用于承台顶面的竖向力；G_k 为桩基承台和承台上土体自重标准值，对于稳定的地下水位以下部分应扣除水的浮力；n 为桩基中基桩的数量；A_c 为承台底扣除桩基截面积的净面积，$A_c = A - nA_p$；A 为筏板基础的基底面积；A_p 为桩基中单桩的截面积；f_a 为经修正后的地基土承载力特征值。

本工程筏板下扣除桩基后的地基土有效面积 A_c 为 2093m²，地基土承载力特征值为 350kPa。冲孔灌注桩桩端以散体状强风化花岗岩层作为持力层，桩径为 1.1m，桩长约 30m，其单桩承载力特征值约为 3870kN，计算桩数不少于 85 根，采用墙下和柱下布桩原则，本工程实际布桩 113 根，桩位如图 9.3 所示。

根据确定的桩数及桩位布置图，本工程中，桩基共承担荷载 437310kN，桩承担的荷载占上部结构总荷载的 41.3%，剩余 58.7% 的荷载由地基土承担，折算成基底土压力为 298kPa，基底土压力小于地基承载力特征值 350kPa。可控刚度桩筏基础方案中桩基数量

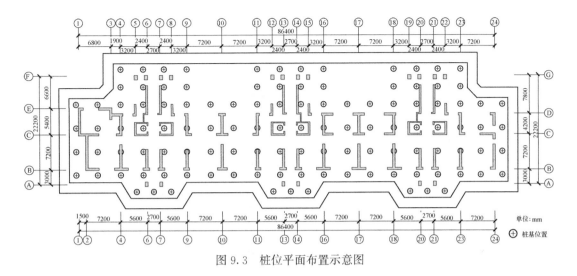

图 9.3　桩位平面布置示意图

和长度均小于常规桩基础，同时，该方案相对于天然地基方案更具可行性，也更加安全。

可控刚度桩筏基础实现桩土共同作用，充分发挥地基土承载力的关键是设置合适的刚度调节装置，尤以合理的支承刚度至关重要，刚度调节装置支承刚度大小可以按照下式计算：

$$\frac{\xi}{A_c' \cdot k_s} = \frac{\zeta}{k_c} \tag{9.2}$$

式中，ξ 为地基土分担荷载的比例系数；ζ 为桩基础分担荷载的比例系数；A_c' 为桩土共同作用时，与每根桩协同工作的地基土面积的平均值，m^2，$A_c' = A_c/n$；k_s 为地基土的刚度系数，kN/m^3；k_c 为设置刚度调节装置的基桩复合支承刚度，kN/m，由基桩支承刚度 k_p 和刚度调节装置支承刚度 k_a 串联而成，当基桩为嵌岩端承桩时，$k_c \approx k_a$。

需要指出的是，上式中定义的地基土刚度系数主要用来计算刚度调节装置的支承刚度。地基土的刚度系数定义类似于基床系数，但与基床系数又有本质区别，基床系数是反映某特定土体自身的力学特性，而刚度系数是反映某场地整个基础影响深度范围内土体在荷载作用下的力学性能。影响地基土刚度系数 K_s 值的因素包括：土的类型、基础埋深、基础底面积的形状、基础的刚度及荷载作用的时间等因素。试验表明，在相同压力作用下，地基土刚度系数 K_s 随基础宽度的增大而减小，在基底压力和基底面积相同的情况下，矩形基础下土的 K_s 值比方形的大。对于同一基础，土的 K_s 值随埋置深度的增大而增大，同时，黏性土的 K_s 值通常随作用时间的增长而减小。因此，K_s 值不是一个常量，它的确定是一个较复杂的问题，有一定的经验性。在较准确地估算建筑物基础平均沉降的情况下，地基土刚度系数 K_s 可根据地基土所承担的实际荷载以及在该荷载作用下地基土产生的相应变形计算得到。

根据上文确定的桩基数量，取 $\xi = 0.587$，$\zeta = 0.413$，$A_c' = 18.5 m^2$，地基土的刚度系数根据现场静载试验取 $10000 kN/m^3$，则由式（9.2）计算得出刚度调节装置的支承刚度 k_c 为 $130000 kN/m$。考虑到基底残积砂质黏性土层在施工时易扰动，可能会使地基土刚度系数值少量下降，为充分发挥地基土承载力，可适当降低刚度调节装置的支承刚度，

k_a 取为 120000kN/m。由于在核心筒位置处荷载较大，为使基底土压力分布更加均匀，根据数值分析结果，适当增大刚度调节装置的支承刚度（具体分析过程见下文分析），最终确定核心筒位置调节装置支承刚度 k_a 取为 180000kN/m，具体布置如图 9.4 所示。

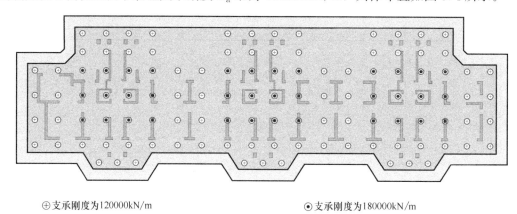

⊕支承刚度为120000kN/m　　　⊙支承刚度为180000kN/m

图 9.4　刚度调节装置平面布置示意图

9.3　数值模拟分析

9.3.1　模型简化与建立

本书应用大型有限元软件 ABAQUS 建立可控刚度桩筏基础三维实体数值分析模型，模拟并分析可控刚度桩筏基础的桩土共同作用特性。桩顶刚度调节装置模型尺寸：其厚度为 0.15m，半径为 0.5m。模型场地土下表面给定边界条件 $x=0$、$y=0$、$z=0$，土体四周给定边界条件 $x=0$，$y=0$。桩身混凝土假设为线弹性，土体屈服准则遵循 M-C 弹塑性模型。模型及网格划分如图 9.5 所示。模型计算参数取自该工程地质勘察报告，具体计算参数见表 9.3。

表 9.3

数值分析计算参数

项目	本构模型	E/MPa	c	φ	ν	γ/(kN/m³)
桩	弹性	30000	—	—	0.2	25
筏板	弹性	30000	—	—	0.2	25
土 4b		35	18	28	0.3	19
土 5b	摩尔-库仑	60	40	27	0.3	20
土 6b-1		500	—	—	0.25	21

由于岩土工程的复杂性，勘察报告提供的岩土体力学参数与数值分析所需参数差距较大，本工程拟通过现场载荷试验结果对模型参数进行反演与验证，以使数值分析尽可能反映各基础方案的实际工作性状。

图 9.6 所示为现场单桩静载试验和数值模拟结果对比曲线，可以看出，图中曲线分布趋势吻合较好，证明模型分析参数选取合理。

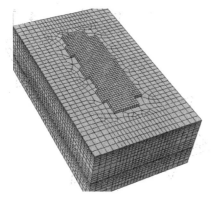

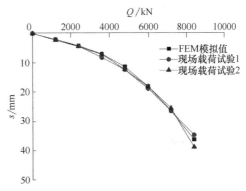

图 9.5　模型网格划分

图 9.6　单桩 Q-s 曲线

9.3.2　数值计算结果

为了进一步验证可控刚度桩筏基础方案的合理性以及刚度调节装置支承刚度的变化对基础整体受力性能的影响，开展了多种工况的数值分析与对比，限于篇幅，本书仅选取了如表 9.4 所示四种典型工况下的建筑物沉降、基底土压力分布、刚度调节装置变形量、桩顶反力、桩土分担比等五个方面进行详细介绍，其中，当刚度调节装置支承刚度取零时，与桩基刚度串联处理后，相当于天然地基方案。

各工况下的对比方案　　　　　　　　　　　　　　　　表 9.4

刚度调节装置编号	DA-0	DA-5	DA-mix	DA-30
刚度调节装置刚度/(kN/m)	0	50000	120000/180000	300000

1. 沉降对比分析

根据建筑物平面，取四个典型剖面，如图 9.7 所示，各工况下的筏板沉降分布如图 9.8～图 9.11 所示。

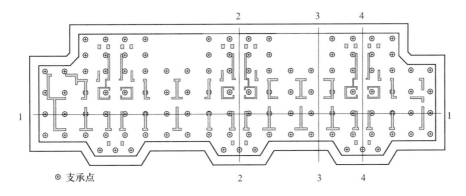

⊕ 支承点

图 9.7　建筑物平面典型剖面

从图 9.8～图 9.11 中可以看出，刚度调节装置的刚度变化对建筑物沉降影响较大。随着调节装置刚度逐渐减小，地基土分担荷载逐渐增加，筏板的整体沉降和不均匀沉降也逐渐增加。刚度调节装置的刚度为零即采用天然地基方案时，建筑物最大沉降为 221mm，不均匀沉降达 196mm，显然不能满足设计要求。当调节装置刚度为 120000kN/m，在核心筒位置取 180000kN/m 时，建筑物最大沉降为 29.9mm，不均匀沉降为 20mm，符合 Bjerrum 提出的建议范围，基础整体变形达到最优[3]。

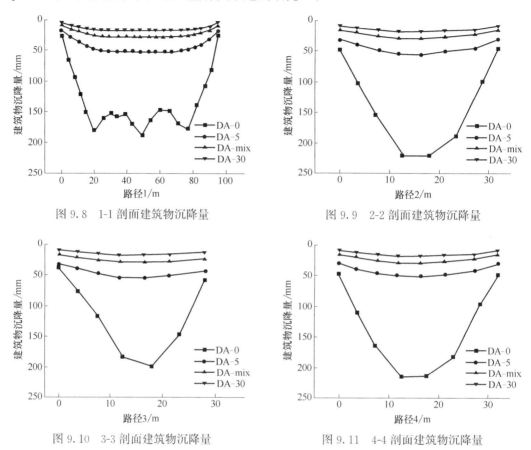

图 9.8　1-1 剖面建筑物沉降量　　　　图 9.9　2-2 剖面建筑物沉降量

图 9.10　3-3 剖面建筑物沉降量　　　　图 9.11　4-4 剖面建筑物沉降量

2. 基底土压力对比分析

不同工况下的基底土压力分布如图 9.12～图 9.15 所示。从图 9.12～图 9.15 中可以看出，随着刚度调节装置的刚度逐渐变小，地基土分担的荷载逐渐变大，当刚度调节装置的支承刚度为零，即为天然地基时，基底土压力平均值达 482kPa，最大值达到 722kPa，

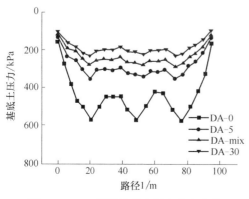

图 9.12　1-1 剖面基底土压力分布曲线

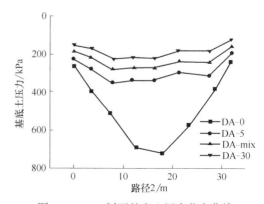

图 9.13　2-2 剖面基底土压力分布曲线

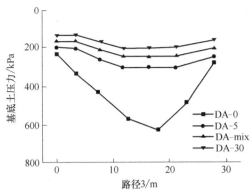

图 9.14　3-3 剖面基底土压力分布曲线　　　　图 9.15　4-4 剖面基底土压力分布曲线

远远大于地基土的实际承载力。当刚度调节装置的支承刚度为 120000kN/m，在核心筒位置取 180000kN/m 时，基底土压力平均值为 277kPa，与设计值 298kPa 接近。另外，对比土压力分布规律可以看出，当基底土分担荷载不大时，筏板在短边方向呈现出偏刚性的受力特性，而长边方向则呈偏柔性的受力特性，这个区别在筏板设计中应予以充分重视。

3. 刚度调节装置变形量

随着荷载的增加，刚度调节装置变形量如图 9.16 所示。从图 9.16 中可以看出，刚度调节装置的刚度越大，变形量越小。刚度调节装置的平均变形量较建筑物平均沉降量略小，由此也可以看出，在荷载作用下，桩身以及桩端持力层仍有少量的变形，最终实际采用的 DA-mix 工况下，调节装置平均变形量为 26.8mm。

4. 桩顶反力对比分析

随着荷载的增加，桩顶反力增长曲线如图 9.17 所示。从图 9.17 中可以看出，桩所分担的荷载随着刚度调节装置刚度的增大而增大。通过对比说明了在桩顶设置刚度调节装置，可以通过人为改变刚度调节装置的支承刚度，达到主动干预桩顶反力的目的，从而实现桩顶反力的可控性。当刚度调节装置的刚度为 120000kN/m，在核心筒位置取 180000kN/m 时，桩顶反力平均值为 3765kN，接近于单桩承载力特征值。

5. 桩土分担比分析

随着荷载的增加，地基土分担荷载的比例曲线如图 9.18 所示。由图 9.18 可以看出，

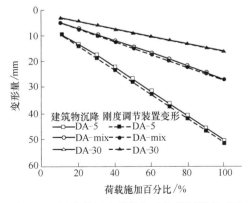

图 9.16　调节装置变形量与建筑物沉降量对比

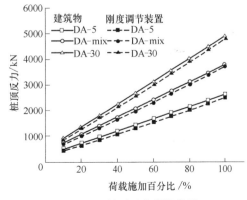

图 9.17　桩顶反力增长曲线

地基土分担荷载的比例随着刚度调节装置刚度的增大而减小。随着荷载逐渐增加，土所分担的荷载百分比逐渐减小，并最终趋于稳定，表明筏板—地基土—刚度调节装置在荷载逐渐施加的过程中达到了变形协调，进入正常工作阶段。最终采用的 DA-mix 工况下，地基土所分担的荷载比例逐渐收敛为 58%，和设计方案一致，说明在桩顶设置合理的支承刚度的刚度调节装置可以有效改变桩土分担比，充分发挥地基土的承载潜力。

9.3.3　基础方案的最终确定

当基础形式为天然地基时，建筑物平均沉降量和差异沉降量均较大，而且基底土压力大于地基承载力特征值，可以看出天然地基方案对于本项目来说存在较大风险，不宜采用。

当本项目采用可控刚度桩筏基础方案时，建筑物平均沉降量和差异沉降量均处于可接受范围内，而且当核心筒位置的调节装置支承刚度取 180000kN/m，其他位置取 120000kN/m 时，建筑物最大沉降为 29.9mm，不均匀沉降为 20mm，基底土压力平均值为 277kPa，桩顶反力平均值为 3765kN，地基土承载力得到较充分的发挥，基桩数量得到大幅减少。

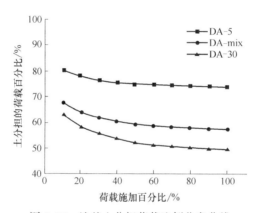

图 9.18　地基土分担荷载比例分布曲线

9.4　现场实测结果与分析

本工程最终采用了可控刚度桩筏基础方案，并于 2011 年 11 月底完成基础筏板施工，于 2013 年 9 月 17 日完成主体结构封顶。对建筑物施工的全过程进行了监测，包括建筑物沉降、基底土压力、桩顶反力以及全部刚度调节装置变形量等内容。各项目监测点布置如图 9.19 所示。

9.4.1　建筑物沉降与分析

建筑物共布置沉降观测点 14 个，沉降观测从 2012 年 3 月开始，2014 年 3 月结束，历时 2 年。图 9.20 所示为沉降观测点沿纵向沉降分布，由图 9.20 可以看出，建筑物最大沉降量为 25.5mm，最小沉降量为 18.9mm，不均匀沉降仅为 6.6mm。

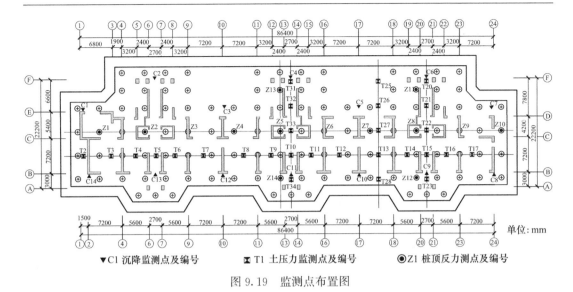

图 9.19 监测点布置图

图 9.21 所示为建筑物沉降随时间的变化曲线，可以看出，在建筑物封顶前，平均沉降量基本呈线性增长，封顶后，平均沉降量增长速率放缓。2012 年 10 月到 2013 年 3 月，由于施工停滞，导致实测建筑物沉降量增长缓慢，而数值分析并没有考虑此因素，沉降量仍随时间呈线性增长。从图 9.21 中还可以发现，施工初期，建筑物沉降量增长缓慢，随后逐步加快并趋于正常，分析其原因，主要是在施工初期基础荷载远小于开挖掉的土体的自重，基底土不会产生附加应力或者产生的附加应力很小，所以沉降增长速度缓慢。建筑物封顶时，实测沉降量平均值为 21.2mm，封顶半年后，建筑物平均沉降量为 24.3mm，考虑到部分装修荷载和活荷载尚没有施加，建筑物实际荷载小于设计值，因此，实测结果小于数值分析值。

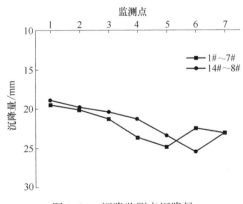

图 9.20 沉降监测点沉降量

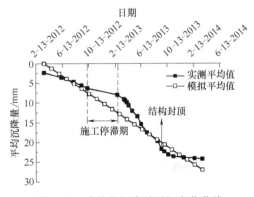

图 9.21 建筑物沉降随时间变化曲线

9.4.2 基底土压力分析

本工程基础底共埋设土压力盒 34 只，其中 28 只在塔楼下，土压力监测从 2012 年 3 月开始，2014 年 3 月结束，历时 2 年。除数据明显异常外，实测基底最大土压力为 336kPa（位于核心筒下方）。图 9.22 所示为建筑物基底平均土压力随时间的变化曲线，从图 9.22 中可以看出，基底土压力在 2012 年 10 月达到最大值 196.6kPa，随后，基底土压力逐渐下降，到 2013 年 3 月，基底土压力为 132.5kPa。分析其原因，主要是在此期间施工基本停滞，地基土处于回弹再压缩阶段，随着土体不断固结，上部结构荷载由地基土转移到桩基础，导致基底土压力下降。

从图 9.22 中还可以看出，施工初期基底土压力增长速度较快，而在 2013 年 3 月恢复施工后，基底土压力增长速度较为缓慢，主要是调节装置与桩顶初期接触不紧密以及为充分发挥地基土承载力，调节装置初期的刚度设置较弱所致，这也能从下文所述的桩顶反力发展中得到验证。总体来说，基底土压力在建筑物主体施工期间基本呈线性增长，与数值模拟结果基本吻合。当建筑物封顶后，土压力增长逐渐变缓并最终趋向于稳定。建筑物基底最终土压力平均值约为 194kPa，小于数值模拟计算结果，考虑到结构封顶前后建筑物实际荷载约为设计值的 80% 左右，上述结果基本合理。

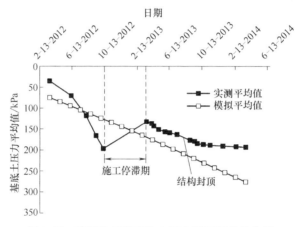

图 9.22　建筑物基底平均土压力随时间变化曲线

9.4.3　刚度调节装置变形量分析

本工程针对全部桩顶刚度调节装置进行了变形观测，观测时间从 2012 年 3 月开始，2014 年 3 月结束，历时 2 年，至 2013 年 9 月 16 日结构封顶时，桩顶刚度调节装置平均变形量为 19.4mm，平均变形量随时间的变化曲线如图 9.23 所示。从图 9.23 中可以看出，刚度调节装置一直处于正常工作状态，在主体施工期间，随着上部结构荷载的变化，平均变形量基本呈线性增大，与数值模拟结果基本吻合。结构封顶后，调节装置沉降变化速率减小，但总变形量仍有增大，说明封顶之后刚度调节装置仍然处于协调桩土分担荷载的工作之中。为了对比方便，将建筑物平均沉降量和刚度调节装置变形量随时间变化曲线一起绘于图 9.24 中，从图 9.24 中可以看出，刚度调节装置变形量略小于建筑物沉降值，说明本工程桩基仍存在桩身受压和桩端变形引起的少量沉降。

9.4.4　桩顶反力分析

本工程对 14 根桩进行了桩顶反力监测，由于施工的原因，只观测到了 12 根桩。桩顶平均反力随时间的变化曲线如图 9.25 所示，从图 9.25 中可以看出施工初期桩顶反力增长缓慢，这与土压力变化相对应。另外，桩顶平均反力在建筑物主体施工期间增大明显，结构封顶时，桩顶反力平均值为2901kN，与数值模拟结果基本相当；主体结构封顶后，桩顶反力总体趋于稳定，至2014年3月监测结束，桩顶反力为3121kN，略小于数值模拟计算结果，原因是建筑物实际荷载小于设计荷载，在封顶后荷载增长缓慢，而模拟时荷载仍然按线性增长施加。对比桩顶反力随时间的增长趋势与土压力增长情况，可以看出，建筑物封顶之后，桩、土荷载分担比例仍随着时间的变化而作调整。

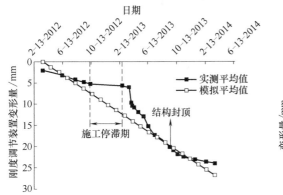

图9.23　调节装置平均变形量随时间变化曲线

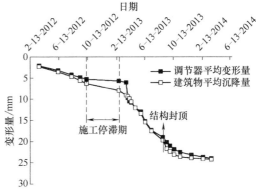

图9.24　调节装置变形量与建筑物沉降量对比曲线

　　刚度调节装置的受力性状基本呈线性变化，根据其支承刚度和变形量可以近似推算出桩顶反力平均值，将推算出的桩顶反力平均值与实测桩顶反力平均值随时间变化曲线一起绘于图9.26中。由于刚度调节装置的平均变形量由113根桩得到，而实测桩顶反力平均值仅由12根桩得到，导致推算值与实测值存在一定差异，但整体变化趋势保持一致。

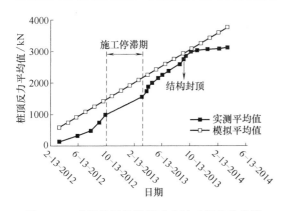

图9.25　建筑物平均桩顶反力随时间变化曲线

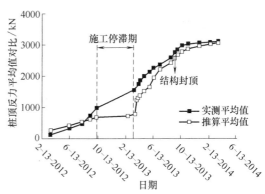

图9.26　桩顶反力实测与推算对比曲线

9.4.5　桩、土荷载分担比分析

　　由于本工程地基土承载力较高，因此，可以按照桩土共同作用理论对桩筏基础进行设计。设计时考虑地基反力为298kPa，占上部结构总荷载的58.7%。

　　根据实测的基底土压力和桩顶反力平均值，换算出在施工过程中地基土分担荷载的比例随时间的变化曲线，具体如图9.27所示。图9.27显示，建筑物施工初期，地基土分担荷载大于设计值,随着时间的推移,土体发生变形,上部结构荷载不断转移到桩顶,地基土实际分担荷载比例逐渐减小,最终比例保持在 64% 左右,略大于设计值,但未超过地基土实际承载力。另外,从图 9.27 中也可以看出,可控刚度桩筏基础用于端承型桩桩土共同作用时,桩、土承载力是同步发挥,这与沉降控制复合桩基桩、土承载力交替发挥有本质区别。

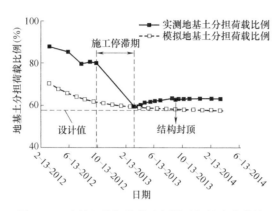

图 9.27　地基土分担荷载比例随时间的变化曲线

9.4.6　经济效益分析

本工程地质条件特殊,但地基承载力较高,经反复分析对比,最终采用可控刚度桩筏基础方案,取得了良好的使用效果。经过可行性、经济性分析,该方案基础工程造价节省约 45%,经济效益显著。另外需指出的是,对于那些无法保证一定能够实施的方案(如人工挖孔桩、PHC 预应力管桩方案),可控刚度桩筏基础方案大幅度降低桩基数量,减少高能耗建材使用的同时,还降低了桩基施工对周边环境的影响,因此,除了具有明显的经济效益外,还有显著的社会效益和环境效益。

第10章 土岩组合地基高层建筑的工程实践

我国西南地区的地质条件普遍较为复杂，由于岩溶发育较为强烈，地层中常伴随有溶槽、溶洞或串珠状溶洞，或由于构造应力的作用，岩体中节理、裂隙发育极为不均，出现部分区域上覆土层以软土为主，而相邻区域基岩埋深较浅甚至基岩出露的情形，形成了典型的土岩组合地基。而土体与岩体的支承刚度存在数量级上的差异，因此，在土岩组合复杂地基中建造高层建筑变得极为困难。本章将介绍可控刚度桩筏基础在复杂地质条件下的桩筏基础领域拓展所做的一系列工作，验证该技术在土岩组合地基中的可行性。

10.1 工程概况与地质条件

10.1.1 工程概况

贵州省贵阳市富源同坐项目位于贵阳市南明区富源北路，共分为 A1、A2、A3 号塔楼，设二层连体地下室。其中 A1 号塔楼地上 26 层，高度 90m，地下 2 层；结构体系：框支剪力墙；结构形式：钢筋混凝土结构；设计使用年限：50 年；建筑结构安全等级：二级；基础设计等级：甲级；建筑抗震设防类别：乙类；设计±0.00 高程为 1093.50m，地下室底板高程分别为 1089.50m（地下一层）、1085.50m（地下二层）。拟采用桩筏基础，塔楼最大设计单轴荷载为 30000kN/柱，裙楼最大设计单轴荷载为 4325kN/柱，结构对下沉敏感，属于对地基要求较严格的二级建筑物。建筑物平面如图 10.1 所示。

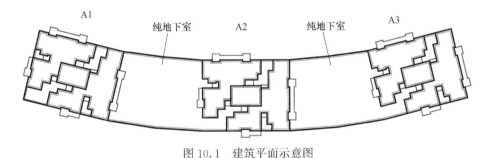

图 10.1 建筑平面示意图

10.1.2 工程地质条件

场地位于贵阳向斜西翼，距场地东面百米左右，有一近南北向的区域断层。场地岩层呈单斜构造，倾向 SE100°，倾角 30°左右。受构造应力作用，岩体中节理、裂隙较发育，东面边坡露头可见两组比较明显的节理裂隙，其基本特征分别为：①倾向 235°，倾角 65°；②倾向 325°，倾角 18°。裂隙宽 2～5mm，结构面结合较差，可见次生铁锰质、钙质矿物和方解石脉充填。

据钻探，场地由土层和基岩两部分组成（场地表层红黏土已在开挖地下室的过程中清除完毕），建筑物地基平面分布及典型地质剖面如图 10.2 和图 10.3 所示，可以看出，地层结构异常复杂，现自上而下大致分述如下：

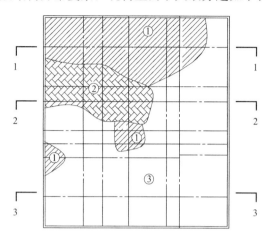

图 10.2　地基平面分布示意图

（1）黄色黏土（Q_{dl}）：冲（洪）积成因，呈黄色，可塑状，土质极不均匀，含厚层状—巨厚层状中风化灰白色白云岩漂石、块石、角砾等。

（2）淤泥质黏土（Q_{dl}）：冲（洪、淤）积成因，以灰色软塑黏土为主，夹白云岩圆砾，偶夹中风化白云岩漂石。

（3）泥炭质黏土（Q_{dl}）：冲（洪、淤）积成因，以灰黑色软塑黏土为主，含大量有机质及未完全碳化的树木。

（4）褐黄色黏土（Q_{dl}）：冲（洪）积成因，呈黄色，可塑状，土质不均匀，含白云岩圆砾和砾砂。

土层的物理力学参数，详见表 10.1。

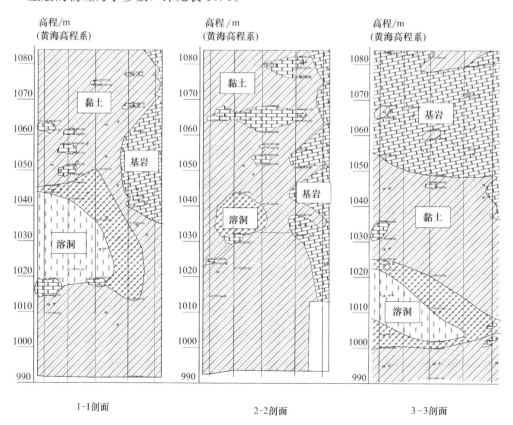

图 10.3　典型地质剖面

土层物理力学参数 表 10.1

土层	γ /(kN/m³)	c/kPa	φ/°	e	w_1	w_p	I_p	I_L	E_s/MPa
①黄色黏土	18.8	53.2	7.66	0.865	44.3	22.4	21.9	0.37	6.53
②淤泥黏土	17.3	23.2	2.1	1.275	48.5	30.6	17.9	0.77	4.74
④褐色黏土	17.8	48.5	5.43	1.119	51.2	30.8	20.4	0.39	6.09

10.2 项目难点及解决方案

10.2.1 项目难点

本工程项目地质条件异常复杂，高层建筑场地部分为中风化白云岩基岩，部分为黄色黏土（含大小不一的漂石、孤石等），塔楼核心筒位置主要为黄色黏土下卧淤泥质黏土和泥炭质黏土。按建筑物主体结构类型进行初步分析，若采用荷载全部由桩基承担的常规桩基方案，存在如下两个主要问题：

（1）承载力方面。在黏土分布区（如图 10.2 中区域 1 和 2），黄色黏土层分布有大小不均的孤石、溶洞，若桩基不穿越溶洞，经计算，其承载力可能无法满足设计要求；若采用超长桩，桩基需穿越厚度近 30m 的淤泥土填充的溶洞，桩长近 70m，桩基质量较难得到保证。

（2）变形方面。在建筑物平面范围内的基岩区和黏土分布区，地基土支承刚度分布严重不均匀，经初步计算，传统基础方案在上述两个区域会出现较大的差异沉降，已经无法满足差异沉降控制要求。

10.2.2 解决方案

根据地质勘察报告提供的地基土物理力学参数，基岩区直接采用天然地基或较短的桩基（墩基），承载力满足要求，基础没有沉降。非基岩区域，为保证桩基施工质量，不宜穿越溶洞，应尽可能提高桩基承载力，拟采用桩端、桩侧复合后注浆工艺，复合后注浆工艺对提高桩基承载力效果明显，初步计算，桩基承载力可以满足要求，但当桩端底部存在厚度较大的淤泥质黏土层时，桩基沉降量大，因此在进行建筑物基础设计时，必须考虑因场地内存在黏土区域所引起的基础不均匀沉降及基础的稳定性。

为解决建筑物基础不均匀沉降较大的问题，本工程拟采用桩筏基础主动控制技术来指导基础方案的设计：

（1）黏土分布区，在可能的情况下，尽量提高基础的支承刚度，采用大直径冲孔灌注桩，桩端、桩侧复合注浆。

（2）考虑到群桩效应和软弱下卧层土质较差，在桩端平面局部位置下卧由淤泥填充的溶洞，不考虑桩端应力扩散，桩端阻力仅由桩端圆柱冲切面的土体抗剪强度来提供，桩端持力层需要的厚度可按下式计算：

$$\pi dh(c + \sigma \tan\varphi) = q_{pk} A \tag{10.1}$$

式中，d 为桩径，取 1.2m；h 为桩端持力层厚度；σ 为土体接触应力；A 为桩端截面面积；q_{pk} 为桩极限端阻力，按地勘报告建议，取 2200kPa。

按照式（10.1）计算，桩端持力层的厚度为 7m，即桩端距溶洞 7m，不穿越全填充溶洞。

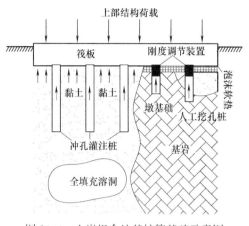

图 10.4　土岩组合地基桩筏基础示意图

（3）在基岩区，采用人工挖孔桩的形式，桩端嵌入基岩，如桩身较短，即采用墩基础的形式。

（4）在基岩区桩顶，设置刚度调节装置用以协调黏土区与基岩区桩基的沉降差。另外，为减少地基土及出露基岩对刚度调节装置的影响，在设置刚度调节装置部位的筏板与地基土之间设置泡沫垫层，设置泡沫垫层的目的是在基岩区隔绝筏板与基底土体的直接接触，为刚度调节装置预留变形空间，泡沫垫层本身并不承担荷载。

土岩组合地基桩筏基础如图 10.4 所示。

10.3　设计方案及计算过程

10.3.1　桩基数量的确定与布置

本工程在黏土分布区域拟采用桩侧、桩端复合后注浆冲孔灌注桩，由于当地缺少相关经验，通过自平衡试验[1-2] 对两根桩长 35m、桩径 1.2m 的复合后注浆冲孔灌注桩的承载力进行试桩试验，以校核复合后注浆冲孔灌注桩设计参数。其中，1 号试桩持力层为黄色黏土，单桩极限承载力按规范[3] 建议方法计算，结果为 14500kN；按静载试验所得数值计算，可得单桩极限承载力为 14749kN。2 号试桩桩端持力层为黄色黏土，但其桩端 3.5m 以下为淤泥质黏土层，土质条件较差，单桩极限承载力按规范[3] 建议方法计算为 12800kN；按静载试验所得数值计算，可得极限承载力为 12400kN。

故在黏土分布区域，复合后注浆冲孔灌注桩单桩承载力极限值取按上述方法计算所得的较小值，即取为 12400kN，单桩承载力特征值取为 6200kN。基岩区域的墩基础和桩端嵌入岩层的人工挖孔桩单桩承载力基本由桩身强度控制。

根据地质勘察报告提供的参数，本工程黏土分布区地基承载力较低，部分区域不足 180kPa，为安全起见，桩筏基础设计时不考虑桩土共同作用，留有一定的安全储备。其中，黏土分布区域桩基应承担荷载 154000kN，基岩区域桩基应承担荷载 288000kN，两个区域的桩基数量均可按下式计算：

$$n \geqslant \frac{F_k + G_k}{R_a} \tag{10.2}$$

式中，F_k 为荷载效应标准组合下，作用于承台顶面的竖向力；G_k 为桩基承台和承台上土体自重标准值，对于稳定的地下水位以下部分，应扣除水浮力；n 为桩基中基桩的数量。

经式（10.2）计算，并考虑尽量在墙下和柱下布桩的原则，本工程实际共布桩 79 根。其中黏土分布区域冲孔灌注桩 31 根，桩径 1200mm，桩长 30m，采取桩侧和桩端复合后注浆工艺；基岩区域，人工挖孔桩、墩基础共 48 根，桩径均为 1000mm，桩底扩大头直径均为 1600mm，在人工挖孔桩（墩）基础顶设置刚度调节装置，具体的桩基础布置如图 10.5 所示。

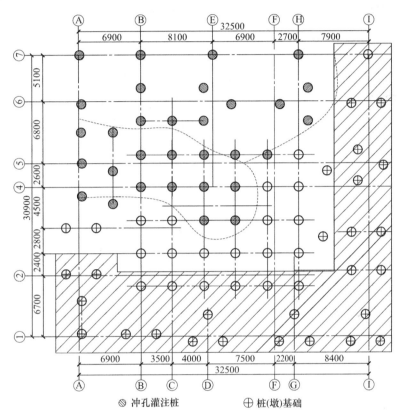

◎ 冲孔灌注桩　　⊕ 桩（墩）基础

图 10.5　桩位平面布置示意图

10.3.2　基础沉降计算

鉴于工程所在地复杂的土岩溶地质条件，为了使建筑平面内基础变形协调，通过在基岩区桩（墩）基础顶部设置刚度调节装置以调节黏土区与基岩区桩基的沉降差，因此，桩筏基础的整体沉降实际由黏土分布区的沉降所决定。

在黏土分布区域，桩基有一定的沉降，作为安全储备的地基承载力会有一定程度的发挥，客观上能起到减少地基变形的作用。本项目的基础设计不考虑桩土共同作用，假定荷载全部由桩基承担，以此计算的桩筏基础沉降相对于实际沉降是偏于安全的。在黏土分布区域，桩基需承担荷载 154000kN，基底平均附加应力为 400kPa。根据当地可靠经验，在黏土分布区，桩基沉降计算经验系数 ψ 取 0.4，桩基等效沉降系数 ψ_e 取 0.42（考虑后注浆的影响），采用分层总和法计算得到：在黏土分布区，桩基沉降值为 34.9mm。

10.3.3 刚度调节装置支承刚度的计算

当刚度调节装置用于桩基支承刚度差异较大或土岩结合地基等地基土支承刚度严重不均匀的情况时，其支承刚度可按照下式计算：

$$\frac{Q_r}{n_r k_c} = \frac{Q_w}{n_w k_{wp}} \tag{10.3}$$

$$k_a = \frac{k_p \cdot k_c}{k_p - k_c} \tag{10.4}$$

式中，Q_r 为相对坚硬处（或基岩面）桩基分担的上部结构荷载标准组合值，kN；Q_w 为相对软弱处桩基或桩土体系分担的上部结构荷载标准组合值，kN；k_p 为基桩（或墩基）支承刚度，kN/m；k_a 为刚度调节装置的支承刚度，kN/m；k_c 为相对坚硬处（或基岩面）设置刚度调节装置的基桩（或墩基）复合支承刚度，kN/m，由基桩（或墩基）支承刚度 k_p 和刚度调节装置的支承刚度 k_a 串联而成，当基桩（或墩基）嵌岩时，$k_c \approx k_a$；n_r 为相对坚硬处（或基岩面）基桩数量；n_w 为相对软弱处基桩数量；k_{wp} 为相对软弱处桩基的支承刚度，kN/m。

考虑整个基础的变形协调，黏土部分桩基承载力特征值为 6200kN，黏土区和基岩区差异沉降保守估计为 35mm，因此，单桩调节装置的支承刚度为 6200/0.035＝177143kN/m。桩顶设置的刚度调节装置，可随时通过二次注浆来终止其工作，因此，在无法精确计算黏土区域桩筏基础沉降的情况下，适当削弱基岩部分的调节装置支承刚度，以使整个方案留有二次干预的可能。另外，为了防止基岩区域地基对刚度调节装置的影响，在该区域的筏板和地基之间铺设泡沫软垫，考虑到泡沫软垫也有一定的支承刚度，所以，综合考虑，本项目最终确定的调节装置支承刚度取为 150000kN/m。

设置的刚度调节装置由 3 台南京工业大学研制的刚度调节装置并联组成，每根桩顶刚度调节装置总刚度为 150000kN/m，单个刚度调节装置的刚度近似 50000kN/m，最大承担荷载 5000kN，最大变形 50～60mm。

建筑物整体沉降预计为 35mm，筏板厚度为 1.8m，由于本项目为常规桩基和设置刚度调节装置的桩（墩）基础共存，为防止建筑物出现水平扭转，在设置刚度调节装置的桩（墩）基础顶部设置抗剪装置，其具体构造如图 10.6 所示，其余桩顶构造及施工可参考文献执行。

(a) 实物图

图 10.6 桩顶抗剪装置（一）

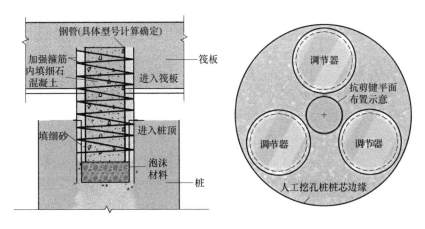

(b) 原理图

图 10.6　桩顶抗剪装置（二）

10.4　有限元计算及分析

由于本工程为可控刚度桩筏基础在土岩组合地区的第一次尝试，目前暂无工程案例可供设计参考，因此，为进一步研究本设计方案的合理性及其在实施过程中的可行性，采用 Plaxis 3D Foundation 有限元软件对其进行数值分析，校核分析在各个工况下基础的受力性能及刚度调节装置的工作状态。

10.4.1　参数选取及模型建立

本工程地基土平面分布主要有三个不同区域，即基岩区、黏土区、黏土下卧软弱土区。对场地岩土层进行一定的简化，基岩区与黏土区仅考虑均质岩土层，分别设置为层厚 80m 的中风化白云岩与黄色黏土；黏土下卧软弱土区分为两层，按试桩参数设定上部为 39m 厚的黄色黏土，下部为 41m 厚的淤泥质黏土。有限元模型中的具体物理力学指标如表 10.2 所示。

		模型计算参数				表 10.2
岩土层	模型	重度 γ/(kN/m³)	弹性模量 E_0/MPa	黏聚力 c/kPa	内摩擦角 φ/°	泊松比 ν
黄色黏土	摩尔-库伦	18.8	19.6	53.2	7.66	0.2
淤泥质黏土	摩尔-库伦	18.1	17.3	23.2	2.1	0.2
基岩	摩尔-库伦	23	300	30	33	0.15
筏板	线弹性	25	30000	—	—	0.15

模型边界条件：高层建筑桩筏基础受荷影响范围主要取决于上部荷载的大小及分布情况以及土质条件等诸多因素。计算下边界一般根据土层相对坚硬程度来确定。由于本工程软土层深度较大，且部分区域在将近 40m 以下为软弱下卧层，在建立模型的过程中需尽可能地考虑软弱下卧层淤泥质黏土对基础的影响，经过多次试算分析，最终确定的计算模

型区域为 90m×90m×80m（长×宽×高）。对计算区域内涉及的岩土体及实体单元进行了三维精细建模，模型外边界采用侧向约束，底部全部约束，整体模型如图 10.7 所示。

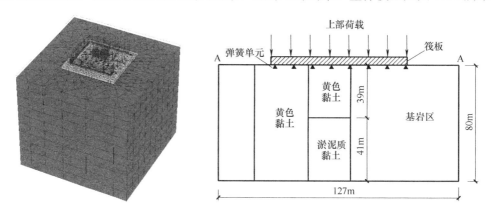

图 10.7　模型网格图及剖面示意图

模型中，筏板采用实体单元，基桩采用弹簧单元，摩擦桩及设置刚度调节装置的嵌岩桩或墩基础则分别通过设置不同的支承刚度 k_s 值来模拟。为保证模型的计算过程与筏板的实际工作性状相吻合，上部结构荷载均按照实际情况通过线荷载与集中荷载输入，弹簧单元严格按照桩基平面图进行设置。图 10.8 为上部结构作用于筏板面的荷载示意图，图 10.9 所示为有限元模型中筏板与荷载布置概况，图 10.10 为弹簧单元（基桩）设置示意图。

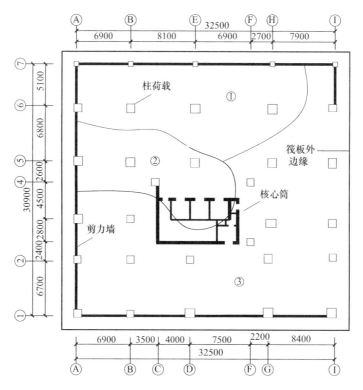

图 10.8　上部结构荷载示意图

需要指出的是，由于 Plaxis 软件坐标系中水平方向向右为正，竖直方向向下为正，因此竖直方向与 AutoCAD 坐标系中的 Y 轴方向相反，因此有限元建模与实际图形沿水平方向镜像。

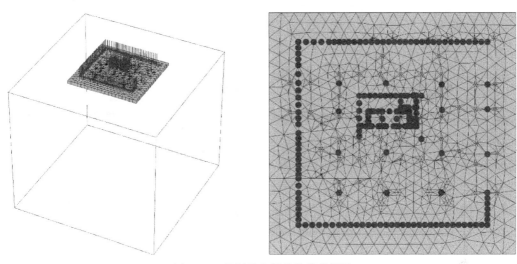

图 10.9　筏板及上部结构荷载设置

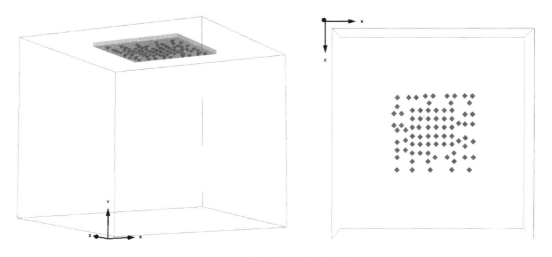

图 10.10　弹簧单元（基桩）设置

10.4.2　计算工况分析

由于本工程地基土分布极不均匀，为慎重起见，数值计算过程中需充分考虑不均匀地基对基础的影响，经分析，按如下三种工况进行计算，各计算工况如图 10.11 所示。

1. 天然地基

首先不考虑桩基的工作状态，主要分析地基土及筏板在上部结构荷载作用下的工作状态。在天然地基计算结果与实际情况相符的基础上，保证后续桩筏基础整体性分析的准确性。

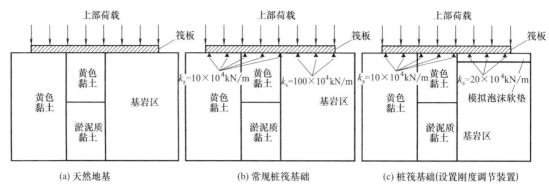

图 10.11　计算工况分析

2. 常规桩筏基础（未设置刚度调节装置）

在基岩区桩顶未安装刚度调节装置的情况下，按照估算的黏土区桩基沉降值分析筏板的受力性能。为使黏土区和基岩区桩基支承刚度的差异尽可能大，基岩区桩基支承刚度取 $100 \times 10^4 \mathrm{kN/m}$，模拟嵌岩桩或墩基础，黏土区桩基支承刚度取 $10 \times 10^4 \mathrm{kN/m}$，模拟摩擦桩。

3. 桩筏基础（设置刚度调节装置）

按估算的桩基沉降值和确定的刚度调节装置刚度值进行整体分析。基岩区桩基支承刚度按计算值取 $20 \times 10^4 \mathrm{kN/m}$，模拟设置刚度调节装置的桩基础，黏土区桩基支承刚度取 $10 \times 10^4 \mathrm{kN/m}$，模拟摩擦桩。

10.4.3　天然地基分析

对上部结构荷载作用下的天然地基的受力性能进行模拟，首先需按图 10.11（a）进行建模，初始土层设置为中风化白云岩。共设置四个分析步：①通过 K_0 方式设置生成初始应力；②激活黄色黏土与淤泥质黏土的土层属性；③重置位移为 0 以消除上两步产生的位移量，激活筏板单元；④激活所有点荷载及线荷载。

1. 筏板沉降

在上部结构荷载作用下，计算所得的筏板基础的沉降等值线云图及 A-A 剖面的沉降曲线如彩图 10.1 所示。可以看出，筏板整体的沉降趋势呈典型的碟形分布，最大沉降超过 60mm，出现在软土区域，最小值为 15mm 左右，出现在角点部位，软土区与基岩区产生显著的差异沉降。同时，筏板的整体沉降明显向软土区域偏移，这与软土区域土体刚度显著小于基岩区刚度有直接的关系，在设置桩基时必须充分考虑岩土体的刚度差异对基础的影响。

2. 筏板应力

荷载作用下筏板的应力分布如彩图 10.2 所示，由于模型中筏板采用的为实体单元，计算所得为筏板的应力值，分为水平与竖直两个方向，可以看出峰值应力均出现在荷载较大柱底，分析原因，与有限元模型的建立有关。由于在进行有限元分析时，柱荷载是通过集中荷载输入的，没有考虑柱体的尺寸效应，而实际施工过程中不存在此种情况，因此需将峰值应力剔除。

剔除峰值后，筏板内部压应力的最大值约为 14MPa，拉应力最大值约为 4MPa，且水平与竖直两个方向的应力值基本相同。根据材料力学理论将应力值转化为弯矩值，得到：筏板正弯矩为 7560kN·m，负弯矩为 2160kN·m。显然，筏板内部过大的差异沉降导致弯矩过大，在进行桩基布置的同时需尽量减小筏板的差异沉降。

10.4.4   常规桩筏基础

对上部结构荷载作用下常规桩筏基础的受力性能进行模拟，首先需按图 10.11（b）所示进行建模，初始土层同样设置为中风化白云岩，弹簧单元设置于筏板底部，与筏板底处于同一工作面。共设置四个分析步：①通过 K_0 方式设置生成初始应力；②激活黄色黏土与淤泥质黏土的土层属性；③重置位移为 0 以消除上两步产生的位移量，对弹簧单元设置不同的刚度值并激活，激活筏板单元；④激活所有点荷载及线荷载。

1. 筏板沉降

在上部结构荷载作用下，常规桩筏基础的沉降等值线云图及 A-A 剖面的沉降曲线如彩图 10.3 所示。可以看出，筏板整体的沉降趋势与天然地基相类似，呈典型的碟形分布，整体沉降值较天然地基显著减小，最大沉降约为 34mm，出现在软土区域，最小值为 1mm 左右，出现在 A-A 剖面基岩区的角点部位，软土区与基岩区产生显著的差异沉降约 30mm，仍然较大。筏板的整体沉降明显向软土区域偏移，说明若采用常规桩筏基础，由于软土区的摩擦桩与基岩区的墩基础或嵌岩桩在支承刚度上的显著差异，软土区与基岩区的不均匀沉降难以控制，基础方案需进一步完善。

2. 筏板应力

荷载作用下常规桩筏基础筏板应力分布如彩图 10.4 所示，可以看出，在弹簧单元顶部的应力峰值较大，这与集中荷载处峰值较大的原因是相似的，同样需要剔除。

剔除峰值后筏板内部压应力的最大值约为 11.6MPa，拉应力最大值约为 3.3MPa，换算得到：筏板内部正弯矩为 6264kN·m，负弯矩为 1782kN·m。与天然地基相比，筏板弯矩值有一定程度的减小，说明桩基的存在一定程度上减小了基础的差异沉降，筏板的应力也有所降低。

10.4.5   可控刚度桩筏基础

在基岩区弹簧的支承刚度设置为 20×10^4 kN/m，模拟桩顶设置刚度调节装置的嵌岩桩或墩基础，软土区弹簧的支承刚度不变。对上部结构荷载作用下桩筏基础的受力性能进行模拟，首先需按图 10.11（c）所示进行建模，初始土层同样设置为中风化白云岩，弹簧单元设置与常规桩筏基础一致。共设置四个分析步：①通过 K_0 方式设置生成初始应力；②激活黄色黏土与淤泥质黏土的土层属性，冻结基岩区筏板底以下 200mm 岩层以防止基岩出露对刚度调节装置产生影响；③重置位移为 0 以消除上两步产生的位移量，对弹簧单元设置相应的刚度值并激活，激活筏板单元；④激活所有点荷载及线荷载。

1. 筏板沉降

在上部结构荷载作用下，采用可控刚度桩筏基础后筏板的沉降等值线云图及 A-A 剖面的沉降曲线如彩图 10.5 所示。可以清晰地看出筏板的整体沉降仍然呈典型的碟形分布，但与上述两种工况不同的是，最大沉降点出现在筏板的中心区域，并未出现筏板整体沉降向软土区偏移的情况，沉降最大值约为 31mm，最小值在四个角点处，约为 2mm。可以这样认为，通过在基岩区桩顶设置刚度调节装置，降低嵌岩桩及墩基础的支承刚度，使之与软土区摩擦桩支承刚度相匹配，优化了桩筏基础的整体支承刚度，避免了基础沉降向软土区域偏移及建筑物倾斜的情况发生。这说明本工程采用可控刚度桩筏基础的方案是合理的。

2. 筏板应力

上部结构荷载作用下，采用可控刚度桩筏基础的筏板应力分布如彩图 10.6 所示，剔除峰值后，筏板内部压应力的最大值约为 8MPa，拉应力最大值约为 2MPa，筏板整体应力较上述两种工况减小较为明显。经换算得到的筏板正弯矩为 4320kN·m，负弯矩为 1080kN·m，弯矩减小量同样可观。这说明基岩区桩顶设置刚度调节装置后，在避免基础沉降向软土区域偏移的同时，一定程度上减小了筏板的应力，这样可以降低筏板的配筋量，在保证建筑物安全的同时，可取得显著的经济效益。

3. 桩顶反力

由于模型采用弹簧单元替代桩基，因此计算所得弹簧所受荷载值即为桩顶反力值。为便于查看弹簧与筏板底面的相对位置，将两者的仰视图绘于图 10.12 中。由于桩数较多，此处不一一列出各弹簧的荷载值，仅列出两个典型剖面上的桩顶反力值。可以看出桩基工作状态良好，且均未超过承载力特征值 6200kN，其中基岩区的桩顶反力显著高于软土区，分析原因，为软土区域随着基础沉降的增大，地基土承载力会得到一定的发挥，分担一部分荷载，而基岩区在建模的过程中为了防止基岩出露影响变形调节装置的正常工作，将筏板底部 200mm 内的基岩冻结，荷载全部由设置变形调节装置的桩基承担，故其荷载值与设计值较为接近。

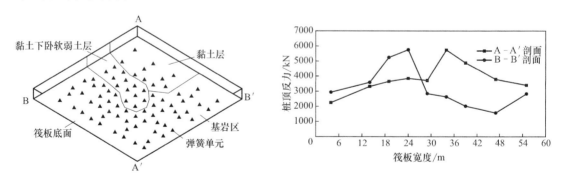

图 10.12 桩顶反力示意图

可以明确，模型中将桩基简化为弹簧单元的理念是合理的，通过对不同区域内的弹簧设置不同的支承刚度，保证其协同工作共同承担上部结构荷载，计算得到的桩顶反力及沉降均能满足要求，说明通过在基岩区桩顶设置刚度调节装置削弱其支承刚度的设计方法可以满足要求。

10.5 监测结果分析

本工程于 2010 年 11 月完成了所有桩基的施工工作，2011 年 1 月底完成了基坑开挖，紧跟着完成了基岩区桩顶刚度调节装置的安装及筏板的浇筑，2011 年 11 月主体结构封顶。在建筑物施工期间，对其进行了全过程的沉降监测，图 10.13 为建筑物沉降随时间变化曲线图。可以看出，随着上部结构荷载的增加，建筑物沉降不断加大。通过进一步观察不难发现，施工中期建筑物黏土区与基岩区的不均匀沉降最大达到了 10mm，已接近规范限制值，但最终通过刚度调节装置的逐步调节减小至 1mm，说明桩顶刚度调节装置在本工程基础设计中起到了关键作用。建筑物最终沉降约 30mm，且沉降变化已逐渐趋于收敛。目前，建筑物已顺利通过竣工验收并交付使用，说明本项目复杂地质条件下的高层建筑桩筏基础设计是合理的。

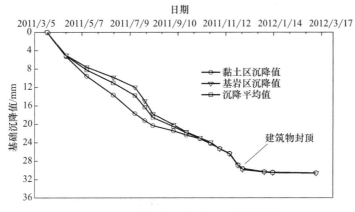

图 10.13　建筑物沉降随时间变化曲线

第11章　混合支承桩筏基础的工程实践

通过龙岩莲塘小区（2017 年竣工）进一步介绍刚度调节装置在混合支承桩筏基础中的应用及现场测试情况。

11.1　工程概况

所述典型工程莲塘小区总建筑面积约为 41 万 m^2，设有两层的地下室。其中，13 号楼地上为 26 层，总建筑高度为 79.5m，为剪力墙结构。本书以 13 号为例进行计算分析，其建筑物平面和剪力墙如图 11.1 所示。

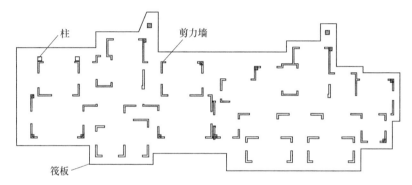

图 11.1　建筑物平面图和剪力墙示意图

拟建场地在龙岩盆地中部，为冲洪积平原地貌单元，地表为旧建筑垃圾与人工回填土堆积，整个场地尚未平整清理，场地高低不平（标高为 329.31～337.19m），场地高差 7.90m 左右，给施工带来诸多不便。基底以下土层依次为：粉质黏土、砂卵石、含碎砾石粉质黏土、次生红黏土、破碎灰岩和中风化岩。场地各岩土层物理力学指标见表 11.1。该场地地质构造稳定，无新近活动断裂存在，但属于岩溶、土洞等不良地质作用强烈发育的区域。根据勘察报告显示，地下岩溶发育或溶蚀现象普遍存在，溶洞内多以软塑—流塑的含角砾黏土充填为主，局部洞内无填充物。本次勘探到的溶洞在勘探深度范围内或大或小，或呈窜通式或单体自闭式出现，变化无规律，这给基础设计带来了很大的局限性。典型地质剖面如图 11.2 所示。

主要地层物理力学性质　　　　　　　　　　　　　　　　　　　表 11.1

土层名称	地层代号	$\gamma/(kN/m^3)$	f_{ak}/kPa	q_{sik}/kPa	q_{pk}/kPa
粉质黏土	②	19.0	155	35	1100
含卵石粉质黏土	②-1	18.0	160	55	1200
含碎砾石粉质黏土	④	19.0	220	50	1200
中风化岩	⑥	25.0	1800	180	14000

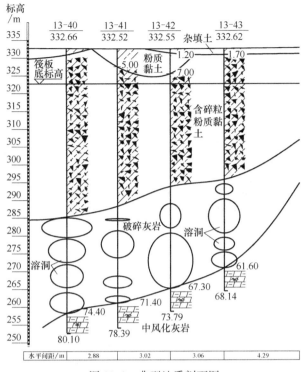

图 11.2　典型地质剖面图

11. 2　基础方案分析

本工程 13 号楼采用的是现浇钢筋混凝土剪力墙结构。主楼平面尺寸为 $53.5m \times 17.8m$，基础形式选用的是筏板基础，筏板面积为 $930m^2$，厚度为 1.6m。作用在基础上的荷载效应标准组合为 380000kN，折算成基底压力为 409kPa（基底压力偏大，不宜采用天然地基）。

根据勘察结果，筏板右部 A 区地下溶洞较小，施工时能顺利穿过溶洞找到中风化岩层。此部分采用的是嵌岩桩，桩径为 1m，桩数为 31 根，平均桩长 23m。而位于筏板中部及左部的 B 区地质条件较为复杂，地下溶洞分布大小不一。因此，在 B 区采用冲孔灌注桩（端承桩）+ 局部摩擦桩的基础形式。此项目共布桩 91 根，布桩尽量遵循布在墙、柱等传力构件下的原则，具体布桩形式见图 11.3。

11. 2. 1　项目难点

基于上部荷载分布和确定的布桩形式，采用传统桩筏基础会面临以下两个问题：

（1）承载力不足。B 区中，摩擦桩的桩端持力层为含碎砾粉质黏土，而嵌岩桩的桩端持力层为破碎风岩，两者的支承刚度存在巨大差异。这会导致在受到上部荷载作用时摩擦桩的承载力很难发挥。经初步估算，B 区嵌岩桩平均桩顶反力约为 7500kN，最大桩顶反力已经达到 14000kN，这会对整个基础安全造成极其不利的影

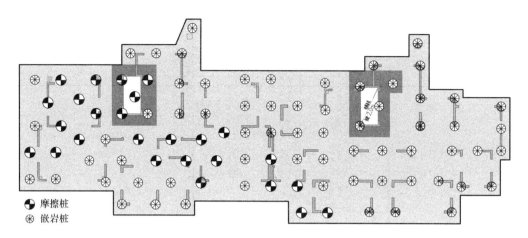

图 11.3　桩位布置

响。而摩擦桩的承载力发挥空间却很有限，局部摩擦桩桩顶反力只有 1000kN，整个基础受力形式极不合理。

（2）基础沉降差异过大。建筑物平面以下基础刚度分布不均匀。A 区嵌岩桩桩端已经进入中风化层，支承刚度最大；B 区嵌岩桩桩端进入破碎灰岩，支承刚度次之；而 B 区摩擦桩桩端持力层为含碎砾粉质黏土，支承刚度最小。基础刚度分布不均匀导致建筑物沉降差异过大。结合当地工程经验进行初步计算，筏板 A 区摩擦桩与 B 区嵌岩桩的差异沉降达到 3cm 左右，这会在筏板内部产生巨大的应力，甚至造成建筑物破裂的严重后果。

11.2.2　优化方案

根据已有的地质勘察报告，笔者发现本项目地基土承载力较好，如果桩间土的承载力能充分发挥的话，能在一定程度上减小嵌岩桩的桩顶反力和筏板应力。筏板下部地基土分布有三种不同的土层，分别为：粉质黏土，天然地基承载力为 150kPa；泥质炭土，天然地基承载力为 140kPa；含碎砾石粉质黏土，天然地基承载力为 220kPa。经深宽修正后，地基承载力特征值不小于 290kPa。

采用传统摩擦桩基与可控刚度桩筏基础共同作用来完成基础方案的设计，在嵌岩桩顶设置专门研制的刚度调节装置，通过刚度调节装置与嵌岩桩的串联弱化嵌岩桩的支承刚度。当嵌岩桩受到上部荷载时，桩顶上部的刚度调节装置的压缩变形使周围土体同时承担部分上部荷载，从而达到桩土变形协调、桩土共同作用的目的。具体思路如图 11.4 所示。

另外，针对地下岩溶发育等问题，拟采取以下措施：①禁止在拟建场地及其附近抽吸地下水（尤其是岩溶水），对地表水采取截留措施；②对土洞和溶洞进行处理时，根据不同情况分别采取钻孔灌砂或压力灌注细石混凝土等处理措施；③在建筑物施工和使用期间，对场地及其附近进行地面变形及地下水位的监测。

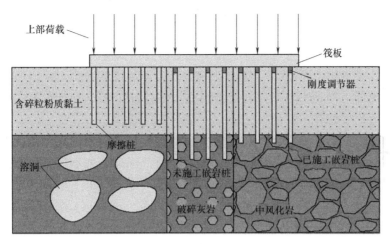

图 11.4 基础优化设计示意图

11.3 可控刚度桩筏基础设计过程

可控刚度桩筏基础设计的核心内容包括刚度调节装置的支承刚度的设计计算和基桩数量的确定。可控刚度桩筏基础方案是在传统桩筏基础方案上进行优化设计，因此，可控刚度桩筏基础方案的桩位布置、桩径、桩长、桩数均与传统桩筏基础方案相同，本工程中只需计算刚度调节装置的支承刚度即可。

形成桩土共同作用的关键是桩土协调变形，当桩顶达到预定荷载后，刚度调节装置产生压缩变形，同时地基土发生向下的刺入变形，地基土的刺入变形量就是刚度调节装置的压缩变形量。基于上述认知，周峰等提出桩土支承刚度匹配公式[1-4]（式 11.1），根据地基土和桩各自分担荷载的比例设置刚度调节装置的刚度。

$$k_c = A_c' K_s \frac{\zeta}{\xi} \tag{11.1}$$

式中，ξ 为地基土分担上部荷载比例系数；ζ 为桩基础分担上部荷载比例系数；A_c' 为桩土共同作用时和一根桩共同作用的地基土平均面积，m^2；K_s 为地基土的刚度系数，kN/m^3；k_c 为嵌岩桩和刚度调节装置串联时的复合刚度，kN/m，当基桩为嵌岩端承桩时k_c 近似等于刚度调节装置的支承刚度。

本工程中，筏板投影面积为 $930m^2$，扣除桩基面积和摩擦桩周围地基土，剩余可用于承担上部荷载的有效地基土面积为 $590m^2$。根据确定的桩数和桩位布置图，13 号楼总荷载约为 380000kN，其中摩擦桩承担 70000kN，其余荷载共 310000kN 由嵌岩桩和地基土共同承担，嵌岩桩承担 255000kN，地基土承担 56000kN。

根据上文确定的基础方案，计算得 $\xi=0.15$，$\zeta=0.85$。，为桩土共同作用的地基土面积（m^2），本工程中取 $590m^2$。n 为嵌岩桩桩数，本工程中取 63。本项目地基土的刚度系数，根据现场试验结合当地经验，最终取为 $3000kN/m^3$。由式（11.1）求得刚度调节装置支承刚度为 159000kN/m。考虑到本工程中地基土的承载力较好，适当降低刚度调节装置的刚度有利于地基土承载力的充分发挥。最终，本工程中刚度调节装置的支承刚度 k_c 取为 150000kN/m。

此外，A 区摩擦桩桩端为含碎砾石粉质黏土层及局部溶洞充填物，两者压缩性变形与沉降差异大，基于相关规范[4-5]，设计时应考虑不同地基的影响，并验算摩擦桩桩端为可压缩地基土时的沉降量。鉴于此，对溶洞充填物进行注浆处理后成孔成桩，同时对桩侧、桩端进行后注浆处理，以减小沉降差，同时提高承载力。

传至基础底面上的荷载效应应按正常使用极限状态下荷载效应的准永久组合计算，不应计入风荷载和地震作用，相应的限值应为地基变形允许值。根据基础底面边缘的最大压力值计算结果可知，偏心控制满足设计要求[5]。

11.4　有限元模拟及分析

采用 Plaxis 3D Foundation 对该项目进行数值分析，从筏板沉降、筏板应力、地基土承载力发挥程度、桩顶反力几个方面对比评估了常规桩筏基础和可控刚度桩筏基础。

11.4.1　参数选取及模型建立

本工程选用 Plaxis 3D Foundation 有限元软件进行分析。计算模型区域为 120m×80m×80m（长×宽×高）。对计算区域内涉及的岩土体及实体单元进行三维精细建模，模型外边界采用侧向约束，底部全部约束。模型中，筏板采用实体单元，摩擦桩采用杆单元，嵌岩桩和设置刚度调节装置的嵌岩桩都采用弹簧单元。本次数值分析模型中所用岩土体物理力学指标如表 11.2 所示。

数值分析计算参数　　　　　　　　　　　表 11.2

名称	模型	重度 $\gamma/(kN/m^3)$	弹性模量 E/MPa	黏聚力 c/kPa	内摩擦角 $\varphi/°$	泊松比 ν
粉质黏土	摩尔-库伦	19	20.8	25	17	0.3
含卵石粉质黏土	摩尔-库伦	18.0	24	20	20	0.25
泥炭质土	摩尔-库伦	19.0	15.2	20	15	0.25
砂卵石	摩尔-库伦	21.0	40	5	30	0.2
含碎砾石粉质黏土	摩尔-库伦	19	22.4	20	18	0.2
破碎灰岩	摩尔-库伦	23	240	30	26	0.2
中风化灰岩	线弹性	25	300	—	—	0.15
筏板	线弹性	25	30000	—	—	0.15

11.4.2　桩筏基础整体沉降分析

在上部结构荷载作用下，计算得到的常规桩筏基础整体沉降如彩图 11.1 所示。从图中可以看出，整块筏板的沉降分布明显向左侧偏移。整块筏板的沉降最大值为 40mm 左右，基本位于筏板左侧摩擦桩区域，最小值为 5mm 左右，位于筏板右侧嵌岩桩区域。筏板整体沉降分布极不均匀，差异沉降达到 35mm 左右。这对整体基础的安全有着较大的威胁，易导致建筑物的倾斜和开裂。

可控刚度桩筏基础整体沉降如彩图 11.2 所示。可以看出，此时整块筏板的沉降最大值为46mm，基本位于筏板中部区域，最小值为35mm左右，位于筏板边缘区域，差异沉降达到11mm左右。相比于常规桩筏基础模型，整体的最大沉降有所增大，但差异沉降减少了24mm，这更有利于建筑物的整体安全。

11.4.3 弯矩应力及剪切应力分析

在上部结构荷载作用下，计算得到常规桩筏基础筏板底部的X方向应力如彩图11.3所示。整块筏板X方向最大应力约为13.5MPa。根据X方向应力图计算筏板弯矩，算得筏板内最大弯矩为5760kN/m。筏板局部弯矩较大，会造成配筋量偏大，导致过高的工程造价。

彩图11.4为可控刚度桩筏基础筏板应力俯视图。从图中可以看出，筏板应力最大为8MPa，计算得筏板最大弯矩为3413kN·m。与常规桩筏基础筏板最大弯矩相比，可控刚度桩筏基础筏板弯矩减少了约40%，极大节省了筏板配筋和工程造价。

11.4.4 筏板—地基土接触应力分析

为验证常规桩筏基础作用下地基土承载力的发挥程度，在上部结构荷载作用下，计算得到筏板—土接触应力，如彩图11.5所示。可以看出，整块筏板的筏板—土接触应力值较小，筏板左侧摩擦桩区域的接触应力最大，为100kPa左右，分布区域较小，筏板中部及右部区域接触应力均较小，在40kPa以内，地基土承载力发挥程度较低。

可控刚度桩筏基础方案的筏板—土接触应力如彩图11.6所示。可以看出，整块筏板的筏板—土接触应力值有所增大，右边区域最大值在180kPa左右，平均接近100kPa，左边区域，特别是摩擦桩区域筏板—土接触应力最大值接近130kPa，中心小部分在50kPa，大部分区域在80kPa左右。相较于常规桩筏基础，可控刚度桩筏基础地基土的承载力得到了充分发挥。

11.4.5 桩顶反力分析

图11.5为可控刚度桩筏基础方案和常规桩筏基础方案的桩顶反力图。本工程桩数较多，限于篇幅，本书不一一列举，仅取筏板横向典型剖面上的桩顶反力值进行对比分析。从图中可以看出：可控刚度桩筏基础方案的桩基工作状态良好。在桩顶设置了刚度调节装置之后，嵌岩桩桩顶反力明显减小，整体受力也更为均匀，避免了常规桩筏基础局部桩基承载过大的情况。而可控刚度桩筏基础方案中的摩擦桩桩顶反力相较于传统桩筏基础也更大，分析原因，是刚度调节装置的设置弱化了嵌岩桩的刚度，在地基土分担部分荷载的同时，摩擦桩也承担了更多荷载，基础整体受力更为合理。

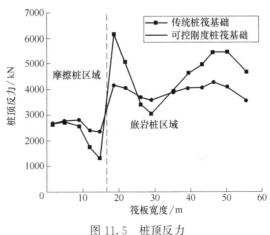

图11.5 桩顶反力

11.5　项目实施与现场测试

检测单位于 2017 年 3 月份对莲塘小区 13 号楼进行沉降观测，观测日期截至 2018 年 8 月份，平均每 20 天检测一次。沉降观测点位布置如图 11.6 所示，其中编号含"B"的为刚度调节装置桩顶沉降观测点位，编号含"J"的点位为剪力墙（承重在刚度调节装置上的剪力墙）沉降观测点位。比较可惜的是部分沉降观测点位由于施工而遭到破坏，导致部分监测数据缺失。绝大部分沉降监测数据保存完整，对之后类似的工程建设依然有一定的参考价值。

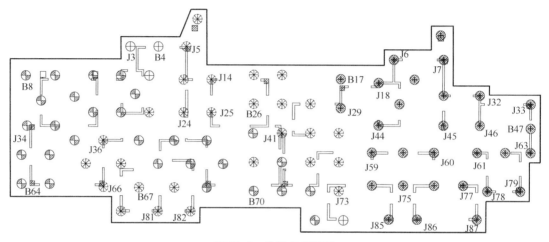

图 11.6　检测点布置图

图 11.7 为建筑物沉降监测结果图。从图中可以看出，建筑物沉降随着施工进程的推进呈线性增长，沉降约为 9mm。但在建筑物封顶后，沉降趋于缓慢，并逐步收敛于 10mm。实测沉降值与计算沉降值相比较小，原因可能是在计算时考虑了施工对地基土的扰动，因此，地基土的基床系数取值偏于保守，导致基础沉降计算值偏大。其次，在测量时尚有部分装修荷载和活荷载未施加，也是导致计算值小于实际测量值的原因。经现场实地监测，筏板混凝土没有出现开裂等不良现象，因此可以判断

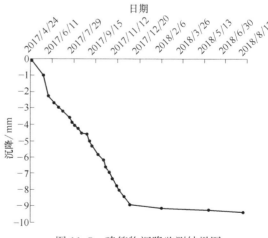

图 11.7　建筑物沉降监测结果图

筏板的整体处于受力正常状态，此工程采用的可控刚度桩筏基础方案是成功的。

第 12 章　结语与展望

12.1　结语

（1）梳理并详细叙述了桩筏基础的整体工作机理，提出了高层建筑桩筏基础简化分析方法，编制了具有自主知识产权的有限元计算程序，利用算例分析说明所提整体分析方法的合理性；在此基础上，从分离桩基承载力和变形的耦合关系出发，创新性地提出了可控刚度桩筏基础的新概念，通过精准干预桩基支承刚度，首次实现了对桩筏基础支承刚度的主动控制，形成了桩筏基础主动控制理论，促进了我国高层建筑桩筏基础设计水平的提高与发展。具体结论如下：

a. 建立了分析桩—刚度调节装置—筏板—地基土的整体分析方程，给出了上述整体分析方程的简化分析方法，指出 $p_{1/4}$ 公式有很大的局限性，并明显偏于保守。通过分析平板载荷试验中尺寸效应对地基承载力特征值的影响，合理地提高了地基承载力特征值的取值。

b. 以分段线性逼近荷载板 p-s 曲线的方式，修正了文克尔模型不能考虑地基土非线性的问题，并且给出了相应的数学表达式；同时，克服了文克尔地基模型没有考虑到土介质的连续性的缺陷，改进了广义文克尔模型—利夫金模型。

c. 针对可控刚度桩筏基础的工作原理，提出了非线性共同作用整体分析方程，建立了可控刚度桩筏基础工作性状的整体分析方法；在此基础上，编制了具有自主知识产权的有限元计算程序，算例分析不仅表明了该程序的适用性，还说明了所提整体分析方法的合理性。

（2）针对桩基支承刚度干预调节的现实需求，自主研制了完全自主知识产权的桩顶刚度调节装置系列产品，包括被动式、主动式及半主动式三大类：被动式调节器结构简单，性能可靠，具有"大变形、大承载力"的特点；主动式调节器在施工及使用的全过程中可随时按需进行支承刚度调节；半主动式调节器在被动式调节器的基础上保留了 1～2 次后期干预机会，使用成本显著降低。在此基础上，通过系列静动态承载性能试验探究了系列刚度调节装置的工程适用性，为其推广应用提供了科学依据。具体结论如下：

a. 研制了置于建筑物筏板与桩顶之间的用于调节物体支承接触点之间变形的被动式刚度调节装置，刚度调节装置可单独使用，亦可多个并联或串联使用，以获得所需的接触刚度，从而满足接触力和接触变形的要求。已应用的刚度调节装置具有质量可靠、性能稳定、价格适当、施工方便的优点。

b. 目前已应用的刚度调节装置虽可根据承载和需要设置调节刚度，但一旦安装，便无法再对其刚度进行调整，使其合理的应用较大程度地依赖于设计计算的准确性。对可即时调整刚度的主动式刚度调节装置进行了探索与研究，通过室内静态稳定试验和动态调节试验证明了主动式刚度调节装置可满足工程应用的要求。

c. 设计了一种半主动式刚度调节装置，通过承载性能试验和工作性能试验证明了半主动式刚度调节装置的良好运行效果。该装置既保留了被动式刚度调节装置的自有受力特性，又延续了主动式刚度调节装置在工作阶段可以人为主动干预调节的特点，更有利于在实际工程中的推广应用。

（3）创建了可控刚度桩筏基础完整的理论分析与设计方法，明确了可控刚度桩筏基础中地基承载力的合理确定方法以及桩基承载力、桩基数量、刚度调节装置支承刚度等核心设计参数的计算过程。依据岩土工程鲁棒性设计理念，分别提出了基于被动式刚度调节装置和主动式刚度调节装置的可控刚度桩筏基础鲁棒性设计方法，初步实现了依据高层建筑实时状态的不断反馈来完成对建筑物全生命周期的主动及智能化控制的目标。具体结论如下：

a. 针对可控刚度桩筏基础技术的适用情况，提出了可控刚度桩筏基础设计理论，详细叙述了桩基竖向承载力、桩基数量、桩基沉降、桩基安全度以及刚度调节装置等参数的计算过程，为可控刚度桩筏基础的设计提供了科学依据。

b. 根据地基土鲁棒性设计方法和被动式刚度调节装置提供的桩土分担比，设计符合鲁棒性标准的可控刚度桩筏基础设计方案，通过地基土鲁棒性设计取得的基础埋深合理值可有效减少岩土参数不确定性对可控刚度桩筏基础的影响，指出了被动式刚度调节装置对解决岩土参数变异性问题作用较小，主要依赖鲁棒性设计减少岩土参数不确定性的影响。

c. 针对地下水位下降导致地基土分担荷载比例降低的情况，结合鲁棒性设计方法和主动式刚度调节装置的特性，根据鲁棒性指标取得合理的主动式刚度调节装置的刚度调节方案。主动式刚度调节装置的刚度调节方案满足鲁棒性标准，而且充分利用了地基土承载力，可有效解决岩土参数波动较大的问题。

（4）开发了包括可调式钢筋连接器、桩顶抗剪装置等一系列可控刚度桩筏基础桩顶专用连接构造，形成了调节器底座桩顶预埋、调节器设置、上盖板及侧护板安装以及桩顶空腔封闭等成套的可控刚度桩筏基础施工工艺，明确了桩顶空腔后期封闭效果及其影响因素，提出了可控刚度桩筏基础的检测、监测和验收标准。具体结论如下：

a. 详细叙述了刚度调节装置安装于桩顶时的连接构造，介绍了具有自主知识产权的可调式钢筋连接器与桩顶抗剪装置，使可控刚度桩筏基础在实现变形调节功能的同时，桩顶能提供相应的抗拔能力和抗剪能力。

b. 详细介绍了刚度调节装置的安装流程，大致如下：桩头清理；刚度调节装置下支座定位安装；支模板、桩顶混凝土浇筑；刚度调节装置定位安放；变形标识杆与注浆孔的安装；刚度调节装置侧护板与上盖板安装。

c. 在桩顶空腔的后期封闭过程中，注浆压力不同时，桩顶空腔内被填充料充填的体积分数不同，注浆压力增大，注浆密实度相应提高，注浆管位于桩顶两侧的密实度略高于同侧的密实度，实际注浆作业时应控制注浆压力在 $0.5 \sim 1.0$ MPa 之间。

d. 可控刚度桩筏基础的检测、监测和验收应满足现行相关规范的要求，对于具体的实践项目，如条件允许，尚可增加深层沉降、基底土反力、桩顶反力以及刚度调节装置反力等监测内容。

（5）通过室内模型试验分别研究刚度调节装置在单桩承台、端承型桩筏基础、摩擦型桩筏基础以及混合支承桩筏基础中的应用，在此基础上，对主动式刚度调节装置开展探索性试验，以期观测到在常规荷载，尤其是极限荷载作用下许多现场测试无法得到的试验结果，从而明晰整个桩筏基础的工作机理。具体结论如下：

a. 刚度调节装置的设置使单桩承台 Q-s 曲线变缓，提高了桩基的后期承载能力，同时改变了原有桩土承担荷载的优先级别，使桩土同步发挥承载能力，增加了土体荷载分担比。

b. 端承型桩筏基础设置刚度调节装置后，使端承型桩与地基土的支承刚度匹配，荷载作用下变形协调，地基土承载力得到充分发挥，地基土承担上部结构荷载的荷载分担比提高，筏板整体沉降略有增大。

c. 摩擦型桩筏基础模型试验模拟主、裙楼大底盘的情况，由于荷载差异较大容易形成较大的差异沉降，在荷载较小位置设置刚度调节装置后，其实质是削弱较小荷载区域对应筏板下的基桩支承刚度使该区域沉降增大，筏板也就相当于预留了"逆差异沉降"，当荷载较大区域荷载施加时形成的"差异沉降"与预留的"逆差异沉降"相抵消，最终就达到了零差异沉降的目的。同时，刚度调节装置的设置也可进一步发挥地基土的承载力。

d. 在混合支承桩基中，端承型桩顶设置刚度调节装置实质是减小端承型桩的支承刚度，使整个桩筏基础支承刚度匹配，使端承型桩的变形与摩擦型桩的变形相协调，达到减小差异沉降的目的。同时，混合支承桩筏基础设置主动式刚度调节装置，对某桩主动变形调节后，该位置筏板沉降增大，差异沉降减小，筏板底土压力增大，被调节桩桩顶反力减小，其余基桩桩顶反力增大。

（6）建立了桩基支承刚度可人为调节的共同作用数值分析模型，首先系统分析可控刚度桩筏基础的工作性状，重点探索可控刚度桩筏基础在以上各领域应用的可行性和有效性；随后，以典型工程为模拟对象，分析上部结构荷载作用下可控刚度桩筏基础的作用机理和荷载传递规律，明晰可控刚度桩筏基础的实际应用效果。具体结论如下：

a. 有限元程序的初步分析表明，对于端承型桩筏基础，通过设置刚度调节装置，理论状态下可以实现筏板的"零差异沉降"控制，同时解决通常情况下端承型桩筏基础无法实现桩土共同作用的难题。

b. 以实际应用工程嘉益大厦为背景，对比分析了可控刚度桩筏基础与天然地基、常规端承型桩筏基础的工作性状及受力特点，可控刚度桩筏基础在沉降和差异沉降控制方面的能力和常规端承型桩筏基础相当，但是前者可充分发挥地基土的承载力，在满足整体安全度的前提下，显著减少桩数，而且筏板的内力最小，表现出了优越的性能和经济性。

（7）根据可控刚度桩筏基础能有效协调桩与桩以及桩与土变形的显著优势，开展了在岩溶地基、土岩组合地基以及基岩部分缺失或起伏剧烈等超复杂地质条件下建设高层建筑，大支承刚度桩桩土共同作用以及多塔高层建筑变刚度调平设计的工程实践与现场测试研究，辅以有限元软件的精细化模拟，系统研究可控刚度桩筏基础在实际工程中的性能演化规律，研究成果对可控刚度桩筏基础设计理论的发展和完善具有重要意义。具体结论如下：

a. 通过实施以天然地基为主，辅以桩顶沉降可按需发生的土与桩共同协调承载的设置变形调节装置的桩筏基础设计概念，得以实现在孤石丛生的复杂地质条件下建造 30 层高层建筑的目标，取得了较好的经济效益。

b. 在非软土地区，和常规桩基础相比，可控刚度桩筏基础可使地基土承载力得到充分发挥，对于高层、超高层建筑，地基土可承担上部结构大部分的荷载，表明可控刚度桩筏基础如得到合理应用可取得显著的经济效益和社会效益。

c. 以减少差异沉降控制为目标，通过刚度调节装置的设置和合理布桩，实现了底板厚度、配筋的优化。特别是设置合理分布的桩顶刚度调节装置后，桩土支承体系表现出了向零差异沉降目标自适应贴近的现象。

d. 应用可控刚度桩筏基础解决岩溶地区地基土支承刚度严重不均匀的情况下建造高层建筑的难题，应用效果极为良好，社会效益和经济效益显著，在贵州等土岩溶组合地区有着广阔的应用前景。

12.2 展望

（1）目前，在工程中大规模应用的刚度调节装置为被动式刚度调节装置，虽可根据承载和需要人为设置支承刚度，但安装后难以对其支承刚度进行调整，使其合理的应用较大程度地依赖于设计计算的准确性。因此，对于应用被动式刚度调节装置的桩筏基础设计理论仍需进一步优化。

（2）笔者与课题组对主动式刚度调节装置和半主动式刚度调节装置进行了探索与研究，系列室内试验证明了装置优越的性能，但这种主动式的支承刚度调节仍处于初级阶段。因此，进一步探索建筑基础支承刚度的全过程自适应调节系统，从而形成具有自动化、智能化等特点的桩筏基础主动控制技术，是一个值得深入研究的方向。

（3）桩筏基础鲁棒性设计方法理论上可以使桩筏基础在施工和使用过程中处于理想的工作状态，但是难以应对一些无法预期的不确定因素或突发状况造成的稳定性下降问题。因此，在往后的研究中，需进一步提出桩筏基础鲁棒控制的概念，研制成套的鲁棒控制系统，实现对桩筏基础的实时监测、反馈与主动干预。

（4）笔者与课题组从分离桩基承载力与变形耦合关系的角度出发，提出了可控刚度桩筏基础技术及设计理论，但这一过程中未涉及地基土的固结过程对可控刚度桩筏基础整体工作性能的影响。因此，考虑土体非线性固结特性的可控刚度桩筏基础设计理论值得进一步探索。

（5）关于高层建筑桩筏基础设计，在我国岩土工程前辈和同行持续不断的研究和实践中，新的理念、方法和技术不断涌现，并最终形成了较为完整的高层建筑桩筏基础理论体系。笔者真诚地希望这个理论体系在高层建筑的工程实践中不断完善，从而为我国地基基础领域理论研究的发展与变革做出贡献。

参考文献

第 1 章

[1]　刘松玉，周建，章定文，等. 地基处理技术进展 [J]. 土木工程学报，2020，53（4）：93-110.

[2]　史佩栋. 桩基工程手册 [M]. 北京：人民交通出版社，2008.

[3]　刘金砺. 高层建筑地基基础概念设计的思考 [J]. 土木工程学报，2006（6）：100-105.

[4]　钱力航. 高层建筑箱形与筏形基础的设计计算 [M]. 北京：中国建筑工业出版社，2003.

[5]　周峰，宰金珉，梅国雄，等. 刚度调节装置的研制与应用 [J]. 建筑结构，2009，39（7）：40-42.

[6]　周峰，朱锐，林树枝，等. 广义桩土共同作用的概念与发展 [J]. 南京工业大学学报（自然科学版），2020，42（6）：683-689.

[7]　BURLAND J B，BROMS B B，DE MELLO V F B. Behaviour of foundation and structures [C]. Proc. 9th International Conference on Soil Mechanics and Foundation Engineering，1987，2：495-546.

[8]　COOKE R W. Piled raft foundations on Stiff Clay-A contribution to design philosophy [J]. Geotechnique，1986，36（2）：169-203.

[9]　周峰，林树枝. 实现桩土共同作用的机理及若干方法 [J]. 建筑结构，2012，42（3）：140-143.

[10]　龚晓南. 广义复合地基理论及工程应用 [J]. 岩土工程学报，2007（1）：1-13.

[11]　刘陆阳，李应保. 基于塑性支承桩概念的复合桩基设计与探讨 [J]. 建筑结构，2007（11）：66-68+55.

[12]　宰金珉，陈国兴，杨嵘昌，等. 塑性支承桩工程验证与现场测试试验研究 [J]. 建筑结构学报，2001（5）：85-92+96.

[13]　杨光华，苏卜坤，乔有梁. 刚性桩复合地基沉降计算方法 [J]. 岩石力学与工程学报，2009，28（11）：2193-2200.

[14]　胡海英，杨光华，张玉成，等. 基于沉降控制的刚性桩复合地基设计方法及应用 [J]. 岩石力学与工程学报，2013，32（10）：2135-2146.

[15]　袁则循. 复合地基褥垫层作用规律的模型试验研究 [J]. 北京城市学院学报，2006（2）：80-84.

[16]　ZHOU F，LIN C，WANG X D，et al. Application of deformation adjustors in piled raft foundations [J]. Geotechnical Engineering，2016，169（6）：1-14.

[17]　宰金珉，周峰，梅国雄，等. 自适应调节下广义复合基础设计方法与工程实践 [J]. 岩土工程学报，2008，30（1）：93-99.

[18]　ZHOU F，LIN C，ZHANG F，et al. Design and field monitoring of piled raft foundations with deformation adjustors [J]. Journal of Performance of Constructed Facilities，2016，30（6）：04016057.

[19]　周峰，宰金珉，梅国雄，等. 桩土变形调节装置的研制与应用 [J]. 建筑结构，2009，39（7）：40-42.

[20]　周峰，朱锐，王旭东，等. 土岩溶组合地区可控刚度桩筏基础设计 [J]. 建筑结构，2019，49（6）：116-121+127.

[21]　周峰，宰金珉，梅国雄. 广义复合基础的设计方法及应用 [J]. 南京工业大学学报，2009，31

（3）：87-91.

[22] 周峰，朱锐，郭天祥，等. 可控刚度桩筏基础桩土共同作用的工程实践 ［J］. 岩石力学与工程学报，2017，36（12）：3075-3084.

[23] 周峰，屈伟，郭天祥，等. 基于沉降控制的端承型复合桩基工程实践 ［J］. 岩石力学与工程学报，2015，34（5）：1071-1079.

[24] 李应保. 摩擦端承桩复合桩基设计研究 ［J］. 建筑结构，2004（5）：57-60＋56.

[25] 童衍蕃. 设置不同材料的基础垫层减少建筑物差异沉降的理论与实践 ［J］. 建筑结构学报，2003（1）：92-96.

[26] 郑刚，纪颖波，刘双菊，等. 桩顶预留净空或可压缩垫块的桩承式路堤沉降控制机理研究 ［J］. 土木工程学报，2009，42（5）：125-132.

[27] 宰金珉，宰金璋. 高层建筑基础分析与设计 ［M］. 北京：中国建筑工业出版社，1993.

[28] 徐至钧，赵锡宏. 超高层建筑结构设计与施工 ［M］. 北京：机械工业出版社，2007.

[29] 宰金珉. 利用变刚度垫层改善基础工作性状的探讨 ［C］//全国地基基础新技术学术会议论文集. 中国建筑学会地基基础学术委员会，1989.

[30] 宰金珉. 地基刚度的人为调整及其工程应用 ［C］//第八届土力学及岩土工程学术会议论文集. 北京：万国学术出版社，1999.

[31] 宰金珉. 塑性支撑桩——卸荷减沉桩的概念及其工程应用 ［J］. 岩土工程学报，2001（5）：273-278.

[32] 刘金砺，迟铃泉. 桩土变形计算模型和变刚度调平设计 ［J］. 岩土工程学报，2000，22（2）：151-157.

[33] 童衍蕃. 设置不同材料的基础垫层减少建筑物差异沉降的理论与实践 ［J］. 建筑结构学报，2003，24（1）：92-96.

[34] 罗宏渊，尤天直，张乃瑞. 北京嘉里中心基础底板下垫泡沫板的设计 ［J］. 建筑结构，1997（7）.

[35] PADFIELD C J，SHARROCK M J. Settlement of structure on clay soil. Construction Industry Research and Information Association，1983（Special Publication 27）.

[36] FLEMING W G K，WELTMAN A J，RANDOLPH M F et，al. Piling Engineering，Balkema，Rotterdam，NewYork，1992.

[37] RANDOLPH M F. Method for pile groups and piled rafts. New Delhi India，1994，61~85.

[38] HORIKOSHI K，RANDOLPH M F. New design method for piled rafts ［J］. Geotechnique，1998，48（3）：301-317.

[39] RANDOLPH M F. Science and empiricism in pile foundation ［J］. Geotechnique，2003，53（10）：847-875.

[40] HAIN S J，LEE L K. The analysis of flexible raft-pile systems ［J］. Geotechnique，1978，28（1）：65-83.

[41] CHOW Y K. Pile-cap-pile-group interaction in Nonhomogeneous soil ［J］. Geotech. Eng. Asec，1991，117（11）：1655-1668.

[42] CLANCY P，RANDOLPH M F. Smile design tools for piled raft foundations ［J］. Geotechnique，1996，46（2）：313-328.

[43] HORIKOSHI K，RANDOLPH M F. A contribution to optimum design of piles rafts ［J］. Geotechnique，1998，48（3）：301-317.

[44] 《岩土工程手册》编写委员会. 岩土工程手册 ［M］. 北京：中国建筑工业出版社，1994.

[45] 《工程地质手册》编写委员会. 工程地质手册 ［M］. 北京：中国建筑工业出版社，1992.

[46] 潘青春. 中小型建筑土岩组合地基的处理方法 [J]. 长江职工大学学报，2001，18 (4)：43-44.

[47] 罗庆英. 软土和岩石组合地基基础处理方法与实例 [J]. 中外建筑，2008 (6)：146-148.

[48] 袁则循. 复合地基褥垫层作用规律的模型试验研究 [J]. 北京城市学院学报，2006 (2)：80-84.

[49] 王晖，李大勇，张学臣. 拔桩施工工法的工程应用 [J]. 建筑技术，2011，42 (3)：214-216.

[50] 孙立宝，王云春. 套管钻进拔桩法及其工程应用 [J]. 探矿工程，2009 (9)：59-63.

[51] 陈辉，陆秋平，曾晖. 老建筑物遗留障碍物的处理技术 [J]. 建筑技术，2007，29 (5)：318-320.

[52] 史佩栋. 发电厂失火后利用旧桩基进行改建的工程实例 [J]. 西部探矿工程，1991 (1)：75-81.

[53] 郭培红. 旧房改建中原有桩基利用探讨 [J]. 福州大学学报，1999，27 (3)：121-124.

[54] 谭宇胜，刘岩. 在旧基桩上新建房屋基础的设计与施工 [J]. 建筑技术，2005，36 (2)：127-128.

第 2 章

[1] RANDOLPH M F. Science and empiricism in pile foundation [J]. Geotechnique, 2003, 53 (10)：847-875.

[2] 沈珠江，陆培炎. 评当前岩土工程实践中的保守倾向 [J]. 岩土工程学报，1997，19 (4)：115-118.

[3] 陆培炎，徐振华. 地基强度与变形的计算 [M]. 西宁：青海人民出版社，1978.

[4] 周景星，李广信，张建红，等. 基础工程 (第三版) [M]. 北京：清华大学出版社，2015.

[5] 郑大同. 地基极限承载力的计算 [M]. 上海：同济大学出版社，1976.

[6] 陆培炎，倪光乐，赖琼华，等. 土上不用桩基建高层 [C]//陆培炎科技著作及论文选集. 北京：科学出版社，2006：439-445.

[7] 《工程地质手册》编写组. 工程地质手册 (第五版) [M]. 北京：中国建筑工业出版社，2018.

[8] 铁道科学院. 地基承载力试验研究文集 [C]. 北京：人民铁道出版社，1978.

[9] 周镜. 岩土工程中的几个问题 [J]. 岩土工程学报，1999，21 (1)：2-8.

[10] TERZAGHI K, PECK R B. Soil mechanics in engineering practice 2nd [M]. New York：John Wiley & Sons, 1967.

[11] 黄熙龄，秦宝玖，等. 地基基础的设计与计算 [M]. 北京：中国建筑工业出版社，1981.

[12] 高有潮，陈汀. 软黏土地基塑性区开展的非线性有限元分析 [J]. 岩土工程学报，1983，5 (2)：1-11.

[13] 宰金珉. 利用弹性半空间理论建立地基柔度矩阵的一个简化方法 [C]//中国土木工程学会第四届土力学基础工程学术会议论文选集. 北京：中国建筑工业出版社，1986.

[14] 宰金珉. Mindlin 经典解的近似积分及其精度评价 [J]. 南京建筑工程学院学报，1987.

[15] ZAI J M, ZHANG W Q, ZHAO X H. Structure-foundation-soil interaction under wind load, Proc. Of 4th Int. Conf. On Tall Buildings, HongKong and Shanghai, 1988.

[16] 中华人民共和国住房和城乡建设部. 岩土工程勘察规范：GB 50021—2001 [S]. 北京：中国建筑工业出版社，2001.

[17] 易伟建，易志华，孙晓立. 非线性文克尔地基上的刚性板计算 [J]. 中南公路工程，2003，28 (1)：1-4.

[18] 徐芝纶. 弹性力学 [M]. 北京：高等教育出版社，1992.

[19] 朱伯芳. 有限单元法原理与应用 [M]. 北京：中国水利水电出版社，1998.

[20] REISSNER E. The effect of transverse shear deformation on the bending of elastic plate [J]. J. Appl. Mech., 1945.

[21] 杨敏. 上部结构与桩筏基础共同作用的理论与试验研究［D］. 上海：同济大学，1989.

[22] 王元汉，李丽娟，李银平. 有限元法基础与程序设计［M］. 广东：华南理工大学出版社，2001.

[23] 赵翔龙. Fortran90 学习教程［M］. 北京：北京大学出版社，2002.

[24] 王俊民. 弹性力学学习方法及解题指导［M］. 上海：同济大学出版社，2002.

[25] 张允真，曹富新. 弹性力学及其有限元法［M］. 北京：中国铁道出版社，1983.

[26] 宰金珉. 群桩与土和承台非线性共同作用的半数值半解析方法［J］. 建筑结构学报，1996，17（1）：63-74.

第 3 章

[1] 吴强. 碟形弹簧对结构物的隔震作用［D］. 大连：大连理工大学，2000.

[2] 郝进锋，孙建刚，刘扬，等. 15 万 m³ 储油罐桩基础的隔震设计［J］. 地震工程与工程振动，2014，34（2）：233-239.

[3] 韩林海，杨有福. 现代钢管混凝土结构技术［M］. 北京：中国建筑工业出版社，2004.

第 4 章

[1] 高大钊. 地基基础工程标准化与概率极限状态设计原则［J］. 岩土工程学报，1993，15（4），8-13.

[2] 赵成刚，白冰. 王运霞. 土力学原理［M］. 北京：清华大学出版社，北京交通大学出版社，2004.

[3] 王成华. 土力学原理［M］. 天津：天津大学出版社，2002.

[4] 中华人民共和国住房和城乡建设部. 建筑结构可靠性设计统一标准：GB 50068—2018［S］. 北京：中国建筑工业出版社，2018.

[5] Department of the army U. S. corps of engineerings Washington，DC 20314-1000，1997.

[6] BJERRUM L. Allowable settlement of structures［C］//Proceeding，3rd European Conference on Soil Mechanics and Foundation Engineering，Weisbaden，Germany，1963，2：135-137.

第 5 章

[1] 周峰，朱锐，王旭东，等. 土岩溶组合地区可控刚度桩筏基础设计［J］. 建筑结构，2019，49（6）：116-121＋127.

[2] 韩林海，杨有福. 现代钢管混凝土结构技术［M］. 北京：中国建筑工业出版社，2004.

第 6 章

[1] 杨德建，王宁. 建筑结构试验［M］. 武汉：武汉理工大学出版社，2006.

[2] 王志佳，李胜民，何旭，等. 基于分离量纲分析理论的模型试验系统相似设计方法——以土-地下管廊振动台试验为例［J］. 岩石力学与工程学报，2021，40（12）：2553-2569.

[3] 陈安. 软黏土中桩土共同作用模型试验与机理研究［D］. 长沙：中南大学，2006.

[4] 《桩基工程手册》编写委员会. 桩基工程手册［M］. 北京：中国建筑工业出版社，2015.

[5] 曾友金，章为民，王年香，等. 桩基模型试验研究现状［J］. 岩土工程学报. 2003，24（S2）：674-680.

［6］ 郑刚，刘冬林，李金秀. 桩顶与筏板多种连接构造方式工作性状对比试验研究［J］. 岩土工程学报，2009，31（1）：89-94.

［7］ 宰金珉. 塑性支承桩-卸荷减沉桩的概念及其工程应用［J］. 岩土工程学报，2001，22（3）：273-278.

［8］ 李雄威. 复合桩基非线性工作机理模型试验研究与分析［D］. 南京：南京工业大学，2005.

［9］ 刘金砺，迟铃泉. 桩土变形计算模型和变刚度调平设计［J］. 岩土工程学报，2000，22（2）：151-157.

［10］ 周峰，刘松玉，刘壮志. 基于零差异沉降控制的地基基础优化设计方法［J］. 沈阳建筑大学学报，2009，25（6）：1077-1083.

［11］ 赖艳芳，周邦树，周峰，等. 可控刚度桩筏基础在岩溶地区的工程实践［J］. 建筑科学，2020，36（5）：140-146.

［12］ 宰金珉. 复合桩基理论与应用［M］. 北京：知识产权出版社，2004.

第 7 章

［1］ 陆文哲，谢康和. 长短桩复合地基变形性状的有限元分析［J］. 低温建筑技术，2005（2）：83-84.

［2］ 陈昌富，肖淑君，牛顺生. 长短桩组合型复合地基优化设计方法研究［J］. 工程地质学报，2006，14（2）：229-232.

第 8 章

［1］ 中华人民共和国建设部. 建筑地基基础设计规范：GB 50007—2002［S］. 北京：中国建筑工业出版社，2002.

［2］ 陆培炎，徐振华. 地基的强度与变形的计算［M］. 西宁：青海人民出版社，1978.

［3］ 陆培炎，倪光乐，赖琼华，等. 土上不用桩基建高层［R］. 广州：广东省水利水电科学研究院，1995.

［4］ 中华人民共和国建设部. PY 型预钻式旁压试验规程：JGJ 69-90［S］. 北京：中国建筑工业出版社，1990.

［5］ 宰金珉. 复合桩基理论与应用［M］. 北京：知识产权出版社，2004.

第 9 章

［1］ 中华人民共和国住房和城乡建设部. 建筑地基处理技术规范：JGJ 79—2012［S］. 北京：中国建筑工业出版社，2012.

［2］ ZHOU F，LIN C，WANG X D，et al. Application of deformation adjustors in piled raft foundations［J］. Proceedings of the Institution of Civil Engineers. ICE 2016.

［3］ 福建省住房和城乡建设厅. 福建省可控刚度桩筏基础技术规程：DBJ/T 13-242-2016［S］. 福州：福建科学技术出版社，2016.

第 10 章

［1］ 穆保岗，肖强，龚维明. 自平衡法和锚桩法在高铁工程中的对比试验分析［J］. 解放军理工大学学

报（自然科学版），2012，13（4）：414-418.

［2］ 龚维明，戴国亮，蒋永生，等. 桩承载力自平衡测试理论与实践［J］. 建筑结构学报，2002，23（1）：82-88.

［3］ 中华人民共和国交通运输部. 基桩静载试验　自平衡法：JT/T 738-2009［S］. 北京：人民交通出版社，2009.

第 11 章

［1］ 宰金珉. 桩土明确分担荷载的复合桩基及其设计方法［J］. 建筑结构学报，1995，16（4）：66-74.

［2］ 屈伟，周峰，张峰，等. 岩溶地区某高层建筑建筑基础选型分析［J］. 南京工程学院学报，2013，11（3）：7-12.

［3］ 周峰，朱锐，王旭东，等. 土岩溶组合地区可控刚度桩筏基础设计［J］. 建筑结构，2019，49（6）：116-121＋127.

［4］ 中华人民共和国住房和城乡建设部. 建筑桩基技术规范：JGJ 94-2008［S］. 北京：中国建筑工业出版社，2008.

［5］ 福建省住房和城乡建设厅. 福建省可控刚度桩筏基础技术规程：DBJ/T13-242-2016［S］. 福州：福建科学技术出版社，2016.

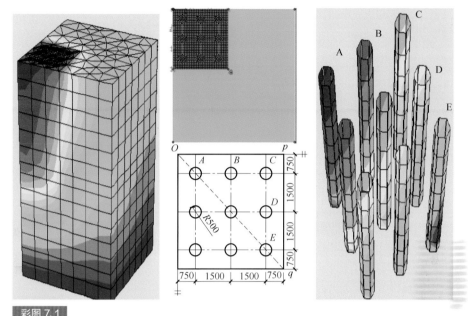

彩图 7.1
模型示意图

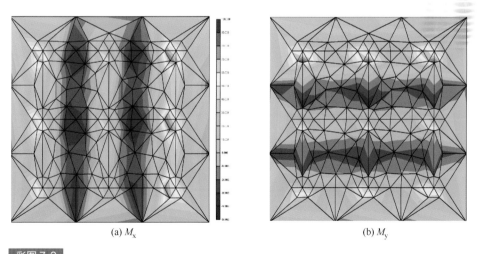

(a) M_x (b) M_y

彩图 7.2
筏板的弯矩（最大值 100kN·m）

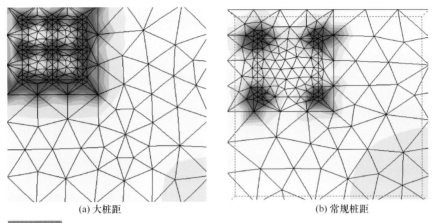

(a) 大桩距　　　　　　　　　　　　　(b) 常规桩距

彩图 7.3
桩端土体应力水平

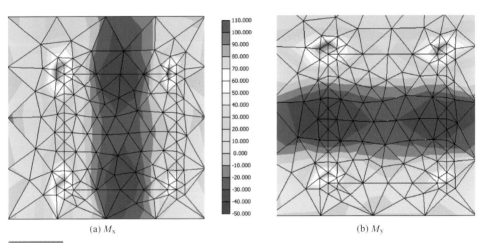

(a) M_x　　　　　　　　　　　　　　(b) M_y

彩图 7.4
筏板的弯矩（最大值 110kN·m）

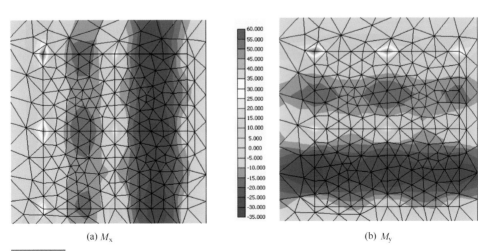

(a) M_x　　　　　　　　　　　　　　(b) M_y

彩图 7.5
筏板的弯矩（最大值 60kN·m）

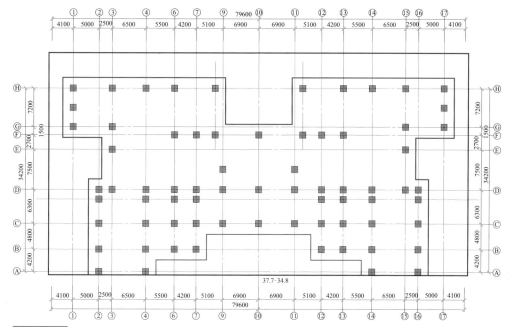

彩图 7.6
建筑物平面布置示意图

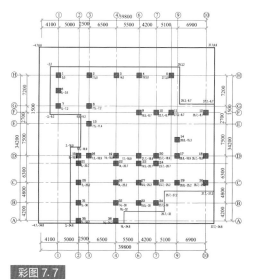

彩图 7.7
建模用单侧结构柱平面布置

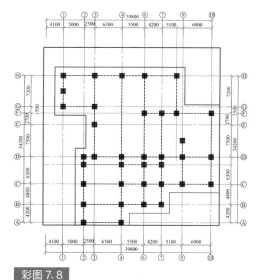

彩图 7.8
建模用单侧结构梁平面布置

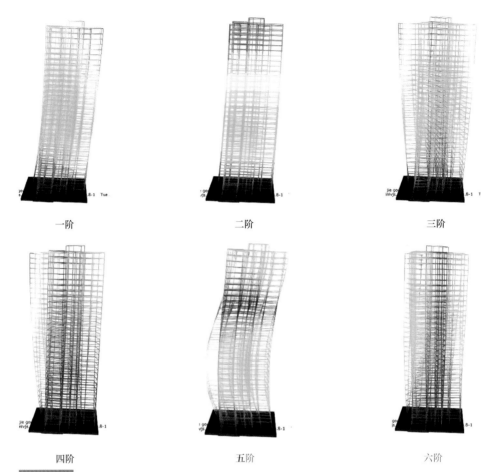

一阶   二阶   三阶

四阶   五阶   六阶

彩图 7.9

数值计算模型 1~6 阶模态图

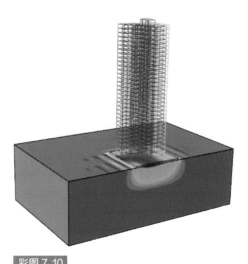

彩图 7.10

嘉益大厦位于天然地基之上的沉降分布图

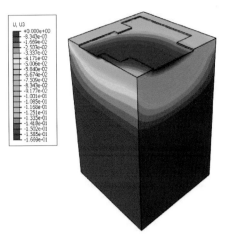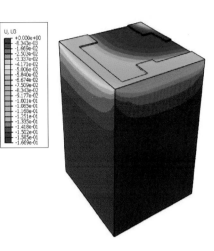

彩图 7.11

基础底板下地基土层的沉降分布图

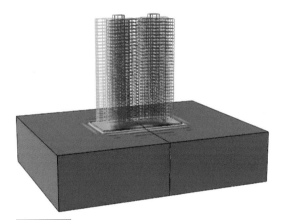

彩图 7.12

嘉益大厦位于天然地基的沉降分布图

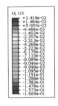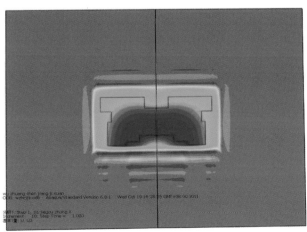

彩图 7.13

天然地基表面的沉降分布图

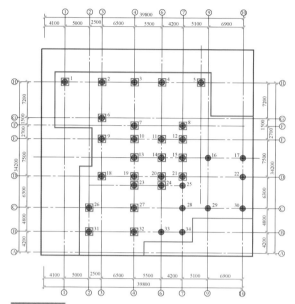

彩图 7.14

刚度调节装置布置方案1（红色为刚度调节装置布置点）

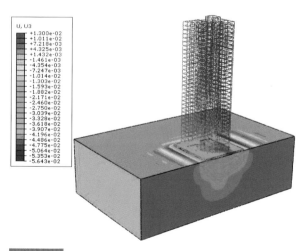

彩图 7.15

可控刚度桩筏基础的沉降分布图

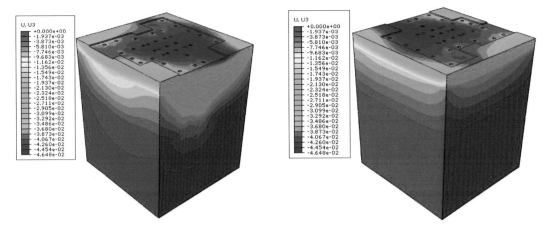

彩图 7.16
基础底板下地基土层的沉降分布图

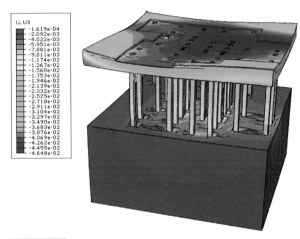

彩图 7.17
复合桩基的桩土沉降分布图

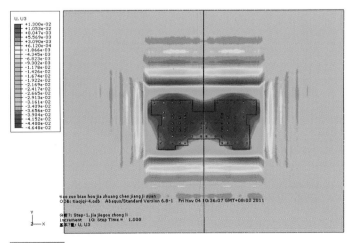

彩图 7.18
可控刚度桩筏基础的整体沉降分布图

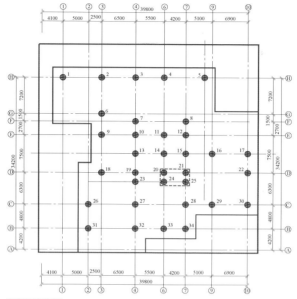

彩图 7.19

局部遇孤石的常规端承型桩筏基础布置图（虚线框位置设置孤石）

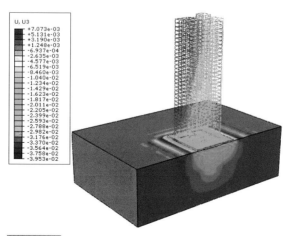

彩图 7.20

嘉益大厦带弧石常规桩基的沉降分布图

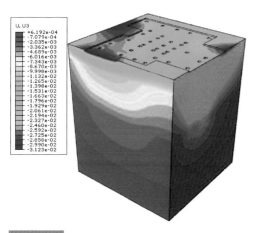

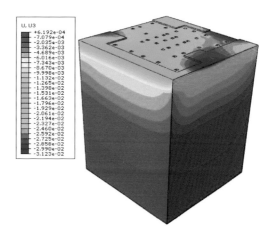

彩图 7.21
基础底板下地基土层的沉降分布图

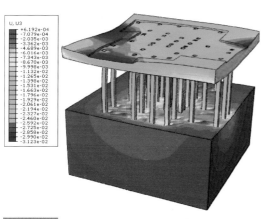

彩图 7.22
带弧石常规桩基的桩土沉降分布图

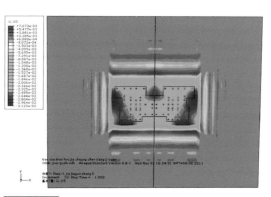

彩图 7.23
带弧石常规桩基表面的沉降分布图

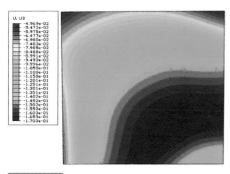

彩图 7.24
天然地基筏板基础沉降分布图

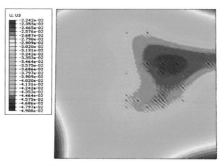

彩图 7.25
可控刚度桩筏基础沉降分布图

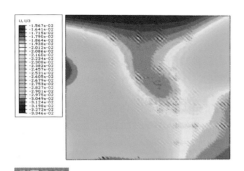

彩图 7.26

常规端承型桩筏基础沉降分布图

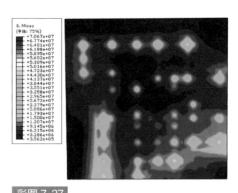

彩图 7.27

天然地基筏板基础沉降分布图

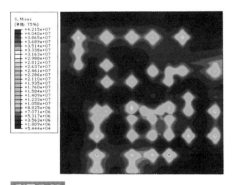

彩图 7.28

可控刚度桩筏基础沉降分布图

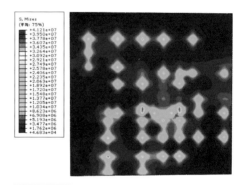

彩图 7.29

常规端承型桩筏基础沉降分布图

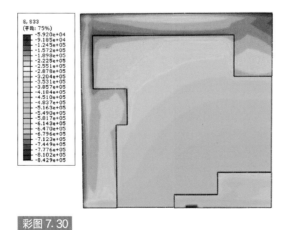

彩图 7.30

天然地基基底土体的应力等值线云图

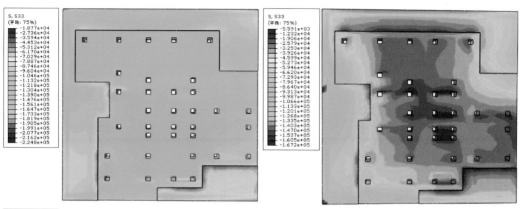

彩图 7.31
可控刚度桩筏基础基底土体的应力等值线云图

彩图 7.32
常规端承型桩筏基础基底土体的应力等值线云图

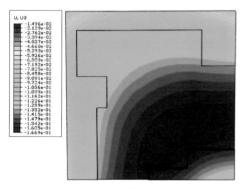

(a) 土层A表面的沉降图

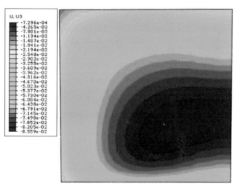

(b) 土层B表面的沉降图

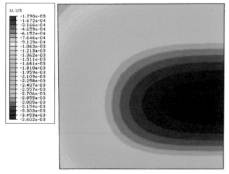

(c) 土层C表面的沉降图

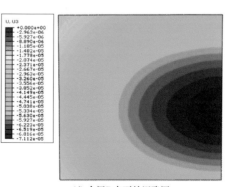

(d) 土层D表面的沉降图

彩图 7.33
天然地基各层土体表面的沉降等值线图

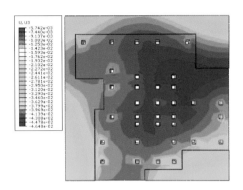

(a) 土层A表面的沉降图

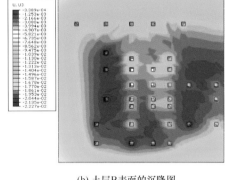

(b) 土层B表面的沉降图

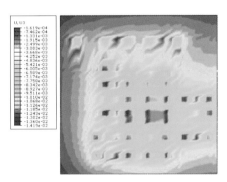

(c) 土层C表面的沉降图

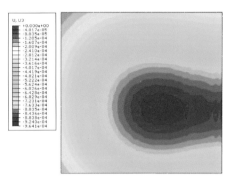

(d) 土层D表面的沉降图

彩图 7.34

带刚度调节装置复合桩基各层土体表面的沉降等值线图

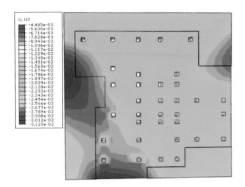

(a) 土层A表面的沉降图

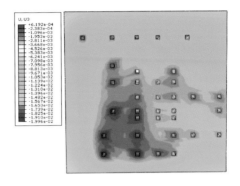

(b) 土层B表面的沉降图

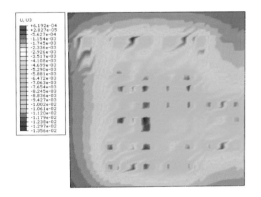

(c) 土层C表面的沉降图

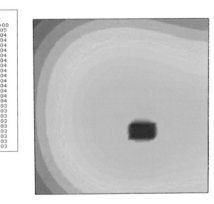

(d) 土层D表面的沉降图

彩图 7.35

局部下伏孤石常规桩基各层土体表面的沉降等值线图

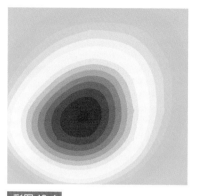

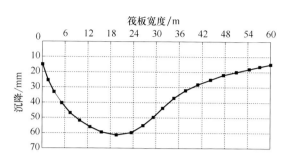

彩图 10.1

筏板沉降计算结果

(a) 水平向应力

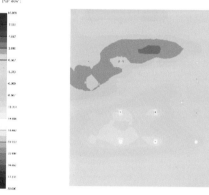

(b) 竖直向应力

彩图 10.2

筏板应力分布图

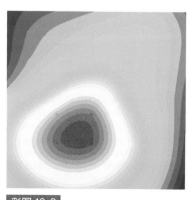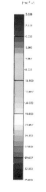

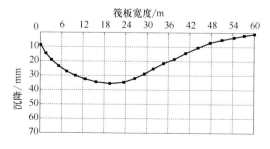

彩图 10.3

筏板沉降计算结果

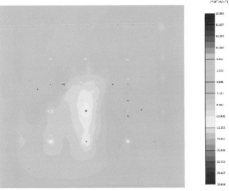

(a) 水平向应力

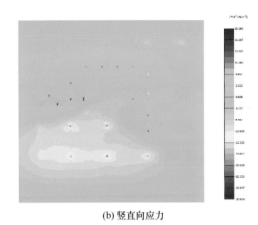

(b) 竖直向应力

彩图 10.4

筏板应力分布图

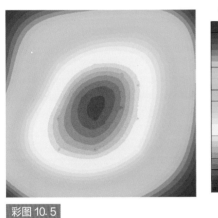

彩图 10.5

筏板沉降计算结果

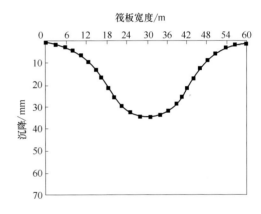

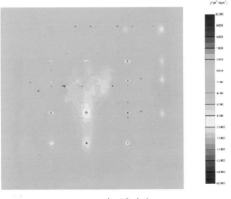

(a) 水平向应力

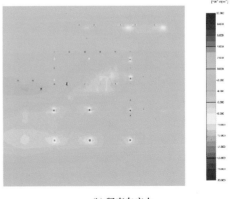

(b) 竖直向应力

彩图 10.6

筏板应力分布图

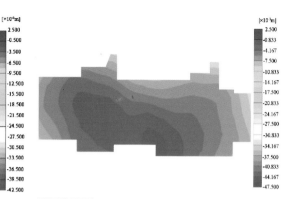

彩图 11.1

传统桩筏基础沉降平面图

彩图 11.2

可控刚度桩筏基础沉降平面图

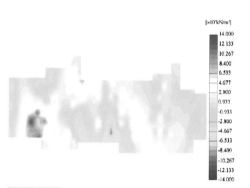

彩图 11.3

常规桩筏基础筏板 X 向应力图

彩图 11.4

可控刚度桩筏基础中筏板 X 向应力图

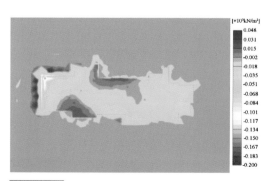
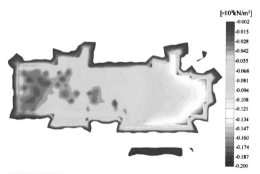

彩图 11.5

常规桩筏基础中筏板—土的接触应力

彩图 11.6

可控刚度桩筏基础中筏板—土的接触应力